「音」と「声」の社会史

見えない音と社会のつながりを観る

坂田謙司　著

法律文化社

はしがき

われわれの世界は音で満ち溢れている。音のない世界を誰も体験したことがない。音は大気の振動であり、大気のない真空の世界に行かない限り、音のない世界は体験できない。だが、われわれは真空の世界で生きることはできない。別の言い方をすれば、真空の世界に耳を晒すことができないのだ。

最近のオーディオ機器の中でも、音を聞くイヤホンやヘッドホンの進化は目を見張るものがある。特に、ノイズキャンセリング機能は、外部の騒音を打ち消し、ヘッドホンからの音だけを聴くことができる。完全に、自分と音だけの世界が生み出せる。それは、音のない世界とは真逆で、音しか存在しない世界とも言える。

今から約四六億年前に地球が誕生した後、最初の音はどんな音だったのだろうかと想像することがある。約四六億年前の地球誕生と同時に、メタンやアンモニアなどでできた原始大気も生まれた。大気が音を伝えるのなら、この原始大気に覆われた地球にも、音はあったのではないか。イメージの世界では、誕生直後の大地は常に揺れ動き、あちこちで火山が噴火し、火口からは溶岩が流れている。そして、これらの現象にはガタガタ、ゴーゴー、ドロドロなど、さまざまな音も付随してイメージできる。しかし、実際にはその音を誰も聴いたことはないのだ。

クリストファー・ロイド『137億年の物語』には、宇宙が始まってから現在までの地球の歴史が、時代と出来事によって語られている。それによれば、酸性雨によって岩の浸食と風化が進んだ地表に最初に登場した植物は、水辺に生えた「海藻やコケに似たどろどろ」のものであった（ロイド 二〇一二：四七）。これらが、やがて背の高い優美な木となり、水辺から内陸へと進出していくためには、数千万年という長い年月が必要であった。そして、それがなされた石炭紀（三億五九〇〇万年前）になると、幹と枝をもつ「ヒカゲノカズラ類」が登場した。そして、そのころ地表で聴こえた音についてロイドは、「この時代に、聞こえてくる音といえば、風の音か、木の空洞を引っかくような音、枝の間に響く羽音くらいのもので、どこも気味が悪いほど静かだったことだろう」と記している（ロイド 二〇一二：四九）。しかし、まだわれわれが日常的に聴く森の音は生まれていない。なぜなら、「ヒカゲノカズラ」は葉を持たなかったからだ。枝の先に葉というソーラーシステムを持ち、光合成を行ってエネルギーを得る「真葉植物」が登場したことによって、ようやく風が葉を揺らす馴染み深い音が加わるのだ。しかし、その音をわれわれの祖先が聴くのは、まだまだ先の話である。

人間の祖先が耳の前身にあたる機能をもったのは、まだ海の中で暮らしていた魚類の仲間であったとき、耳小骨を一つ獲得し、両生類、爬虫類と進化するにしたがって耳に必要な骨を少しずつ獲得していった。そして、その骨を通じて、音を聴き始めたのだ。その時の音はどんな音だったのだろうか。想像するだけでも、ワクワクしてしまう。その音は、自身にとって危険か安全かを判断する重要な情報だったのだろう。音も無く忍び寄る捕食者をいち早く察知するには、近づいてくるかすかな音を聴き取らなければならない。現在のように、音を楽しみ、音で表現する世界は遥か先の出来事だ。

スタンリー・キューブリック（Stanley Kubrick）監督が制作した『二〇〇一年宇宙の旅（原題：*2001: A Space Odyssey*）』では、冒頭に類人猿たちが洞窟で集団生活をしているシーンが登場する。もちろん想像の世界だが、類人猿たちはうなり声を上げ、排泄し、周りの音に注意を払っているように描かれている。聴こえてくる音は虫の音と彼らが立てる物音、そしてＢＧＭだけだ。彼らが発するうなり声は動物の鳴き声のような音で、もちろん会話などは行っていない。虫の音以外の音がないのは、なんらかの意図があってのことであろう。そして、ある夜に彼らが暮らす洞窟の前に、漆黒のモノリスが現れ、類人猿たちに「知恵」を授ける。知恵によって彼らは動物の骨を握り、振り回し、最終的には殺戮の道具として使うことを覚える。やがて、道具は武器となり、獲物を捕獲し、敵を殺し、空高く放り投げられた骨の姿は、宇宙船へと変わっていく。

この映画の中に登場するコンピュータ「ＨＡＬ九〇〇〇」は、乗組員たちと声で会話をする。船内の至る所に設置された赤いモニターカメラで乗組員の姿を捉えつつ、声のコミュニケーションを行う。映画の中盤で、暴走した「ＨＡＬ九〇〇〇」の電子回路をボーマン船長が抜くにしたがって、「ＨＡＬ九〇〇〇」の知能は低下し、やがて初期状態に戻る。自分の名前を語り、歌が歌えることを伝える。そして、「デイジー」を歌いながら完全に停止する。「ＨＡＬ九〇〇〇」に声を聴かれることを恐れた二人の乗組員は、船外活動用のポッドの中で通信を切って話し合いをするが、「ＨＡＬ九〇〇〇」はモニターカメラでポッドの窓越しに見える船員たちの唇の動きを読み、自分を機能停止しようとしていることを知る。声のコミュニケーションは声がなければ成立しないのではなく、声に代わる情報によっても代替されるのだ。

俳優リチャード・ドレイファス（Richard Dreyfuss）主演の映画『陽のあたる教室（原題：*Mr. Holland's Opus*）』では、聾者の息子たちに音楽を楽しんでもらうイベントが開かれ、色とりどりの光の点滅と空気の振動で音楽を楽しむ工夫がなされていた。イベントの締め括りにドレイファス演じる音楽教師ホランドが、コミュニケーションがうまくとれない息子に向かって、直近に射殺されてしまったジョン・レノンの曲「ビューティフル・ボーイ」を手話と共に歌う。そして、帰宅すると息子が大きなスピーカーに座りながら大音量でビートルズのレコードを再生していた。ビートルズの曲を、座ったスピーカーの振動でお尻から「聴いていた」のだ。

手話には、声がない。手を打ち付ける音はするが、手指を使った無音の「声」が互いの意思を伝え合う。実際には、手話はそれだけではない。全身の動きや顔の表情なども使った、ダイナミックな言語であり、コミュニケーション術なのだ。だが、手話と声の、直接のコミュニケーションはできない。手話同士、声同士のコミュニケーションは可能なのに、手話と声の「会話」はできない。先の、聾者が音楽を楽しむように、手話と声のコミュニケーションは本当にできないのだろうか。聾者は、唇の動きを読むことができるという。では、われわれは聾者の何を読み取ればよいのだろうか。彼らとのコミュニケーションを遠ざけているのは、声のコミュニケーションしかできない、われわれの方ではないのか。

声は、出した瞬間に消える宿命にある。声は儚く、時に受け手に届かないこともある。しかし、われわれは声を出すことが可能ならば出し続け、その声を拾い続けなければならない。なぜならば、声のコミュニケーションが最も原初的で、基本的な方法だからである。声は、さまざまな情報を伝える。うれしい、悲しい、怒り、諦め、愛、憎しみ。人の命を救うことはもちろんだが、人を恐怖に陥れ、人の命を奪うことさえできる。声は、肺からの空気が喉頭にある声帯を振動させ、口と鼻から外部へと出る際に、舌と唇の動きによって生み出されるさまざまな音の変化によって存在する。言語学者のフェルディナン・ド・ソシュール（Ferdinand de Saussure）は、人間の言語には口から発せられる音の変化「ラング」と、その音に社会的な意味付けと規則を加えた「パロール」があり、それに従った「シニフィアン（意味しているもの）、シニフィエ（意味されているもの）」の組み合わせによって人間の言語構造は作られていると主張した。たとえば、「海（Umi）」は「自然に、一面に水（普通は塩水）をたたえている、地球上の部分」であるが、英語の「Sea」でも同じ意味となる。つまり、「自然に、一面に水（普通は塩水）をたたえている、地球上の部分」は、Umi でも Sea でもAでもよく、両者の関係は言語が属する社会によって取り決められているのである。だからこそ他言語同士の翻訳が可能なのであり、人間同士の意思や愛情を伝え合う「会話」が実現できるのである。

現在では、機械翻訳機能も精度が向上し、スマホのアプリでも簡単な意思疎通は可能となっている。Si-Fi（Science Fiction）の世界では、地球人のみならず宇宙人との会話も自動翻訳されている。もちろん、翻訳されなければ物語として進まないので都合良くテクノロジーが作られているが、二〇一六年公開のドゥニ・ヴィルヌーヴ監督の映画『メッセージ（原題：*Arrival*）』では、言語学者のルイーズ・バンクスが、飛来した宇宙船乗組員（異星人）たちの言語構造を解明し、人類対異星人の戦争を回避するという物語だ。一九七七年に公開されたスティーブン・スピルバーグ監督の映画『未知との遭遇（原題：*Close Encounters of the Third Kind*）』では、異星人とのコミュニケーションに音と光が使われている。音と光のハーモニーは『陽のあたる教室』で行われた聴覚障がい者が音楽を楽しむシーンと重なり、言葉だけがコミュニケーションの手段ではないことが分かる。

一方、視覚障がい者にとっては、言葉や音は重要なコミュニケーション手段となる。信号機の音は信号が青になっている方向を表し、階段や改札口、入口を表す音として一定間隔でピンポーンと鳴っている。最近では、点字ブロックに音声情報が埋め込まれ、白杖《はくじょう》が情報を読み取ってスマートフォンから音声で伝えてくれる実験も行われている。点字ブロックは白杖や足を通じて情報を伝えてくれるが、工事中であったり自転車などの障害物が置かれていて、情報を読み取ることが困難な場合もある。音声での案内が点字ブロックだけでなく、道路の主要な部分から受け取れればより安全で安心な移動が可能となるだろう。

歴史的にみたとき、視覚障がい者たちの生活は現在とは比べものにならないほど困難であったが、言葉と音楽を伝える演者として社会のなかに存在していた。本書でも触れる「瞽女《ごぜ》」は女性の視覚障がい者だけで共同生活し、秋から春先にかけての農閑期になると、徒歩で農村地帯の村々を巡って三味線と歌を披露する旅芸人であった。彼女らへの研究関心は主に芸能や福祉の観点であったが、音声という視点でみると、身体から発する歌を身体そのものが移動することで伝えていく一種の音声メディアであり、歌だけでなく旅の途中で見聞きした情報も伝える情報伝達メディアでもあったのだ。

本書を執筆している二〇二三年秋は、新型コロナウイルス感染が季節性インフルエンザと同じ5類に移行し、人々の生活が回復しつつある時期である。二〇二〇年一月から始まった新型コロナウイルス感染拡大は、人々の生活を大きく変えた。外出は制限され、テレワークや在宅勤務、オンライン授業などが突然始まり、直接人と会うことが難しくなった。同時に、「会話」が消え、閉店を余儀なくされた店からの音もなくなり、社会からさまざまな音と声が失われてしまった。視覚障がいを持つ人たちにとって、街の音は「耳印」として日常生活に欠かせない役割を持っていた。「耳印」とは、視覚的な「目印」と同様に、目的地に辿り着くための道順や方向を示す「音の地図」だ。NHKのWEB特集「静寂の街　消えた〝耳印〟」は、コロナ下で消えてしまった街の「耳印」と視覚障がい者の生活を取材した記事だ。閉店や休業などが相次いだことで、あったはずの街の「耳印」が消え、方向が分からなくなってしまう視覚障がい者の問題である。

何気なく観たり聴いたりしている風景や音が、新型コロナ感染拡大によって消えてしまった。毎日の生活のなかに存在していたものが突然消えてしまうと、大きな違和感を覚える。たとえば、あったはずの建物が消え、更地になったしまったときに、そこに何があったのかを思い出せないもどかしさのようなものだ。同様に、それまで騒音だと思っていた音が実は賑わいを作り、雑談だと思っていた会話が必要なコミュニケーションだということが新型コロナ感染拡大によって再認識された。音や声はわれわれの生活を彩り、包み込み、構成していたのだ。そのことに、新型コロナ感染拡大は、大きな犠牲を伴うと同時に気づかせてもくれたのだ。

そして、本書ではその音と声とメディアの関係を、改めて問い直してみたい。それは、一般的な技術やメディアの時間を遡る作業ではなく、これまで顧みられることのなかった音と声とメディアの関係や社会における存在を改めて問い直す作業でもある。そこには、人間はもちろん、地域や生活、メディアをめぐる欲望、悲しみや怒りといったきわめて日常的な出来事が関わっており、それを解き明かすことでわれわれがなぜ音と声というメディアを必要としているのかが見えてくるからである。

参考文献

ＮＨＫのＷＥＢ特集「静寂の街　消えた〝耳印〟」(https://www3.nhk.or.jp/news/html/20210212/k10012862391000.html)（二〇二三年八月一五日最終閲覧）
Lloyd, Christopher, *What on Earth Happened?: The Complete Story of the Planet, Life, and People from the Big Bang to the Present Day*, London: Bloomsbury Publishing 2008.（＝野中香方子訳『137億年の物語――宇宙が始まってから今日までの全歴史』文藝春秋、二〇一二年）
Herek, Stephen Robert "Mr. Holland's Opus", 1995.［映画］
Kubrick, Stanley "2001: A Space Odyssey", 1968.［映画］
Spielberg, Steven "Close Encounters of the Third Kind",1977.［映画］
Villeneuve, Denis "Arrival", 2016.［映画］

目次

第Ⅲ部　人を助け、人を苦しめる音声メディア

第Ⅰ部　声と思考、音と人間の欲望

第1章　人間と音、声の関わり史

――太古の音と声のコミュニケーションの始まり――

洞窟に響く太古の音

考古学の世界では、今なお多くの発見がなされている。なかでも興味深いのが洞窟の壁画である。長い年月にわたって陽の差すことのなかった、真っ暗な洞窟の中で眠っていた壁画の描き手は、どのような音を聴きながら想像力を働かせ、創作活動を行ったのであろうか。

また、遺跡の中には、特定の音に共鳴したり振動したりするものがあり、洞窟に描かれた動物たちと音との関係性も解明されつつある。音響工学の専門家であるトレヴァー・コックスは、『世界の不思議な音』の中で、音響考古学者のスティーヴン・ウォラーの研究を紹介している。ウォラーの研究によれば、ラスコーの洞窟で音の反射の高い場所には馬、雄牛、バイソン、鹿の画が描かれ、弱い場所ではネコ科の動物が描かれているという（図1‐1）。つまり、洞窟内で壁に絵を描く際には、動物の大きさと放つ音（鳴き声）や音量、洞窟内の音響効果が一致しているのだ。このことは、先史時代の祖先たちが、絵を描く技術だけでなく、音を聴きわける技術も持ち合わせていたことを示している（コックス 二〇一六：七七）。

音楽家でパーカッショニストの土取利行は、フランスの洞窟シ・トロア・フレール内で聴いた音を『壁画洞窟の音』の中でこう表現している。

壊れたメトロノームのように不規則なリズムで、かすかな音が聴こえだす。静寂を破るこの音は岩を打つ水滴の音だったが、わたしの心をとらえたのは水滴の音そのものではなく、人がどんな精緻な技術をもってしても再現

図1－1　ラスコーの洞窟画（Wikimedia Commons より）

できそうにない洞窟内の残響であった。生き物のように尾を引いて、闇の彼方へと消えていく残響音。その音の去った後には、達人が瞬時に筆を走らせて一幅の書を完成させたのを目の当たりにしたときに味わう、感動の余韻とでもいおうか、そんな充実した沈黙がしばし全体を支配する。

（土取 二〇〇八：二九）

洞窟内の音は、何万年もの間自然にしたたり落ちる水滴と、その水滴が当たって砕ける瞬間に作られる。そして、洞窟という天然の反響（reverberation）と、こだま（echo）によって作り出されたハーモニーだったのだ。このシ・トロア・フレール洞窟にもさまざまな壁画が残されており、その中には古代の人々がたしかにこの場所で音との関係を紡いでいたことを示す壁があった。土取は「楽弓を奏でる半人半獣」と呼ばれる壁画と出会った時のことをこう記している。

頭と尻尾のついた身体はバイソン、膝を折り曲げて踊るような足は人間、そして音楽家が最も注目する弓状の突起物を鼻につけた「小さな魔法使い」とも呼ばれる絵。まさかこの絵がこんな人目を避けた洞窟の奥のそのまた奥に密かに描かれているとはまったく想像していなかった。絵の大きさが三〇センチと小さかったのも意外だったが、さらに驚かされたのは、それが単独ではなく、数限りないバイソン、トナカイ、馬などが重なり、ひしめきあう三メートル近い幅の絵空間を左右に二分する位置に立っていることだった。

（土取 二〇〇八：二四）

古代の人々にとって、音とは動物が発するもの、自然が生み出すものであったに違いない。そのことが、音の強弱や発生源を示す壁画と共に、洞窟内で聴こえる音と残響の関係とに結びつけて描かれたのであろう。

先出のトレヴァー・コックスは同書のなかで、残響について「言葉や音楽がやんだあとも室内で反射して聞こえる音」と表現している（コックス 二〇一六：二四）。そして、世界一の残響をもつスコットランドのグラスゴーにある「ハミルトン霊廟」（青銅製の扉を閉めてから音が消えるまでに一五秒かかる）だけでなく、世界各地のさまざまな場所での残響について調査を行っている。そして、最も長い残響時間として示された場所は、霊廟でも洞窟でもなくスコットランド・ノインチンダウンにある船舶用重油を貯蔵していた古い貯油槽だという。彼の測定によれば、その残響時間は実に一二五ヘルツで一一二秒（約二分弱）、中周波音で三〇秒、すべての周波数を同時に対象とする広域帯音では七五秒であった（コックス 二〇一六：五七）。

人工建造物が最も残響時間が長い結果になったが、自然が作った洞窟ではなく、世界のさまざまな場所にある人工建造物である古代遺跡にも、音との関係が認められている。くわえて、現在発見されている最古の楽器は、ドイツ南部シュヴァーベン・シュラ地域にあるシェルクリンゲン洞窟で発見された、約四万年前のマンモスの牙とハゲワシの骨によって作られたフルートの一種だ。この骨には明らかに人工的に加工された穴が開けられており、実際に演奏も可能だ。そして、近くではヴィーナス像も発掘されていて、広く芸術的な活動が行われていたことを示している。このフルートを使ってどのような音楽が演奏されていたかは想像するしかないが、YouTube にはこのフルートを使った演奏動画がアップされている[1]。もちろん演奏されている音楽は現代のものだが、音色は大きく変わっていないのではないだろうか。同じ音を遙か古代の人々が聴きながら、どんなことを考えていたのか、感じていたのかを想像するだけでも楽しい。世界のあらゆる事柄は自然現象であると同時に、神秘的で自分たちの力の及ばぬ「何か」によって生み出されていると信じていたのだろう。

このような想いを洞窟の壁に線を刻むことで、太古の人々は記憶や思考の断片を記録した。やがて、象形文字が現れ、もっと複雑な出来事の記録が残されるようになった。しかし、声や音を残すことはできず、われわれも太古の音や祖先の声を知ることはできない。その音や声は、洞窟内や外部の大気の振動とともに消え去ってしまったのだ。やがて、モノ同士がぶつかることで音が発することに気がつき、自らも行うようになり、楽器が生み出された。

楽器は神への祈りと結びつき、人々の声と共鳴して音楽となった。おそらく、音の強弱とリズム、叫び声に近い多くの声が混合一体となり、独特の歌ができあがったと考えられる。それが、集団の記憶となり、祭祀の際に繰り返されるようになったのだ。

音と声しか存在しない世界

ウォルター・J・オングは、文字を持たずに声だけを持つ世界を「一次的な声の文化」と呼んだ。「一次的な声の文化」では、声で語ることと、発せられた声を聴くこと、そして声を記憶することだけが人々の思考を司っており、民族の歴史や神との関係を記す神話は、声の記憶として人々に引き継がれた。それだけでなく、声を発することと記憶することは等価であり、記憶は常に累積されていく。その結果、記憶に適した「決まり文句」や「繰り返し」、挿話の入れ子構造など、音と記憶が強く結びついた思考が前提となるのだ。それに対して、書くことを前提とした現在の文化は「二次的な声の文化」と呼ばれるが、書くことは発する瞬間に消えていく声を静止させることを前提とし、「たえず動いている音声を、静止した空間に還元し、話されることばがそこでしか存在できない生きた現在からことばを引き離す行為」になる（オング 一九九一）。その結果、現代社会は声を前提としながらも、真逆の思考回路によって世界は成り立っているのである。

たとえば、電話は声を発することと聴くことのみで成立しているメディアだ。会話の内容は、聴きながら要点をメモ（書く）ことによって記録（記憶）される。声だけでは記憶することが難しい。それは、思考そのものが書くことを前提としているからであり、そのためにメモ（書く）という行為が付随している。たわいもない会話の最中に、メモ用紙を使って無意味な記号や図形を書いているのは、このような聴くことと書くことが、思考のなかでつながっているからではないだろうか。しかし、メモでは要点しか残らない。会議のようなたくさんの会話が同時に進行する場合は、メモだけでは全体の記録にはならない。そのために、会話を記録するための速記技術が登場し、速記者が会議の会話（声）を耳で聴きながら特殊な記号として記録する作業を行った。その記号は速記者にしか理解することができないので、それを誰もが理解できる通常の文字に書き起こす作業が必要となる。その作業を効率化するために誕生したのがタイプライターであり、アメリカで南北戦争が終結し、社会経済活動が活発になった一八〇〇年代半ば以降、さまざまな技術開発が行われた。

現在われわれが普段使っているパーソナルコンピュータのキーボードはタイプライターからの移植であり、主に欧米圏で使われるQWERTY（クワティ）配列やフランス語圏で使われるAZERTY（アザーティー、アゼルティ）配列、ドイツ語圏で使われるQWERTZ（クウォーツ、クワーツなど）配列。そして、日本語かな配列など、言語圏によって異なるキー配列が生み出されている。これらはその言語で最も使われる頻度の高いキーと低いキーを、タイピングで使う指との位置関係から配置している。そして、キーを見ずに高速でタイピングを行う「タッチタイピング」が生まれ、タイピングの速さを競う競技大会も世界各地で開催された（安岡・安岡 二〇〇八）。ちなみに、タイピングを行うタイピストを音声メディアという視点で観ると、何が見えるだろうか。あるいは、聴こえるだろうか。

タイピング作業は、専用の場所で行われることが多い。それは、キーをたたく打鍵の音が大きいからであり、会社内における一種の騒音と見なされているからである。また、タイピストは「沈黙」の仕事でもある。作業は大きな騒音を出すが、作業者であるタイピストは打鍵の音がうるさいことと、タイピング原稿を目で追って集中しなければならないこともあって、会話をすることがほぼできない。そして、ジェンダー視点で観ると、タイピストは女性の仕事として定着しているが、同じく女性の仕事として認識されている電話交換手と共に、一九世紀末の初期には男性タイピストや男性交換手も存在していた。しかし、時代が進むにつれて、次第に女性の仕事へと変化していった（図1-2）。タイピストは「沈黙」という音声の仕事、交換手は「会話」という音声の仕事という対極にある仕事だが、社会のなかで求められていた「女性と仕事」にまつわる期待としては、両者に重なる部分が多い。この問題は、第5章で改めて検討する。

図1－2　イギリスの女性タイピスト（1940年）（Wikimedia Commons より）

音と声を残す欲望

先述のように、音や声は長い間記録できなかった。だが、人間は音や声を記録する欲望を捨てることができないでいた。そのために、「声を記憶」することを目的とした「一次的な声の文化」が生み出されたのだが、時代が下るにしたがってさまざまな技術が誕生し、それらを組み合わせ、応用することで、「音と声を記録」することに挑戦し続けた。現在では当たり前になっている音と声の記録と再生は、一八七七年のトーマス・エジソン（Thomas Alva Edison）による「フォノグラフ」（第7章で詳述）が発明されたことから始まったとされている。しかし、一つの技術的な発明が「フォノグラフ」を生み出したのではなく、他のメディアやさまざまな製品も同様に、それ以前の技術や発想が組み合わさって一つの形を生み出している。福田裕大は「音響メディアの起源」の中でこう記している。

こうした録音技術の着想を得ていたのは、なにもエジソン一人ではない。例えばフランスの地では、シャルル・クロという在野の科学者がエジソンよりも早く同種のテクノロジーの想を得ていた。また、電話の発明でエジソンに先行したアレクサンダー・グラハム・ベルなども、録音技術のみならず、電話や電信といったテクノロジーの開発・改良を通じ、エジソンと非常に近いところで探求に取り組んだ技術であった。（福田 二〇一五：二四）

ここに登場する電話の発明も、アレクサンダー・グラハム・ベル（Alexander Graham Bell）とイライシャ・グレイ（Elisha Gray）による特許権争いに勝ったベルが発明者として歴史に名を残しているが、技術的にもタイミング的にもグレイが発明者となってもおかしくはなかった。ヨハネス・グーテンベルクの活版印刷機発明は一四三九年頃とされているが、これもそれ以前の既存技術を応用することで実現したものであり、グーテンベルグだけで生み出されたわけではない。

このように考えていくと、メディア技術の歴史を遡ることは、音と声に対する人間の欲望を確認する作業でもある。メディア技術史研究者の飯田豊は、『メディア技術史』のなかで、ボーカロイドというアニメキャラクターに自作の唄を歌わせるソフトウェアについて、以下のように述べている。

音響技術が単にどのように音を操っているかというだけでなく、メディアとして人々にどのような経験をもたらしているかという観点をもつことで、読み解くことが可能となる。

ただし、適切な理解のためには、技術と社会との関係の歴史的な展開を視野に入れなければならない。音声を組み合わせる技術も、そうして作り出された歌声から「歌う存在」を感じるという経験も、ボーカロイドによっていきなり実現したわけではない。むしろ、時代を経るごとに発達する音響技術をそのつどメディアとして社会に組み込んでいく積み重ねがあったからこそ、その先にボーカロイドのような音のあり方が実を結んだのである。

（飯田編著 二〇一三：五八）

たんに時代の流れの先端にある技術と技術が生み出す結果だけに注目するのではなく、その技術に辿り着くまでのさまざまな技術と人間の欲望にこそ着目する必要があるのだ。

繰り返すが、人間の発する声や奏でる音は、発した瞬間に消え去ってしまう。だから、耳を研ぎ澄ませて音を聴き、記憶や感情に残そうとするのだ。その結果、音や声はヴァルター・ベンヤミン（Walter Benjamin）が言うところの「アウラ（aura）」[2]を持ち、権力やブルジョワジーとの結びつきを強くしていった。そして、音楽は貴重なものとなり、生で音と声を聴くことの特権性だけでなく、自らの地位を示すための象徴として、記録し残す欲望が芽生えて来たのだ。第7章で詳述するオルゴールもその一つで、擬似的な音楽記録・再生装置であった。円筒形の金属（シリンダー）に微少なピンを埋め込み、ピンが櫛歯をはじくことで音が鳴るようになっている。そして、円筒が一周することで、短い楽曲が演奏されるのだ。

オルゴールはその技術だけではなく、シリンダーを収納し、共鳴させる装置として、豪華な意匠を施したケースが使われ、これも唯一無二の「アウラ」的存在としてブルジョワジーたちによって所有された。ただ、オルゴールは独特の音色をもつ「自動演奏装置」であったが、あくまでも擬似的な音楽の再生にすぎなかった。それでも、オルゴールは独自の進化を歩み、レコードと並行して、人々の音を記録・再生する欲望をかなえていたのだ。

音を愛でて、慈しむ文化

声や音への欲望は、機械による記録と再生だけではない。先述のように耳を澄ませて音や声を聴き、楽しむ欲望も存在した。たとえば、風景を楽しむのと同じように、音を楽しむ文化があった。夏の暑さを和らげる風鈴やセミの鳴き声を言葉として表現し、秋の虫の音を楽しむ習慣は、日本独自のものだ。特に、虫の音を聴く文化は世界的にも珍しい。そして、江戸時代には秋の野原で虫の音を聴きながらお酒を飲む、花見に似た「虫聴き」と呼ばれる習慣が一部の人たちの間で楽しまれていた。このような虫の音を楽しむ習慣は日本と中国にしか存在せず、独自の文化と言えるだろう。梅谷献二によれば、このような文化は「鳴く虫文化」と言えるもので、「古来、日本人は、コオロギの声で秋を感じ、ホタルの光に郷愁をおぼえ、セミの鳴き声を種類別に聞き分けた。しかし、こうした感性は世界的には大変珍しく、誇るべき日本人の感性」だと言う。たしかに、セミの合唱のなかにコオロギなどの音が混じるようになると、夏の終わりと秋の始まりを同時に感じる。われわれは、その音を聴き分けることができるのだ。たんなる「虫が出す音」ではなく、「季節の変化に伴う音」として捉えるのである（梅谷 二〇〇五）。

この「鳴く虫文化」は、いつ頃から存在したのだろうか。はっきりと虫の名前と音が記録されているのは万葉集の和歌で、「蟋蟀《こほろぎ》」（コオロギ）として登場する。たとえば、湯原王《ゆはらのおおきみ》の「夕月夜《ゆふづくよ》心もしのに白露《しらつゆ》の置《お》くこの庭にこほろぎ鳴くも」という歌には、秋の夜に浮かぶ月と露が降りる庭でコオロギが鳴いている様子を歌っている（万葉集第八巻一五五二編）。他にも、詠み人知らずの和歌「草深みこほろぎさはに鳴くやどの萩見に君はいつか来まさむ」（万葉集第一〇巻二二七一編）、「庭草に村雨降りてこほろぎの鳴く声聞けば秋づきにけり」（万葉集第一〇巻二一六〇編）、「こほろぎの待ち喜ぶる秋の夜を寝る験なし枕と我れは」（万葉集第一〇巻二二六四編）など七編がある。つまり、万葉集が編纂された七世紀後半から八世紀後半には、すでに日本人の感性のなかに、秋の夜の月明かりや一人寝の寂しさを結びつける文化が存在していたことになる。

平安時代には、貴族たちの間で竹の虫かごにコオロギや鈴虫などを入れて鳴き声を楽しむ遊びが流行し、野原で虫の音を聴く「虫聞き」などもこの頃に行われた。そして、江戸時代には庶民の間でも虫の音を楽しむ文化が流行し、「虫売り」という商売も登場した。虫かごもさまざまなデザインが施され、なじみの竹で組んだ簡素なものから、意匠に工夫を凝らした豪華なものまで作られた。この「虫売り」という商売は昭和まで続いたが、戦後になって高度成長による騒音の増加、家屋の変化、メディアからの多様な音の発信などを通じて、次第に衰退していった（梅谷、同サイト）。たとえば、一九〇四（明治三七）年六月二二日付『朝日新聞』の「虫の価」と題する記事では、「石鶏《かじか》籠《かご》入《いり》一疋《いちびょう》十五銭（かじかがえる籠入り一匹が一五銭）」、「蛍一番五厘、並二厘（蛍の上物が五厘、普通が二厘）」など、鳴き声を発する虫の価格相場が記されている。また、一九一三（大正二）年七月二一日付『朝日新聞』記事「鈴虫松虫轡虫　此頃流行る大和鈴」では、「打水した庭に続いた軒端、青簾越しに虫籠を吊して、絶々に鳴く鈴虫松虫の音を聞くばかり涼し味の深いものは無い」と、夏の暑さを凌ぐ方法として虫の音が使われていたことが記されている。

音の風景を楽しむ音観光

このように、自然の音を慈しみ楽しむ習慣は、風景として音を楽しむ「音観光」と呼ぶことができるかもしれない。カナダの作曲家マリー・シェーファー（Raymond Murray Schafer）は、一九六〇年代終わりに「サウンドスケープ（Sound Scape）」という概念を提唱した。サウンドスケープは「音風景」と訳されるが、われわれ人間と環境とのつながりを、音を基準として考える概念である。サウンドスケープ概念について、「日本サウンドスケープ協会」のホームページの説明を引用する[3]。

> 日本語では一般に「音の風景」と訳され、専門的には「個人、あるいは社会によってどのように知覚され理解されるかに強調点の置かれた音環境。それゆえサウンドスケープは、個人（あるいは文化を共有する人々のグループ）とその環境との間の関係によって決まる」と定義されています。
>
> （*A Handbook for Acoustic Ecology*, B.Truax ed., 1978）

つまり、われわれの生活世界に存在するあらゆる音をどのように捉え、組み合わせ、再構成することによって生み出される音の環境をサウンドスケープと呼んでいるのである。シェーファーのサウンドスケープには、地域の特徴を表す、あるいはその地域にしかない「サウンドマーク」と名付けられた音がある。たとえば、富士山が日本を代表するランドスケープであるように、また清水寺が京都を代表するランドスケープであるように、地域には固有の音があるという考え方だ。それは、時代とともに消え去りつつある音かもしれないが、地域の歴史や産業と密接に結びついた音なのである。

たとえば、環境省の「残したい〝日本の音風景100選〟」には、日本各地のさまざまな音がホームページで紹介されている。そのなかで、日本の四季と音の関係を以下のように記している。

日本は、四季の自然の変化に富み、多様な生き物に恵まれた国です。地域の風土にはぐくまれた文化も豊かに受け継いできました。そしていまも、日本各地で、それぞれ独自の音風景が残っています。その音風景は、そこで生活を営む人にとっては心にゆとりをあたえてくれる、とても大切な、いわばふるさとのようなものかもしれません。

われわれの生活環境を思い返してみよう。どのような音が聴こえるだろうか。自宅の直近には線路があって毎日電車の通過する音やアナウンスなどが聴こえる。また、ゴミ収集車のチャイムや大通りを行き交う車のクラクションやサイレンなども聴こえる。しかし、音風景かと言われると、ほど遠い音のように感じる。「残したい〝日本の音風景100選〟」には、秋田県能代市の「風の松原」、京都市の「京の竹林」、東京台東区の「上野のお山の時の鐘」、徳島県の「阿波踊り」などが載っていて、たしかにそこにしかない音のように思う。しかし、音だけで場所をイメージできるのは、沖縄のエイサーくらいではないだろうか。音には、風景のような特定の場所と結びついた特別感は感じにくいのは確かだ。

そして、もう一つ特別感を感じにくい理由に、音を切り分けにくくなっている現在の音環境がある。シェーファーは、音環境を「ハイファイ」と「ローファイ」に分けている。「ハイファイ」な音環境は、環境の騒音レベルが低く、個々の音がはっきりと聴き分けられる High Federation（高忠実度）な環境を指す。たとえば、音の少ない田舎や真夜中の静寂などが該当する。一方、「ローファイ」な音環境は、環境の騒音レベルが高く、微細な音は他の多くの音に埋もれて聴き分けられない Low Federation（低忠実度）な環境を指す。たとえば、さまざまな音が交錯する都会や鉄道のターミナルなどが該当する（シェーファー 二〇二二：七七〜一三九）。

シェーファーの「ハイファイ」な音環境と「ローファイ」な音環境は、基本的に人工的な音がない自然な音環境が基準となっている。しかし、この基準はわれわれが日常的に感じる好ましい音への感じ方や、環境への期待と合致している。つまり、われわれがなぜ都会の喧噪よりも田舎の自然を好み、音が何も聴こえない環境をあえて求めて旅をするのかの理由ともなっている。サウンドスケープは、このような日常生活における音とわれわれの関係性を示しているだけでなく、無意識に聴き続けている日常の音の種類と音量が時代とともに増え続け、それに耐えられなくなりつつ環境問題を提起しているとも言える。「残したい〝日本の音風景100選〟」に挙げられている場所と音の組み合わせは、その場所でその音を聴くことで価値を生み出し、消えてしまわないように保全しなければならないのである。そして、「はしがき」でも記したような日常生活における「音印」もまた、一種のサウンドスケープと言えるだろう。

さて、本章の最後に、声について考えてみよう。声は次章で詳しく説明するように、人間の進化の過程で手に入れた複雑な音を出す機能が基本になっている。身体から発する音は、小鳥やイヌやネコ、パンダ、ヤギ、クジラなど、ほとんどの動物は独自な音（鳴き声）を発することができる。しかし、その音に意味を載せてコミュニケーションとして利用している例は多くない。たとえば、『朝日新聞』二〇二一年九月一四日付記事に「小鳥の鳴き声は言語だった　文法まで突き止めた日本人研究者」という記事が出ている。動物行動学者の鈴木俊貴は、シジュウカラの鳴き声には文法があり、鳴き声の違いでさまざまな情報交換を行っていると指摘している。また、シジュウカラの言葉が分かるのは、周囲で暮らすスズメやメジロ、ヤマガラなどの鳥たちも含まれ、シジュウカラ語を学習して、理解していると言う。

人間の声と鳥の鳴き声の違い

では、人間の声との違いはどこにあるのだろうか。まずは、文法の複雑さや感情との関係性が挙げられる。言語としての構造（文法）をもち、複雑な意味を表現でき、そして未来を表現できるのは人間の声しかいない。アメリカの言語学者チャールズ・フランシス・ホケット（Charles Francis Hockett）は、人間の言語と動物のコミュニケーションがどのように違うかを、『スピーチの起源（The origin of speech）』の中で一三の特徴として以下のようにまとめている（Hockett 1960：88-96）。

1、音声−聴覚チャネル：声は聴覚を通じて認識される。
2、放送送信と指向性受信：聞こえる範囲の声は全て認識でき、音の方向や種類を特定できる。
3、急速な衰退（一時性）：声は発した瞬間に消えてしまうので、聴こえる声はその瞬間のみである。
4、互換性：人間が話す声は互いに認識でき、再現することもできる。
5、総合的なフィードバック：声を発している人が、自分の声を聴くことで話している内容を内面化できる。
6、専門分野：人間の声は、人間同士のコミュニケーションに特化している。
7、セマンティシティ：特定の声（音）に特定の意味を持たせることができる。
8、恣意性：声で伝えられる内容には制限がなく、声（音）と意味には特別な関係性はない。
9、離散性：声（音）は、音素として明確に区別できる。
10、移動：人間は、空想によってこの世に存在しない事柄についてコミュニケーションすることができる。
11、生産性：人間は、使われている声や声のコミュニケーション内容から、新しい意味を生み出すことができる。
12、伝統的な伝達：人間の声による言語活動は完全に生まれながらのものではなく、学習や経験に依存している。したがって、世代を超えた伝承が可能。

13、パターン化の二重性：人間の言語には、アルファベットやひらがなのような意味のない音素を組み合わせて意味のある単語を生成し、その単語を組み合わせて文を作成する（漢字のような有意味の音素もある）。

この中で、特に音素から単語を作り、単語を組み合わせることで文章が作れるという点が人間に特有なものと言えるだろう。では、単語と意味の関係はどのように作られるのだろうか。

先述の言語学者フェルディナン・ド・ソシュールは、言語学を言語の歴史的側面を扱う「通時言語学」と、言語の共時的（非歴史的、静態的）な構造を扱う「共時言語学」の二つに分けた。そして、言語の起源といった歴史的な研究だけでなく、言語の構造面にも注目した。その結果、「ラング」と「パロール」、「シニフィアン」と「シニフィエ」のような、言語の構造が社会によって作られたと主張した。このような社会的に意味が作られ、割り当てられているという考え方を「構造主義」[4]といい、たとえばミシェル・フーコーやロラン・バルト、クロード・レヴィ＝ストロース、ルイ・アルチュセール、ジャック・ラカンなどの二〇世紀を代表する思想家たちがこの構造主義に基づいた著作を著している。メディア研究分野でもこの構造主義は大きな影響力を持っており、特に「カルチュラル・スタディーズ」というイギリスで始まった文化研究はメディアの文化研究にも広く応用されている[5]。たとえば、メディアをたんなる情報を送り届けるパイプのような存在として考えるのではなく、社会や政治、技術や利用者など、多様な勢力が互いに絡み合い、せめぎ合い、影響し合うことで社会的に生み出された存在と捉える。筆者が専門としているメディアの社会史も、メディアを単純な技術の塊と捉えるのではなく、社会情勢と人々の欲望、そして技術が結びついて生み出された存在と捉え、メディアが社会のなかでどのように立ち現れ、利用され、現在の姿になったのか。あるいは、消えてしまったのかのプロセスを明らかにすることが目的となる。

音声メディアも、電話からラジオへという単純な線的な時間軸の捉え方ではなく、電話の前に社会のインフラとして世界中を結んでいた電信と電話は同時並行的に社会におけるそれぞれの営みがあり、時に交わり、時に分岐しながら社会に溶け込んでいった。そして、音や声が「ある」ことが自明な前提ではなく、「ない」こともまた音声メディアにとっては重要な要素となる。そのことを、次章以降の具体的なテーマを用いながら明らかにしていきたい。

注

（1）「世界最古の管楽器のライブ」『時事通信トレンドニュース』二〇一八年九月一二日（https://www.youtube.com/watch?v=rmZmjAm_mL0）

（2）ベンヤミンは、優れた芸術作品を前にして人が経験する畏怖や崇敬の感覚に対して「アウラ（aura）」という言葉を用いた。「アウラ」は、世界に唯一存在するものであり、それがゆえに芸術作品に対する畏怖や崇拝の感覚が生み出される。一方、「アウラ」は原始的、宗教的、権力的な結びつきを生み出す。それが、機械的な複製技術の登場によって、芸術作品は「アウラ」から開放された。

（3）日本サウンドスケープ協会（https://www.soundscape-j.org/soundscape.html）

（4）構造主義とは、「一般に構造を要素と要素の間の関係からなる全体と見、事象をその構造の要素間の関係や変換の結果として捉える方法的な視点。〈中略〉構造主義はソシュールの構造言語学に多くを負っているが、彼は、言語は構造をもった一つの全体で言語は相互の連関によってのみ定義されると考える」（濱嶋・竹内・石川編 一九七七：一七四）。

（5）カルチュラル・スタディーズに関しては、概念的な説明よりも吉見俊哉の以下の文章が的確に示している。「CS〔カルチュラル・スタディーズ―筆者補記〕の焦点は、知的エリートのための文学作品や思想、芸術的表現ではなく、あきらかにもっと大衆的で通俗的な文化テクストとその受容に置かれている。〈中略〉したがって、CSはまずは哲学でも現代思想でもなく、あくまでも現代のポピュラー文化についての批判的なフィールドワークなのである」（吉見編 二〇〇一：一九）。

参考文献

飯田豊編著『メディア技術史――デジタル社会の系譜と行方』北樹出版、二〇一三年。

梅谷献二「虫を聴く文化」（https://www.jataff.or.jp/konchu/listen/listen.html）。

環境省「残したい〝日本の音風景100選〟」（https://www.env.go.jp/air/life/nihon_no_oto/02_2007oto100sen_Pamphlet.pdf）。

土取利行『壁画洞窟の音――旧石器時代・音楽の源流をゆく』青土社、二〇〇八年。

日本サウンドスケープ協会（https://www.soundscape-j.org/soundscape.html）。

濱嶋朗・竹内郁郎・石川晃弘編『新版　社会学小辞典』有斐閣、一九九七年。

福田裕大「音響メディアの起源」谷口文和・中川克志・福田裕大『音響メディア史』ナカニシヤ出版、二〇一五年。

安岡孝一・安岡素子『キーボード配列QWERTYの謎』NTT出版、二〇〇八年。

吉見俊哉編『カルチュラル・スタディーズ』講談社（講談社選書メチエ）、二〇〇一年。

『朝日新聞』一九〇四（明治三七）年六月二二日「虫の価」。

『朝日新聞』一九一三（大正二）年七月二一日「鈴虫松虫轡虫　此頃流行る大和鈴」。

『朝日新聞』二〇二一年九月一四日「小鳥の鳴き声は言語だった　文法まで突き止めた日本人研究者」。

Benjamin, Walter, *Das Kunstwerk im Zeitalter seiner technischen Reproduzierbarkeit*, Carl GmbH, 1936.（＝川村二郎ほか訳『複製技術時代の芸術』紀伊國屋書店、一九六五年）

Cox, Trevor, *The Sound Book: the Science of the Sonic Wonders of the World*, New York: W W Norton, 2014.（＝田沢恭子訳『世界の不思議な音――奇妙な音の謎を科学で解き明かす』白揚社、二〇一六年）

Hockett, Charles Francis, "The Origin of Speech", *Scientific American*, 203(3), 1960.

Neanderthal Bone Flute Music（https://www.youtube.com/watch?v=sHy9FOblt7Y&t=280s）.

Ong, Walter J. *Orality and Literacy: the Technologizing of the Word*, London; New York: Routledge, 1982.（＝桜井直文・林正寛・糟谷啓介訳『声の文化と文字の文化』藤原書店、一九九一年）

Schafer, Raymond Murray, *The Tuning of the World*, New York: A. A. Knopf, 1977.（＝鳥越けい子ほか訳『〔新装版〕世界の調律――サウンドスケープとはなにか』平凡社、二〇二二年）

Truax, Barry, ed., *A Handbook for Acoustic Ecology*, 1978.

第2章　人間の聴覚とコミュニケーション
――発話と聞こえの仕組み（1）――

二〇二〇年に入ってから突然身近になった言葉に、「新型コロナウイルス（COVID-19）」がある。そして、このウイルスは瞬く間に世界中をパンデミックの渦に巻き込み、多くの感染者と死者を出し、人々の日常生活を奪った。奪ったのはそれだけでなく、我々の日常から「聴く」と「話す」のコミュニケーションも奪い、その欲求だけが空中の何かを掴むようなむなしさとともに蓄積されていった。そして、改めてわれわれの日常にはさまざまな声の会話や音が存在し、その中で生きていることを実感させてくれた。

ある日から、突然オンライン授業や在宅ワークが始まり、ひとり部屋にこもってひたすらパソコンの画面を通じて行われる一方通行の授業をイヤホンで聴き、静まりかえった休日のオフィスのような環境で黙々と仕事をしなければならなくなった。授業を受ける・仕事をするという行為自体は変わらないが、そこには教室やオフィスという「環境」に付随した音がなく、友達や同僚との会話やコミュニケーションが不在となったのだ。男性は会話が苦手で、女性は話し好きというジェンダーステレオタイプを超えて、多くの人たちが会話に飢え、聴こえるはずの音の不在に困惑した。そして、改めて「話す」「聴く」という機能が、なぜわれわれには備わっているのかという疑問へとつながっていったのだ。もちろん、さまざまな理由でその機能が使えない場合もあるが、本章では使えるという前提の下に話を進めてゆきたい。

日常生活は声に満ちていた

われわれは、日々他者とのコミュニケーションを行っている。そのコミュニケーションに用いられている情報には、身体からの発話や聴こえといった身体的機能を用いた身体的情報、テレビや

ＳＮＳなどのテクノロジーを用いたメディア的情報、主に表情や行動で今の気持ちを表す感情的情報がある。身体的情報を用いたコミュニケーションには、発声や聴覚に機能的（医学的）な課題を持っている人たちも参加している。本章では、この発話や聞こえの機能がどのようにしてわれわれに備わり、その機能への関心とテクノロジーが結びつき、新しいメディアの誕生へと進んでいったのかを確認する。当たり前に感じる「話す」「聴く」という機能は途方もない長い年月と進化の過程で獲得され、われわれの祖先たちはその機能を拡張することに大きな関心をもち、人間にしかなし得ない知恵と技術を結びつけてきた。その実践は今も変わらず行われているが、まず地球の誕生と人類の進化のプロセスから、当たり前を解きほぐしてみよう。

生命の誕生からの、進化のプロセス

「はしがき」で記したように、宇宙が誕生してから約一三七億年が経過し、さらに地球が誕生してから約五〇億年の年月が経過している。まず、約四六億年前に地球内部から放出されたガスによって生まれた最初の「原始大気」が生まれた。原始大気に含まれていたのはメタンやアンモニア、二酸化炭素などであって、酸素はまだ存在していなかった。また、約四〇億年前に地表の温度が下がり始め、水蒸気が凝結して雨が降り始めた。その水が長い年月を経て大きな水たまりとなり、やがて「原始海洋」が誕生した。どちらも現在の空気や海とはまったく違う姿をしていたが、やがて生物が生きることのできる環境へと変化していった。

最初の原始生物には、音を聴く機能（圧力の変化を検知する機能）はなかった。しかし、進化の過程でその機能は獲得されたのだが、なぜ音を聴く機能は必要だったのだろうか。音には、生き延びるために「安全」な音と、死を招く「危険」な音がある。生き残っていくためには、音を聴き取って安全か危険かを判断する必要があった。たとえば、大きな音（大きな圧力の変化）は危険であり、小さな音（小さな圧力の変化）は安全である。あるいは、音の変化によって近づく、遠ざかるなどの状況を知り、獲物を得るための情報として利用していた可能性もある。海中で生活していた生命は、やがて陸上へと住みかを拡げていった。その結果、水生生物と陸上生物に分かれ、どちらにも音を聴く器官を持つようになった。また、脊椎動物と無脊椎動物では、耳の構造に違いがある。人間やカエル、サメなどの顎をもつ脊椎動物は、進化の過程で顎の近くに鼓膜と中耳骨を持つようになり、音を聴くだけでなく平

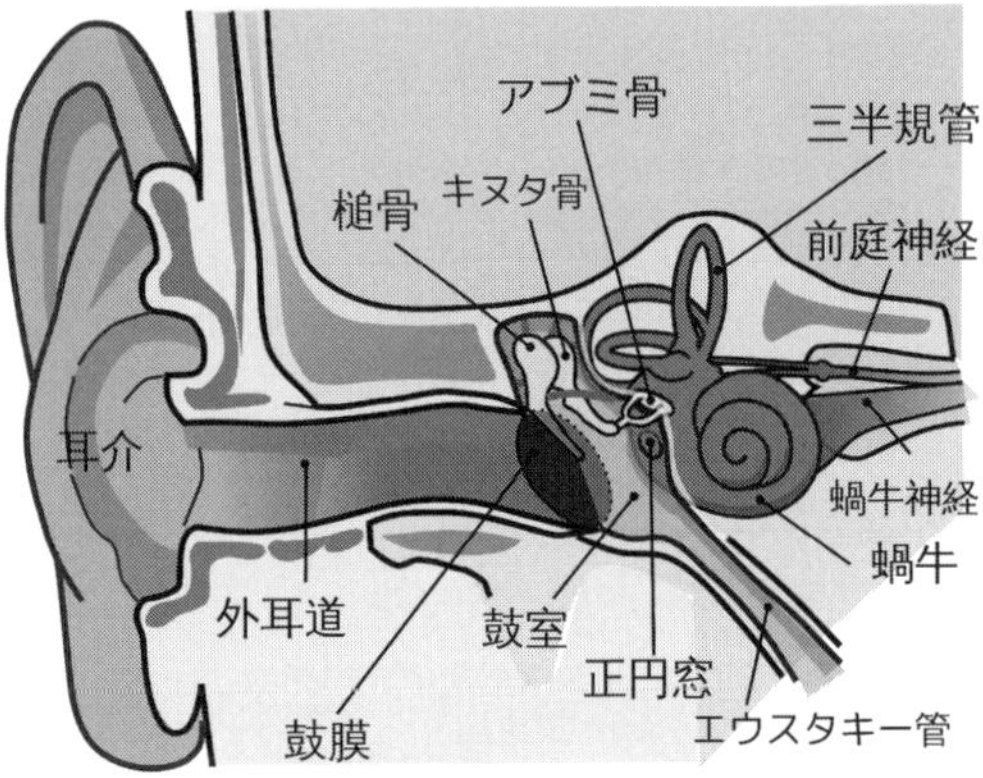

図2－1　耳の構造（Wikimedia Commons より）

衡感覚を保つための器官としても使われている。

さて、地球誕生以降、生物が聴いた音とはどんな音だったのだろうか。大気と音を聴く機能が備わっていれば、なんらかの音は聴くことができる。しかし、現在われわれが音として認識している音とはかなり違っていたのではないだろうか。まず、原始生物が獲得した音を聴く機能は音圧を関知するだけで、多様な音としての分別はできなかったと考えられる。また、大気の圧力に変化を与える大きな震動源としては、火山の爆発などかなり大きな力が必要になってくる。風のような大気の大きな流れはあったと考えられるが、それを風として認識する生物はまだ存在していなかった。原始海洋で生活していた生物の一部が陸にあがり、陸上で生活するようになってからの長い進化の過程において、耳の構造も大きく変化した。人間がまだ魚類だったころに耳小骨ができ、両生類と虫類の頃には耳小柱が身体の外側と内側をつなぐ役割を果たしていた。爬虫類から哺乳類に進化する過程では二つの耳小骨が加わり、やがて三つの耳小骨はアブミ骨、ツチ骨、キヌタ骨に変化し、まとめて耳小骨と呼ばれている。

人間の耳の構造は、耳介《じかい》（顔の側面にある、いわゆる耳の部分）・外耳道・鼓膜があり、その奥には中耳《ちゅうじ》・内耳《ないじ》、蝸牛《かぎゅう》があって、最終的に脳へとつながっている（図2－1）。まず、耳介は、集音器の役割を果たしている。耳介の形は細かくみると人によって微妙に違っている。福耳と呼ばれる耳たぶの大きな形もあれば、耳介の大きさにも大小いろいろある。一致しているのは側頭部やや下側にあり、外側に開かれた構造をしている点だけだ。視覚情報を得る眼は前方の視野（人間の場合は、片目につき上方に約六〇度、下方に約七五度、鼻側に約六〇度、耳側に約一〇〇度）の情報が得られる。しかし、後方の情報は得ることができない。一方、耳から得られる音の情報は、基本的に三六〇度どこからの情報も得られ、得られる情報量は周波数（一分間の震動数）で表される。人間の耳が知覚できる音の周波数は二〇ヘルツ（低い音）から二万ヘルツ（高い音）程度で、この範囲の音が鼓膜で検知できる。加齢とともに高い周波数は聴き取りにくくなり、モスキート効果のような若者にしか聴こえない周波数で夜間にたむろする若者を遠ざける方法もあった。二〇〇九年四月二四日付『読売新聞』記事「たむろする若者を音で撃退　東京・足立区、深夜の公園で実験へ」には、以下のように記されている。

実験で使われるのは、英国製の装置。一定方向に一七・六キロ・ヘルツの高周波音を飛ばし、最長四〇メートル離れても不快に聞こえるのが特徴。日本音響研究所の鈴木松美所長（音響工学）によると、「高周波音は加齢により聞こえにくくなり、個人差もあるが、おおむね三〇歳以上になると聞こえなくなる。この程度では、人体への影響はないと思われる」。一方、一〇歳代の若者にはよく聞こえるとされている。

若者には不快な音として聴こえるが、中高年以上には聴こえない音を常時流すことで、特に夜間帯に集まる若者たちを撃退しようというものだ。

後方から鳴らされる車のクラクションに驚いたり、ばらまかれた小銭の音に反応したり、サイレンを鳴らしながら近づいてくる救急車がどちらの方向から来て、通り過ぎていく際に音程が変わるドップラー効果を、われわれは耳を介して日常的に体験している。

音を聴く仕組み

鼓膜を震わせた空気の振動は、中耳にある三つの耳小骨（ツチ骨、キヌタ骨、アブミ骨）を伝って拡大され、内耳へと送られていく。この耳小骨がそれぞれ震動して次第に音が増幅されていく仕組みは、じつに人体の不思議と進化の素晴らしさを感じさせてくれる。耳小骨の役割はたんに音を増幅させるだけではなく、耳小骨に付属する筋肉の働きによって、過大な音を調整して蝸牛へと送る働きもしている。小さな音は大きく、大きな音は小さくしているのだ。それは、外界の音を脳が正しく知覚して処理するために必要な作業なのである。この耳小骨の働きによって、鼓膜が受けた震動は適切な情報として蝸牛へと送られる。蝸牛は、まさにカタツムリの殻のような形をしており、内部はリンパ液で満たされている。また、有毛細胞が内部壁にびっしりと備わっていて、リンパ液の震動を感知する役割を担っている。そして、この有毛細胞一つ一つは聴神経の末端につながっていて、個々の有毛細胞は特定の高さの音に反応するようになっている。有毛細胞が関知した音の震動は電気信号に変換され、聴神経を通って脳の大脳皮質へと運ばれる。

われわれは、音楽のような刻一刻と変化する音の高さや大きさを、連続して関知することができる。また、遠くから近づいて来る音の変化も関知できる。これは、蝸牛から大脳皮質へと伝わる神経経路の途中に、神経核と呼ばれる神経細胞（ニューロン）の集まりがあり、個別の音の情報と共に、音の時間変化の情報もニューロンで関知しているからである。大脳皮質には、音を聴く、調べ（音の高低や変化）を聴く、音楽のような連続した音を聴くだけでなく、音を発する側の情報（たとえば、楽器の演奏者や歌手など）を知覚する活動野が決まっている。たとえば、第一聴覚野では音の基本的性質である音の大きさや高さ、それに音色などを認知するが、それを音楽として認知するためにより高次な情報処理を行う大脳皮質の側頭葉にある聴覚連合野が必要となる。この聴覚連合野の活動によって、音の高さ、大きさ、それらの時間的な変化を持つ「音楽」として、われわれは認知し、楽しんでいるのだ。

では、いったいいつ頃から、われわれは音を連続させた音楽を奏でるようになったのであろうか。先述のように、現在、最古の楽器として扱われているのは、二〇〇九年六月にイギリスの科学雑誌『Nature』に発表された独テュービンゲン大学（University of Tubingen）で考古学者ニコラス・コナード率いる研究チームが発見した動物の骨で作られたフルートで、約四万年前のものだという。二〇〇九年六月二四日付『National Geographic 日本版』記事「骨製フルート、人類最古の楽器と判明」によれば、同研究チームが二〇〇八年にドイツ南部にある石器時代のホーレ・フェルス洞窟遺跡で発見した複数の骨製フルートについて、以下のように記している。

フルートには五つの指穴が開けられ、送風口にはV字の切り込みが入り、楽器としてほぼ完全な形をしていた。

直径はちょうど八ミリで、本来の長さは三四センチほどあったとされる。近くのギーセンクレステルレ（Geissen-klosterle）遺跡で以前に発見されたフルートの破片は約三万五〇〇〇年前のものだったが、今回新たに発見されたフルートは現生人類がこの地域に定住を始めたと考えられる約四万年前のものであるという。

当時の地球上には、現生人類であるホモサピエンスとネアンデルタール人が共存しており、ネアンデルタール人はなんらかの理由で地球上から姿を消した。言い方を変えれば、ホモサピエンスは、なんらかの理由で地球上での生存に適していたことになる。研究チームは、その理由として音楽の有無が大きな原因ではないかと考えていると、同記事は伝えている。その適否は不明だが、四万年前の人類が楽器を使って連続する音を作り、聴いていたことは間違いない。その音楽が人類の心にどのように響いていたのか、あるいはコミュニケーションやコミュニティ形成にどのような役割を果たしていたのかは想像するしかない。その一方で、耳の構造と音の認知機能の発達が、音楽という文化を創り出したこともまた間違いないであろう。

音の残響が作る神の存在

さて、耳が音を収集し、脳でその認知を行っている仕組みは分かった。では、音を聴くという実践とそこから得られる心的な作用は、いつ頃からわれわれの意識のなかに芽生えたのであろうか。

先述したように、四万年前の洞窟から動物の骨を材料にした楽器が発見されたが、洞窟はさまざまな音の反響を伴う空間でもある。古代の楽器が洞窟で発見されたことは、その楽器が洞窟で演奏されていたことを意味する。たまたまそこに置いてあったというよりは、現在でもコンサートホールの評価が音の反響に依存しているのと同じように、さまざまな反響を引き起こす洞窟という場所こそが楽器を演奏するにはふさわしいと言える。われわれは、音の反響を古くから楽しみ、不思議に感じている。たとえば、山の頂などで「やっほー」と叫ぶと、周囲の地形に音が反響して幾度も同じ声が聞こえる。これは「山彦《やまびこ》」と呼ばれるが、「木霊《こだま》」と表記することもある。木霊は、樹木に宿る精霊であり、山彦はこの精霊たちがわれわれの声を真似ていると考えられていたのだ。自然界の全てに神が宿ると考える日本文化において、樹木に神が宿るという考えは古くから存在し、ご神木や樹を切ることへの恐怖などの形で現れている。そして、われわれの発する声が繰り返し響くのは、樹に宿った精霊たちの遊びと考えられていたのだ。また、山彦は妖怪の仕業と考え、各地の伝説や伝承のなかにも残されている。このように、音が響くことに関して、地域や文化、民族の違いに関係なく、古代から理解できない不思議な力が関わっていると考え、それが洞窟内での楽器演奏につながるのである。

第1章で紹介したトレヴァー・コックスの『世界の不思議な音』には、世界中のさまざまな場所で調査した音の反響に関する分析結果が記されている。コックスは、「山彦」のような「エコー（繰り返し）」と、音が次第に減衰していく「残響」を区別している。「残響」とは、「言葉や音楽がやんだあとも室内で反射して聞こえる音」である（コックス 二〇一六：二四）。われわれは、体験として残響の有無が音の感じ方に違いを生むことを知っている。たとえば、引っ越しの前後に家具のない壁だけがむき出しになった部屋では、発する音や声が反響することで、きわめて不自然な音の世界（非日常の音の世界）が生み出される。逆に、家具などが置かれた後の部屋では、発せられた音は吸収され、きわめて平板な音の世界（日常の音の世界）が誕生する。あるいは、コンサートホールのような場所では、発せられた音が長く残り、次第に消えていく音への焦燥感が、寂しさと共に儚い美しさとして感じられる。そして、最も日常的な場所として浴室がある。浴室の残響は、知らず知らずにわれわれと歌とを結びつける。湯船に浸かりながらつい歌を口ずさんでしまうのは、コックスのいう「残響」によるところが大きい。そして、この「残響」をわれわれは洞窟や建物のなかに、古代から求め続けている。洞窟は残響を得るには最も適しており、そこで古代のフルートが発見されたのは必然でもあるのだ。

そう考えてみると、時代が下るにしたがって人類は洞窟から外の世界へと活動域を広げ、やがてさまざまな建築物を地上に作り上げてきた。古代遺跡と呼ばれるピラミッドや石柱が並べられたストーンヘンジ、古代文明が建てた神殿などは、人間の声が最もよく響く場所を持っている。しかし、現在のわれわれの耳は、古代に発せられた音や声を聴くことには適していない。

私たちは二一世紀の耳で音を聞く。その耳はほぼ絶え間なく建物の内外で生じる反射音を聞くのに慣れているので、墓室や環状列石の音響が太古の祖先たちにはどれほど異様に感じられたかということに気づきにくい。ストーンヘンジやウェイランズ・スミシーをはじめとする先史時代の遺跡について、その設計の動機が何だったにせよ、その遺跡を真に理解するには祖先の「聴く能力」を再発見する必要がある。（コックス 二〇一六：九一）

われわれの思考が声から文字へと変わったように、音を聴く能力も屋外建築物を中心とした現代生活を中心とした「音の弁別」に優位な変化をもたらしているのだ。

音と神、そして神話と親和

音楽・音声ジャーナリストの山﨑広子は『声のサイエンス』のなかで、マルタ島にある約二五〇〇年前に建造された世界遺産「ハル・サフリエニの地下墳墓」の音の構造について紹介している。この遺跡の一つに「神託の部屋」と呼ばれる空間があり、高い周波数の女性の声はすぐに消えてしまうのに、低い周波数の男性の声は強く反響して最大八秒もの残響を残すという（山﨑 二〇一八：八二〜八三）。二五〇〇年前の社会においても、人々に神秘的で霊的な感情を伝えるために声と音の響きは用いられ、それは男性の声でなければならなかったのだ。そして、このような声を響かせる構造は、もっと遙か以前の洞窟での残響と深く結び付いている。洞窟の中でも特に音が響き、残響の長い場所があり、その場所で発した声が幾重にも重なることで、神の声として捉えていたのであろう。神の声は、直接聴くことができない。神の声を人間の声に「翻訳・変換」して語る力をもつ者の声と共に、神の声としての畏敬さを作り出す装置として残響は用いられていたのだ。

だが、現代社会の構造物を中心とした生活のなかで、いつしか自然が生み出す残響や言霊を聴く機会と能力を失ってしまっている。それを取り戻す試みとして、構造物のなかに残響を作りだし、さまざまな技術を通じて人工的に神の声を作り出そうとしている。しかし、もはやオングが言うような「声の文化」を取り戻すことは不可能に近い。であれば、われわれは神の声をどうやって聴くことができるのであろうか。その答えは、人々の声を聴く作業の中に隠れているのではないか。

声の中に宿る「神の声」を聴く、「傾聴」という作業

われわれは、神の声を自然の残響に見出すことができなくなってしまった。しかし、一人一人がこの世に生まれ、生きてきた歴史の中に、実は神の声は宿っているのではないだろうか。かつて神の声を、自らの声を通じて「翻訳・変換」していたシャーマン的な存在は不要となり、一人一人が神との会話を行い、自らの声として語ることができる。これは宗教的な話ではなく、現代社会においてわれわれが音や声を聴くという作業をどのように意識しているかという問題であり、聴く作業がなぜ現代社会で必要とされるのかという問題でもある。そのことを、「傾聴」という作業を通じて考えてみたい。

「傾聴」とは、耳を傾けて相手の話を聴く行為であり、たんに聴くだけではなく、相手の心に寄り添い、共感しながら理解を試みる作業でもある。洞窟で神秘的な声の響きを聴いた際、その内容はよく聴き取れなかったのではないか。その響きの中に含まれた神の言葉をなんとかして聴き取り、理解しようと試みた作業と同じ意識が傾聴にあると考える。われわれは、他者との会話の中で、あるいは他者の発する言葉の中で、どれだけの内容を聴き取り、理解しようと試みているであろうか。たとえば、友達との日常会話で相手が話した内容をどの程度覚えているだろうか。また、大学の授業で教師の話を九〇分聴いた中で、どの程度言葉が記憶に残り、理解しただろうか。もちろん、教師の話し方や興味関心に依存する面は大きいが、それでも他者の話に耳を傾ける作業は労力を伴う。

人間がいつから他者の言葉に耳を傾けるようになったのかは、はっきりしない。だが、先述のように、約四万年前の洞窟に楽器があったことを考えると、聴くという意識はその当時からあったと考えられる。声の化石はないが、人類の骨格は古い地層に残っている。その骨格を調べることで、人類がいつ頃から言葉を発していたかが推測できる。詳細は本章の後半で詳述するとして、人類が言語によるコミュニケーションを始めたのは約五万年前とされている。イギリスの作家・社会学者のアン・カープの『「声」の秘密』によれば、「三〇〜一〇万年前の初期ホモサピエンスが、私たちとしては初めて多様な音を明瞭に発することのできる構造を備えた。最初の現生人類と言われる三〜二万年前のクロマニョン人は、今の人間と頭蓋骨の構造が同じで、その声道も現代の成人と変わらない」状態であった（カープ 二〇〇八：六二）。つまり、構造的にみれば、三万年から二万年前には、声によるコミュニケー

ションが行われていた可能性が高いことが分かる。

約五万年前には、ホモサピエンスが高度な道具を使い始め、アフリカから各地へと移動を始めた時期にもあたる。つまり、道具づくりは一人では行えず、他者との共同作業が必要となる。そのために言語が発達したというわけだ。そして、言語を発するだけではなく、言語を聴いて理解する能力も同時に発達したと考えるのが妥当であろう。共通の認識を元にした言語が生み出され、発話と聴取がセットになることでわれわれの音声コミュニケーションは成立したのである。

身体機能として音を聴く仕組みは先述した通りだが、声（言語）という音を聴くことは、個々の単語から複数の単語を組み合わせ、その組み合わせに一定の規則を持たせた文法の成立へと進んでいく。そして、集団生活が同族意識を芽生えさせ、やがて固有の歴史物語を持つようになる。それは、声の文化の中で語り継がれ、時の流れに合わせるように長い物語へと常にアップデートされ続けた。物語は声のみが引き継ぐことが可能で、そのためには長い物語を集中して聴くことが求められ、記憶の方法も生み出された（第1章参照）。この聴いて記憶する作業は、現在のわれわれにとって非常に困難である。われわれの集中力は一五分程度という研究もあり、耳から入った声が脳で処理されて記憶として定着するためには、かなりの労力が必要となる。耳は開きっぱなしであり、音を常に取り入れて処理している。多くの音の情報から人間の声だけを取り出して処理するのは、人間が声でコミュニケーションを行っている証拠でもある。そして、この声のコミュニケーションの中でも、相手の声に集中して聞き取る作業が「傾聴」である。

「聞く」作業と「聴く」作業の違いが、傾聴を生み出した

日本語には音や声を聴く動作を表す漢字に「聞く」と「聴く」がある。本書では、あえて「聴く」という漢字を使っている。辞書の説明によれば、「聞く」はたんに音や声を耳から取り込んでいる状態を指し、「聴く」は意識あるいは集中して特定の音や声を耳から取り込んでいる状態を指している。つまり、耳から音や声を取り込む際には、無意識的と意識的の二種類があることになる。これは、英語の Hear と Listen のように他の言語にもある区別でもあり、人間が過去から行ってきた音や声に対する営みに関係していると考えられる。獲物の立てる音に集中する時、神の声に集中する時、自らの民族が辿ってきた長い歴史を記憶するときなど、さまざまな場面でわれわれは声に集中してきた。そして、他者の声を集中して聴くという作業は、聴く側だけでなく話す側にも大きな意味のある作業として、われわれは認識している。その中でも、「傾聴」は他者の話に耳を傾け、集中して聴くことで、癒やしや解放へとつながっている。

「傾聴」は、その字のごとく耳を傾けて聴くことであり、「相手がわかってほしいことを相手の身になって理解する営み」（古宮 二〇一七：三）である。たんに相手の言葉を「聞く」のではなく、相手の語りたい内容や、理解してほしい心情を聴き取るのが傾聴なのである。傾聴は、一般的にカウンセリングなどの心理学や福祉の作業として認知されている。だが、傾聴には語る側の声だけでなく、聴く側の耳が必要だ。しかも、耳から入る相手の声から、何を語りたいのか、伝えたいのかをしっかりと分別し、切り取って理解しなければならない。そんな傾聴は、さまざまな場面で行われている。たとえば、医療現場はもちろん、災害で大きな被害を受けた被災者や肉親を亡くした人たち、なんらかの理由で自らの生きる理由を失いかけている人など、傾聴を必要としている人は数多い。しかし、その誰もが自らの心情を語るという作業を行うかと言えば、必ずしもそうではない。語りたくない人もいれば、語ることに躊躇する人もいる。傾聴は、語りたくても語れない人たちの心を開き、語ることを促す作業でもあるのだ。

そんな傾聴の作業を、昼夜分かたず行っているのが「いのちの電話」である。一般社団法人日本いのちの電話連盟の沿革に、その歴史が以下のように記されている。

「いのちの電話」の活動は、一九五三年に英国のロンドンで開始された自殺予防のための電話相談に端を発しています。日本ではドイツ人宣教師ルツ・ヘットカンプ女史を中心として準備され、一九七一年一〇月日本で初めてボランティア相談員による電話相談が東京で開始されました。

一九七七年、当時いのちの電話は全国にわずか五つのセンターでしたが、この市民運動を全国に展開するために、その中心的役割を担う組織が必要となり、日本いのちの電話連盟が結成されました。その後この運動は飛躍的に拡大し、二〇一一年一〇月一日には、いのちの電話開設四〇周年を迎える運びとなり、記念式典には、皇后陛下のご臨席を賜りました。

二〇二二年現在、連盟加盟センターは五〇センターとなり、約五八〇〇名の相談員が活動しております。＊二〇二一年相談件数　五三四、一六七件

いのちの電話の活動は、主に生きる力や希望を失った人たちからの声による相談を受けていて、近年ではインターネットでの相談も受け付けている。しかし、最終的には電話による直接の対話が必要となっていて、そこでは傾聴が重要な役割を果たしている。いのちの電話の活動は全てボランティア相談員によって行われており、相談員になるためには約一年半の養成研修を修了し、認定を受ける必要がある。相談員数は年々減少している一方で、相談件数は増えている。コロナ禍以降は相談員の活動にも制限がかかり、頼みの綱である電話がつながらない状態も続いている。

ＮＨＫ　Ｎｅｗｓ　Ｗｅｂ山梨二〇二二年九月九日記事「『山梨いのちの電話』相談深刻化　相談員の不足が課題」では、相談件数の増加と相談員不足について以下のように紹介されている。

「山梨いのちの電話」は毎週、火曜日から土曜日の午後四時から一〇時まで、自殺を考えるなど深刻な悩みを抱える人の相談に応じています。ことし一月から八月までの相談は二二六四件で、新型コロナウイルスの影響で人との関わりが減ったことで、家庭内でのトラブルや職場での人間関係などに悩み、孤独を感じているという深刻な相談が寄せられています。

こうした相談には現在、三八人の相談員が三時間ごとの交代制で対応していますが、一回の電話の対応に三〇分以上かかるため、かかってくる電話の三分の一程度しか対応できていないということです。

相談員はボランティアで、通常一年以上研修を受講する必要があり、「山梨いのちの電話」では相談員の対象

年齢を拡大したり随時募集したりすることで、相談員を確保しようとしています。

「山梨いのちの電話」の高戸宣人理事長は「必要としている人はいるのに、電話を取れないということはとても残念に思っているが、話を聞くことで相手の考えも変わってくるので、なんとか続けていきたい」と話しています。

厚生労働省が発表している『令和四年版自殺対策白書』によれば、二〇二〇（令和二）年の自殺者数は二万一〇八一人で、一一年ぶりの増加となっている。いのちの電話は、このような状況のなかで奮闘していると言えるが、一人あたりの対応に三〇分程度は最低限必要であり、相談員の数は圧倒的に不足しているのが現状だ。そして、ここで考えるべきことは、電話という声だけのメディアと会話、特に傾聴との関係である。

電話は、声だけの会話で成立する。相手の顔はもちろん、姿形やかけている場所、様子などはいっさい分からない。受話器から聴こえてくる声と背景音だけが情報だ。電話をかけて話すとき、われわれは用件のみを手短に話すこともあれば、とりとめのない話を延々と続けることもある。あるいは、いのちの電話のような、きわめて個人的な心情を見知らぬ他者に伝える際にも使われる。なぜ、自らの命に関する話を、電話というメディアを使って見知らぬ他者に話すのだろうか。見知らぬ他者に、自分の命を断つか延ばすかの決断を委ねるのだろうか。

まず、声だけの会話のメディアは、身体から切り離された声だけが電気信号に変換されて届く。かつてはアナログな信号であったが、現在ではデジタルな信号に変わっている。しかし、声を電気信号に変換して送り、それを復元して声に戻すという仕組み自体は変わってはいない。固定電話から携帯電話に変わっても、仕組みは同じだ。ただ、デジタルの方がクリアな声で聴こえるのは、音楽CDなどのデジタルデータと変わらない。そして、声は受話器の受話部分（スピーカー）を通じて、鼓膜を振動させて声の情報として認知させる。最近のスマートフォンは受話音量を変更できるが、固定電話の場合は難しい。相手の声が消え入りそうな場合、耳に神経を集中させて聴き取ろうとする。声だけでなく、受話器の向こうにあるあらゆる音の情報を聴き取り、どこからかけているのかを想像する。屋内か屋外か、風は強くないか、テレビや音楽の音はしないか、通話者以外の人間の気配はないか。そして、通話者の話が始まるのをじっと待つ。

電話が生み出す見知らぬ他者とのつながり

かつて、まだ現在の固定電話が黒電話と呼ばれていた頃、夜中に突然電話機のベルが鳴ることが時々あった。相手が誰なのか受話器を取って耳に当て、相手が話し始めるまでのわずかな時間、耳を澄ましてまだ見知らぬ他者である通話者の様子を聴き取ろうとしていた。電話はかけられた側の時間を切り裂き、突然パーソナルな空間に侵入する。その侵入を許す相手かどうかは、通話者の「正体」を確認するまで分からない。そのためには、こちらから声を出すか、通話者が声を発するのを待つかの選択が求められる。通話者もこちら側が行っているのと同じく、受話器の音に神経を集中して様子をうかがっている。たとえ親しい相手にかけたはずの電話であったとしても、番号違いの可能性もあるからだ。だからこそ、「もしもし」という問いかけが必要なのだ。その声に聴き覚えがあれば、見知らぬ他者から親しい関係者へと瞬時に切り替わる。だが、見知らぬ他者のままだった場合、相手の話にどの程度集中できるだろうか。それが、スマートフォンが電話の中心的な装置となった現在では、電話番号表示によって見知らぬ他者か、親しい関係者かを判断できる。電話を受けた側の時間を突然切り裂くのは同じだが、応答するかどうかの権限は受けた側にある。つまり、電話はもはや見知らぬ他者との関係を生み出す装置ではなくなったのだ。そんななかで、いのちの電話は見知らぬ他者同士がきわめて深い関係を紡いでいる。

いのちの電話は、互いに見知らぬ他者のまま電話回線がつながっている。いのちの電話の様子を映したネット上の映像で見る限り、電話は固定型が使われている。スピーカー機能やヘッドセットなどの補助機器は使っていない。耳に受話器を当て、聴こえてくる全ての音に全集中している。実態は不明だが、もしかしたら受話器とそれを握りしめる手の組み合わせが、なんらかの役割を果たしているのかもしれない。ヘッドセットには多くのタイプがあるが、一般的には片耳にスポンジをクッションとして付属させ、そこから口元まで伸びるマイクが付属している。大半が右耳用で、これは音を言葉として処理するための左脳とペアになっているためだ。左右の脳にはそれぞれ役割があり、左脳は先述のように音を言語として認識し、論理的処理を主に担っている。右脳は、情報を知識として認識して整理する役割を担っている。左右の耳から入る音は、それぞれ反対側の脳で処理されるので、電話の声を処理するには、右耳で聴いた方がよいことになる。

固定電話の受話器は、左手側に受話器が取り付けられていることが一般的だが、左右どちらの手で受話器を取るのかは人によって違う。そして、左右どちらの耳で話を聴くのかも、人によって違う。椎原康史ほかの研究によれば、利き手に左右があるように、耳にも「利き耳」があるという（椎原ほか　一九八七：一五一〜一五八）。椎原らの調査によれば、利き手、利き足、利き目などは「大脳半球機能の左右差を行動レベルで反映する」ものとして日常的に意識されている。その一方で、利き耳は電話の声をどちらの耳で聴くかという点では、きわめて日常的であるにもかかわらず、意識されることが少なく、研究対象ともなっていない。そこで、約二〇〇〇人の成人を対象として「電話の受話をあてる耳」が左右どちらかを「利き耳」として調査し、「聴覚系の機能的左右差の行動的指標としての妥当性、左右利き耳の比較、性差などについて基礎的な分析」を行った。結果は、右耳利きがやや多かった（右耳利四六・八％、左耳利四四・四％、両耳利き八・八％）。両耳利きの場合は、話の内容によって聴く耳を変えており、落ち着いて聴く場合には右耳を使う傾向が見られた。また、男女の性差に関しては、男性で左耳利きがやや多い結果となった。

筆者は、固定電話、スマートフォンどちらの場合も左耳で聴く。右耳で聴くと、相手の話を理解しづらいのだ。一九世紀末から二〇世紀初めの初期電話機は、壁にかけた四角いボックスに送話口と受話器が別々に備わっており、受話器はボックスの右側についていた。当時の電話機を描いたイラストを見ると、右耳に受話器を当てている。電話の需要が高まり、電話機自体がより使い勝手の良い形式へと変化していった。壁掛形から据え置き型へ、送話器と受話器が別々のセパレート型から一体型へと次第に進化していき、受話器は左手で扱うようになった。これは電話が交換手を経由するタイプからダイヤル式に変わったことで、右手でダイヤルを回す必要があったからだと考えられる。その一方で、左耳に受話器を当てる必要があったのではないかとも考えられるのだ。それが、電話という片耳でしか声を聴けないメディアがもつ特性と関係している。身体から切り離された声のみが情報として伝わってくる電話の場合、声を身体と再結合させる必要がある。それは、声から情景をイメージする右脳が担う。そのため、初期の電話は左耳で聴くようになっていたのではないだろうか。電話が一般化し、現在の固定電話機のスタイルになって以降は、情景のイメージよりも話の内容を処理することが重視されるようになり、左右どちらの耳で使うかは利用者の選択に委ねられるようになった。

いのちの電話の場合、相談電話が固定電話機なのはこの電話というメディアの特性があるからではないかと筆者は考えている。すなわち、右耳から入った音の情報は左脳で言語として処理されることになり、左耳から入った音は情景を思い浮かべるようなイメージ的な処理が行われる。もちろん、相談者の話の内容をきちんと理解し、対応するには言語的な処理と論理的な思考が不可欠だ。その一方で、相談者がいまどのような状況下にあるのかを想像し、どのような感情を抱えているのかをイメージすることも重要な作業なのである。そのため、相談内容を理解するために右耳からの情報で対応し、相談者への「情景イメージ」が必要な場合には左耳で聴くように切り替えている可能性があるのだ。

さて、傾聴は、福祉の現場でよく使われている。傾聴は、いのちの電話のように相手の話を聴くという作業に注目しがちだが、もっと大事なことは、誰かに「話をしたい」という強い欲求である。人間は言語という希有な機能を持ち、言語は話すことで生み出された。逆から見れば、話をしたいという欲求が言語を生み出したということもできる。傾聴も同じで、聴くことの前に、話者側の話したいという欲求が重要となる。新型コロナウイルス感染症の拡大によって、日常から人との接触が途絶えた。それはたんに対面での接触がなくなっただけでなく、対人で行われる会話も消えてしまったのだ。それは、話したい欲求の充足に不可欠な、聴き手の存在がいなくなったことを意味していた。

「かわいい」コミュニケーションという会話

人々の生活はオンラインという名のひどくたどたどしいつながりに置き換えられ、会話も話し手と聴き手という関係性だけが大きくクローズアップされることになった。オンラインでの会話は微妙なずれを伴っていて、発話と返事のタイミングが合わないストレスが増幅し、蓄積していった。話したい欲求は常にあり、オンラインでも一部欲求が満たされたものの、同じ空間を共有し、同じ周囲の音を聴きながら行われるリアルな会話とは完全に異なっていた。たとえば、大学で女子学生たちが挨拶代わりに発する「かわいい」は、対面で交換されるから意味のある言葉であり、オンライン上で交わされる「かわいい」には、いわば魂が宿っていないのだ。女子学生たちは、合った瞬間に相手の髪型や色、アクセサリー、服装、バッグ、靴、マニキュアに至るまで全てを認知し、「かわいい」を発する。これは対面だからこそできるコミュニケーションであり、オンラインでカメラの画角に切り取られた部分的情報では不可能なのだ。

また、「かわいい」は女子学生に限らず、多くの若い女性にとってもとても重要なキーワードになっている。まさに「こんにちは」の代わりが「かわいい」なのである。會澤と大野の論文「『かわいい』文化の背景」によれば、『かわいい』という記号は、非言語コミュニケーション（Nonverbal Communication）の観点から分析すると、非言語音声分野と非言語非音声分野の二つの分野に関わっているという。そして、「視覚的要素」と「接触的要素」がからみあって表出され、「『かわいい』が持つ記号的特徴が、人々に楽しみや癒し、そして安心感を与えるとしたら、それはコミュニケーション上重要な役割を果たしている」と指摘している（會澤・大野 二〇一〇：二四）。つまり、「かわいい」を言えるか、誰かに言ってもらえるかが、大げさではなく生死を分けてしまう可能性があるのだ。

二〇〇九年度の自殺者数は三万四四二七人と統計開始以来最多となったが、以降減少傾向が続き、二〇一八年度には二万一六九人まで減少した。しかし、二〇二〇年度には二万一〇八一人と増加し、二〇二一年度は二万一〇〇七とやや減少した。男女別では総じて男性が多いが、二〇二〇年度以降女性の増加が続き、年齢別では「女性は平成二三年に「二〇～二九歳」が大きく増加し、令和二年は全ての年齢階級で増加した。特に女性の「一〇～一九歳」および「二〇～二九歳」は大きく増加し、令和三年も引き続き増加」と、一〇代、二〇代の若い女性の自殺者の増加が注目される（厚生労働省 二〇二二）。この傾向を見た時に、要因としてさまざまな社会問題が挙げられるが、音声コミュニケーションで考えた時に、先述の「かわいい」の消滅が関係していると筆者は考えている。

つまり、二〇二〇年以降のコロナ社会の登場によって失われた対面での会話が、同時に「かわいい」の消滅を伴い、若い女性たちを孤独の闇へと押しやった。若い女性たちのコミュニケーションに含まれる「かわいい」はたんなる記号としての言葉ではなく、互いの存在を認め合う承認行動であるだけでもなく、自己の存在をも確認し、肯定する「自己承認」作業であるのだ。そして、この他者が発する「かわいい」が日常生活から消えたことによって「自己承認」を行うこともできなくなり、社会の中での自己の存在自体が不安定になってしまった。その結果が、若い女性の自殺者数増加として現れたと考えられるのである。言い換えれば、音声コミュニケーションにおける「かわいい」の交換が、特に若い女性たちにとってきわめて重要な意味を持っていることを示していると言えるのではないだろうか。残念ながら実態調査をしたわけではないので推測の域を出ないが、音声コミュニケーションの重要性を示す一例にはなり得るだろう。

そして、女性たちの音声コミュニケーションにおいて重要なのは、「聴く」という行為だ。一般的なステレオタイプとして、女性たちは「おしゃべりを楽しむ」がある。ファミレスやカフェなどで、二人ないし数人で互いにとりとめのない会話を長時間続ける様子を、なんとなくイメージしてしまう。また、二人の会話の場合、どちらかが一方的に話していて、相手は相づちを打っている場面もよく見かける。会話はキャッチボールと言われるが、ピッチャーとキャッチャーのような会話もある。つまり、ピッチャーが本気で投げて、キャッチャーはそれを受け取って軽く投げ返す。会話に当てはめると、話し手と聴き手の関係になる。傾聴は、この本気で投げたい(話したい)欲求を、キャッチャーの立場で受け取る(聴く)関係に相当する。傾聴の基本は、自己の意見や主張を会話に挟まないことだ。相手の話したい欲求を受け入れ、聴くことに集中する。その際には、両耳から入る話し声を左右の脳でそれぞれ理解する。言葉としての理解と、感情や背景などの理解だ。そして、傾聴には耳以外の身体も用いる。目は相手の表情を読み取り(聴き)、手は時として身体的なふれあいが求められる場合もある。そして、脳の処理だけでなく、聴き手は相手の話を「心」で理解する。心は見えないが、実は最も重要な聴覚器官なのである。

相手の話を音の情報としてだけ「聞」いていると、「聴く」という漢字にはならない。耳以外の身体器官、特に心を通じて相手の声を受け取ることで、音の情報だけでなく、話し手の背景にある人生や経験、現在の状況や話したい欲求の源まで理解することが可能となる。傾聴は福祉の現場だけでなく、ビジネスや教育の現場などでも利用されており、話し手は声を出す＝息を吐くという行為で身体内部に溜まったものを外へ出し、言語化することで自分が抱えているものを他者＝聴き手に伝えることができる。その場合、聴くという行為は受け取ることが中心となり、最小限の相づちや発話を促す言葉だけが発せられる。主役はあくまでも話し手側であり、聴き手は従者なのだ。

山谷奈緒子は、コミュニケーションを「『言葉』を用いる言語的コミュニケーションと、視線などの言葉以外の記号を用いる非言語的コミュニケーションの二つにわけることが出来る」として、非言語的コミュニケーションのなかに「視線の他にも音声の形式的側面、顔の表情、ジェスチャー、あいづち、うなずき、姿勢や動作、身体接触、対人距離や空間行動、外見、服飾や化粧、さらには匂いやインテリアなど多くのチャネル」を示している。そして、「二者間のコミュニケーション場面において、話し手の非言語的コミュニケーション行動が、対人印象にどのような影響を及ぼすのか、またそうした対人印象は聞き手の性格特性によって違い生じるか」を検証している。その結果、話し手の性格特性に関係なく、カウンセラーの前傾姿勢という非言語的コミュニケーション行動が肯定的な印象を導き、あいづちや間には影響されないことが判明した（山谷 二〇〇八：一七一～一八六）。つまり、聴く側の前のめりな姿勢が話し手に好影響を与え、あいづちなどの反応は特に関係しなかったのだ。

以上のことから言えることは、話し手の話したい欲求を刺激するためには、聴く側の聴きたい姿勢（身体的な姿勢と心的な姿勢）が必要となる。そして、聴く側の心的な姿勢には、耳からの音の情報として処理するのではなく、話し手の話を身体的な他の器官も使いながら聴くことが求められるのである。聴く・聞くという日常的に無意識・無自覚に行われている作業は、人間のコミュニケーション活動の重要な位置を占めている。もちろん、手話やジェスチャー、目配せなどの非言語的なコミュニケーション活動も重要性という面ではいささかも変わりはないが、言語コミュニケーションは人間が進化の過程で獲得した能力であり、人間にしかない能力なのである。次章では、その言語を司る発話の仕組みや音声コミュニケーションからみた発話について検討したい。

参考文献

會澤まりえ・大野実「「かわいい」文化の背景」『尚絅学院大学紀要』五九、二〇一〇年（shokei.repo.nii.ac.jp）。

ＮＨＫ News Web山梨「「山梨いのちの電話」相談深刻化　相談員の不足が課題」二〇二二年九月九日記事（https://www3.nhk.or.jp/lnews/kofu/20220909/1040018012.html）。

厚生労働省『令和4年版自殺対策白書』、二〇二二年（https://www.mhlw.go.jp/stf/seisakunitsuite/bunya/hukushi_kaigo/seikatsuhogo/jisatsu/jisatsuhakusyo2022.html）。

古宮昇『マンガでやさしくわかる傾聴』日本能率協会マネジメントセンター、二〇一七年。

椎原康史ほか「利き耳の分析⑴「電話の受話器をあてる耳」調査」『群馬大学医療技術短期大学部紀要』七、群馬大学医療技術短期大学部、一九八七年。

山﨑広子『声のサイエンス——あの人の声は、なぜ心を揺さぶるのか』ＮＨＫ出版（ＮＨＫ出版新書）、二〇一八年。

山谷奈緒子「話し手の姿勢とあいづちが対人認知に及ぼす影響——カウンセリング場面を想定した実験的検討」『人間福祉研究』調布学園短期大学、二〇〇八年。

『National Geographic 日本版』二〇〇九年六月二四日「骨製フルート、人類最古の楽器と判明」（https://natgeo.nikkeibp.co.jp/nng/article/news/14/1358/）。

『読売新聞』二〇〇九年四月二四日「たむろする若者を音で撃退　東京・足立区、深夜の公園で実験へ」。

Cox, Trevor, *The Sound Book: the Science of the Sonic Wonders of the World*, New York: W W Norton, 2014.（＝田沢恭子訳『世界の不思議な音——奇妙な音の謎を科学で解き明かす』白揚社、二〇一六年）

Karpf, Anne, *The Human Voice: How This Extraordinary Instrument Reveals Essential Clues About Who We are*, New York: Bloomsbury, 2006.（＝梶山あゆみ訳『「声」の秘密』草思社、二〇〇八年）

第3章　声は人間が生み出すハーモニー

――発話と聞こえの仕組み（2）――

聴く仕組みを人間のコミュニケーションに活用するためには、声という音の情報を生み出す必要がある。本章では、発声の仕組みを確認したい。

発声の仕組み

一九六八年に公開された映画『猿の惑星（フランクリン・J・シャフナー監督、原題：*Planet of the Apes*）』は、チャールトン・ヘストン（Charlton Heston）演じる宇宙飛行士たちが乗る宇宙船が人類に代わって猿が支配する惑星に着陸し、猿たちとの闘いの末にその星が実は未来の地球だったことを知る衝撃的な物語であった。ラストシーンで登場する、埋もれた自由の女神を観た観客は、筆者も含めて息をのんだはずだ。そして、動物園や猿山で暮らす猿たちも、いつかは「二足歩行」や「言葉」そして「知恵」を獲得するのではないかと想像したに違いない。だが、「言葉」に関しては、声を作り出す器官の生物学的な違いから、現在の人類のような言葉を発する可能性はきわめて低いと言える。では、人類はどのように声を発し、言葉を獲得したのだろうか。

人類が最初に発した声は、いったい何だったのだろうか。声は、肺から出された空気が声帯を震わせてできる音（声帯原音）が基本になっている。声帯は、口に薄い紙を当てて息を吐くと出るような音は作れるが、作れるのは音の強弱と高低だけで、言葉のようなさまざまな種類の音は作れない。声帯だけでは、うなり声のような単純な音しか作れないのだ。したがって、この時点ではまだ「声」になっていない。声になるためには、音の強弱や高低だけでなく、音色のような数多くのバリエーションとリズムを持った音にしなければならない。声帯で作られた音を変化させる、新たな仕組みが必要となる。それが、人類にしかない発声の仕組みなのである。

人類がその仕組みを手に入れられたのは、四足歩行から二足歩行へと身体的な大きな進化を遂げたことによる、喉の構造の大きな変化が要因である。人類は約六〇〇万年から七〇〇万年前に二足歩行を獲得したと言われているが、その後に起こった咽頭腔と喉頭腔の変化によって、口腔と咽頭腔が直角になり、咽頭が下に移動した。人間を横から見ると、口から喉へ向かい、そのあと直角に曲がっている通路が見えるはずだ。そして、いわゆる喉仏にあたる部分が、首の真ん中あたりにある（図３－１）。これをチンパンジーと比較してみると、四足歩行のチンパンジーは口と喉の入口が人間よりもやや離れていて、直線的になっている。そして、声帯が頭に近い場所にあるので喉が狭く、肺から出た空気が声帯を通っても、口からではなく鼻から抜けてしまうのだ。そのため、人間のような口から出る音を舌や唇の動きで制御することができない。だから、チンパンジーは声を出すことができないのだ。このような喉頭の位置の変化は、実は現在の人間でも起こっている。生まれたての新生児は、喉頭の位置が首の付け根付近にあって、声を出すことができない。しかし、成長するにしたがって喉頭の位置が次第に下がり、しだいに言葉に近い発声ができるようになるのだ。

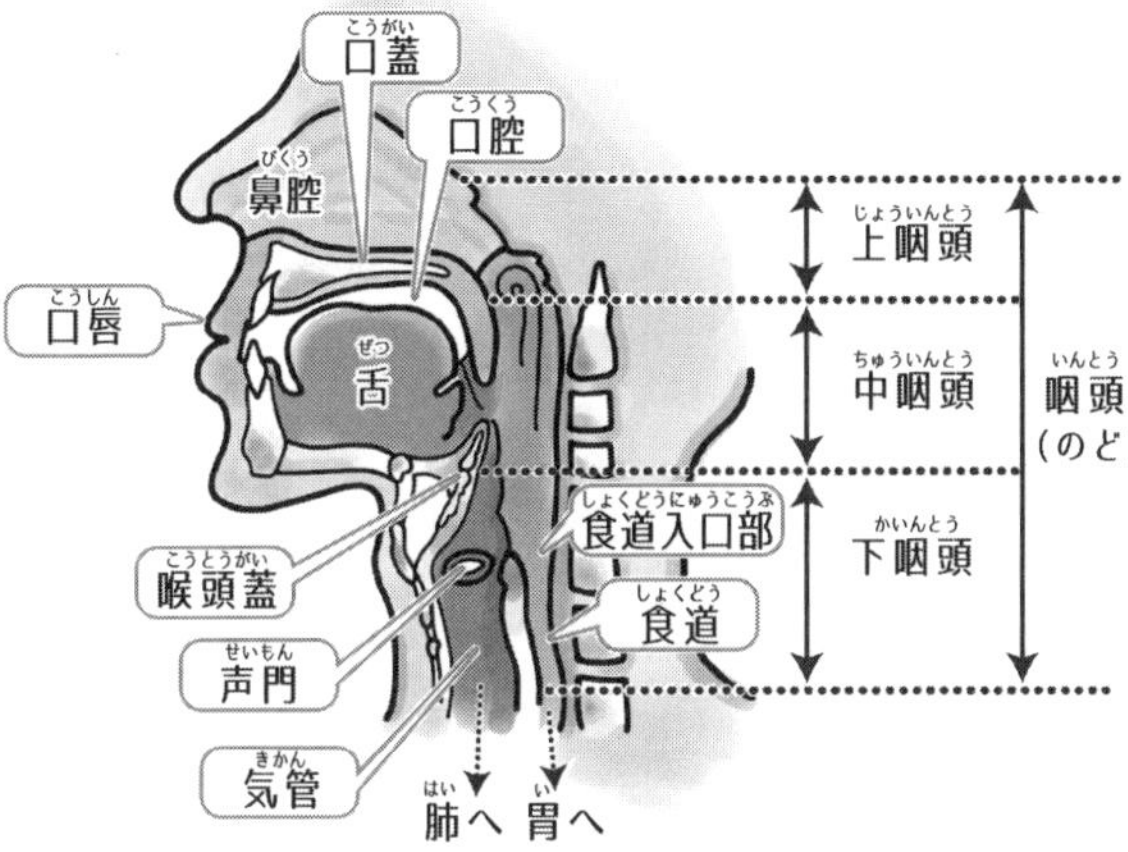

図３－１　喉頭の構造（Wikimedia Commons より）

もう少し、詳しく発声の仕組みをみてみよう。おしゃべりしながら楽しく食事をしているときに、喉に食べ物が詰まって急に咳き込むことがある。これは、喉頭で分かれている気道と食道部分の切り替えタイミングが合わずに、気道の方に食べ物が入り込んでしまったために起こる誤嚥《ごえん》が原因だ。二足歩行によって人類は空気の出し入れをする気道と、食べ物を胃に送り込む食道が分離した。誤嚥を起こすと肺に食べ物が入ってしまい、誤嚥性肺炎を

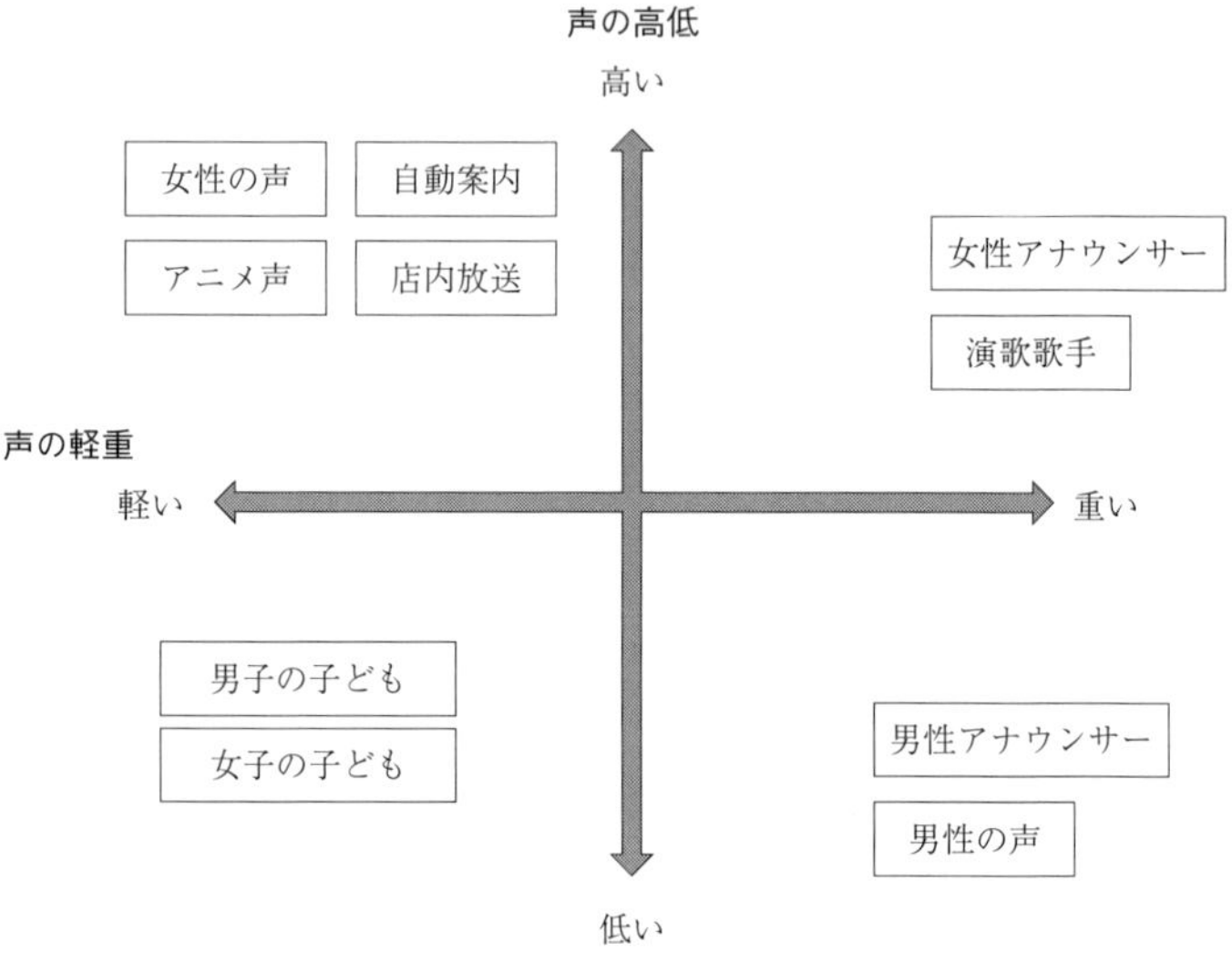

図3－2　声の特徴四象限

発症してしまう。それを防ぐために、喉頭蓋、仮声帯、声帯という三つの器官が備わっている。すなわち、声帯は声を出すために生み出された器官ではなく、実は人間が安全に呼吸し、食べ物を得られるようにするための安全装置として進化したのである。肺から気道を通って送り出された空気は、安全弁である声帯を通るときに震動する。その後、震動した空気は口腔内に入り、口に抜ける空気と鼻に抜ける空気に分かれる。そして、口の開け方、舌の動き、唇の形の変化など、そして鼻に抜ける空気などを使って、多くの音色を作り出す。言葉の発音はこのような作業を通じて生み出され、その発音に特定の意味が社会的に組み合わされて声という言語になる。

多様な音色と社会的意味のつながり

声はたんなる肺からの空気の排出ではなく、意識的に行われる空気の変化を用いた社会的意味を持つ、コミュニケーションに用いられる音の音色である。動物たちのさえずりや鳴き声も、コミュニケーションを行う声の一種かもしれないが、人類のような社会活動の中に存在しているわけではない。声は人類の身体的な特徴と性差によって固有の音色をもち、高低だけでなく、重い軽いという特徴をもつ。四象限で考えれば、縦軸に高低を置き、横軸に軽重を置くことによって、自分の声の特徴を知ることができる（図3－2）。たとえば、バリトンのような低くて重い声、ソプラノのような高くて軽い声、女性アナウンサーのような高いけど重い声、呼び込みのような低いけど軽い声などが挙げられる。もちろん、四象限のどこに位置するかはあくまでも声の質を表しているにすぎないが、社会のなかで存在する各種の声には、これらの声の質が無意識に当てはめられている。特に、声の高低に関しては、声のルッキズムが当てはめられている（第6章参照）。

声優を筆頭に、声の仕事で求められる声に特徴があることをわれわれは体感している。そして、われわれは、声によって満たされ、癒やされると同時に、声によって恐怖を覚えたりもする。声には感情が宿り、慈しみや怒りが声の響きに表れる。それは、声が身体から発せられる空気と舌や唇などの筋肉という身体パーツの動きで生み出されるからであり、感情は心の動きだけでなく筋肉の動きとも連動しているのだ。そして、人間はそれを自在に操ることもできる。それが声の仕事であり、声を使った演技として日々われわれは耳にしている。あるいは、声を自在に操る訓練を学ぶ場もある。アナウンススクールや声優学校では、発声の練習やさまざまな声の作り方、条件や役柄に応じた声の演技方法などを学んでいる。近年の声優ブームは、声に関する関心の高さを表している。声優情報雑誌『声優グランプリ』Webサイトにある声優名鑑には、本章執筆時点（二〇二三年八月）で約一七〇〇人の声優名が検索できる。Webサイト『KANAVU』二〇二一年一月一四日配信記事「声優志望者は多すぎ？人口数や今後について考察」によれば、雑誌創刊の二〇〇一年から比較すると、声優数は約四倍以上に増えている。この人数は、声優として仕事をしているいわゆるプロの声優だけであり、声優を目指す人たちを含めるとその数は三〇万人に達するという。最近では、アニメの声だけでなく、ゲームやVirtual YouTuber（以下、Vチューバー）、音声配信など、数多くの場面で声優や声優を目指す人たちの需要は高まっている。それも、われわれが声を持ち、さまざまな音色に声を変化させることができるからである。

人類と声の出会い

では、なぜ人間は声を持つようになったのであろうか。そして、声から生み出された言語は、どのようにわれわれの社会に組み込まれたのであろうか。人間には身体的に大きな変化が起きたのだが、この身体的な変化だけでは声から生み出される言語は獲得できない。二足歩行によって頭部が背骨の上に乗って、垂直のバランスをとれるようになった。その結果が、口腔部と喉頭の変化につながったのだが、もう一つ重要な要素として、脳の発達が挙げられる。脳の発達が、多数の言語を生み出した。世界中には約二〇〇程度の国と地域が存在するが、それらの地域で使われている言語の数は、諸説あるが約七〇〇〇程度存在すると言われている（『Ethnologue』「How many languages are there in the world? 7,168 languages are in use today.」より）。もちろん数え方によっても数値は異なり、実際には幅のある数になっている。では、文字を持つ民族の数はどうだろうか。実は、約七〇〇〇程度あると言われている言語のうち、文字を持つ言語は数%しかないと考えられている。

具体的な数は不明だが、たとえば身近なところでは、北海道の先住民族である「アイヌ」の人たちは、声の言語は持つが文字の言語は持っていない。同様に、オーストラリアの先住民族「アボリジニ」も、声は持つが文字は持たない。彼らは、全ての文化的な記憶を声の言語で記憶し、継承している。文字は記録することが主な目的で、現在のようなリアルタイムのコミュニケーションでは用いられない。われわれは高速インターネット通信を実現する技術的なインフラがあるから、ＬＩＮＥや電子メールのような文字中心のコミュニケーションを行っている。そもそも、規模の小さなコミュニティでは声のコミュニケーションが中心であり、歴史や神話のようなコミュニティ規模と合致している。神との関係を示す物語を文字で残す必要がないのだ。声による記憶と記録が、そのコミュニティと合致している。しかし、コミュニティの規模が大きくなり、多くの異民族が吸収され、離散と集合を繰り返すようになると、文字という失われない記録方法が必要となったのである。しかし、なんらかの理由でコミュニティが滅んでしまうと、その文字を理解する人々も消えてしまい、象形文字やくさび形文字のように、文字自体は長い年月を経て残っているが、解読が困難な事態に陥ってしまう。多くの研究者と時間を費やして解読が進んではいるが、全容を解明するには至っていない。声は、人々の記憶に直接残り、日常生活のなかで使われ続けるので、コミュニティが滅亡しても言語としての声は残り続けるのである。逆に、その言語を理解し、使用できる人間がいなくなると、その言語は永久に失われてしまう。だからこそ、ユネスコ（ＵＮＥＳＣＯ、国連教育科学文化機関）が二〇〇九年二月に発表した"Atlas of the World's Languages in Danger"（第三版）で、世界で約二五〇〇に上る言語が消滅の危機にあるとして掲載（Red Book）している。日本においては、「極めて深刻」「重大な危機」「危機」の三段階に分けて、そ

図３－３　消滅の危機にある言語・方言（文化庁ホームページより）

注：ユネスコ “Atlas of the World's Languages in Danger” を基に作成。

れぞれアイヌ語、八重山語、与那国語、八丈語、奄美語、国頭語、沖縄語、宮古語の八言語が消滅の危機にあるとされている（文化庁『消滅の危機にある言語・方言』より）（図3－3）。

チンパンジーは猿の惑星を生み出すか

では、人類と近いチンパンジーは、声のコミュニケーションを持たないのだろうか。あるいは、持つようにならないのだろうか。チンパンジーと人間のDNAは、わずか一・二％の違いしかない。ひょっとしたら、チンパンジーも声のコミュニケーションができるのかもしれない。そんな疑問に答えてくれるのが、スー・サベージ・ランボー（Sue Savage-Rumbaugh）の『カンジ　言葉を持った天才ザル』だ。同書には、約一〇〇〇語の英単語を覚え、文法を理解し、人間との言語コミュニケーションを行ったチンパンジーが登場する。カンジという名前のチンパンジーはピグミー・チンパンジーという種類で、一般的にはボノボと呼ばれている。きわめて温和で平和的な性格を持っていて、一般のチンパンジーとは異なり、アフリカ中央部にあるコンゴ共和国の限られた密林で生き続けた「最後の類人猿」と呼ばれる猿である。霊長類研究者であるスー博士は、アメリカ・ニュージャージー州アトランタにあるヤーキーズ霊長類研究所で、研究のために飼育されていたボノボから生まれた一頭が、「人間の子どもと同じように訓練なしで言葉を覚え」たことを発見した。スワヒリ語で「埋もれた宝」を意味する「カンジ」と名付けられたこのボノボは、言葉をコミュニケーションの手段として理解し、印刷された図形文字の読み方を覚え、それを使った人間との会話も行うことができたのだ。カンジにできるのであれば、他のボノボはもちろん、チンパンジーやゴリラなどの類人猿も声を使ったコミュニケーションが可能かもしれない。同じ種から枝分かれしたこれらの類人猿と人類との大きな差異である、声を使ったコミュニケーションの有無はどこから生まれたのかを、カンジの研究はわれわれに教えてくれる（スー　一九九三）。

とはいえ、ボノボのカンジが人間のように多様な音色をもつ声を獲得したわけではない。先述のように、直立二足歩行をする人間と他の類人猿との骨格的な相違から、声道の形と声帯の位置が異なるからだ。カンジの言語コミュニケーションは、人間が発する声を理解し、二五〇種類以上のシンボリックな図形が描かれた絵文字のキーボードを使って行われる。たとえば、「アイス」と人間の声が聞こえれば、カンジは絵文字の中からアイスに該当するキーを選んでタッチする。キーにタッチすると、そのキーに割り当てられた音声（単語）がスピーカーから流れ、絵文字と音声との関係が分かるようになっている。この絵文字に書かれた絵は、音声内容とは一致していない。アイスの音声に該当する絵文字は、たとえばアルファベットの「G」と描かれていたりする。つまり、音声そのものを聴き取って理解し、該当する絵文字を選択しているのである。単語は名詞だけでなく動詞や形容詞もあり、絵文字を組み合わせることで簡単な文章も作成できるので、人間に対して自分の意思や感情を伝えることができるのだ。他の動物でも、訓練によって単語と特定のシンボルとの関係を理解できるようになるが、人間との共同生活の中で日常会話から言葉を理解し、コミュニケーションが可能なのはカンジとその妹であるパンバニーシャだけである。

カンジは、人間が発する声を聴き、その内容を理解できる能力を持っている。だが、コミュニケーションは、人間側の意思伝達に声を用い、カンジは動作や絵文字のキーボードを使って行っている。カンジは、人間のように言語としての声を出すことが身体的にできないからだ。スー博士は、カンジが発する声を録音してスペクトル分析を行った結果、その波形が人間の声と非常に似ていることを発見した。カンジは人間のようには発声はできないが、身体から発する音としての声によって、応答する意思は示している。ここから言えるのは、同じ霊長類であるサルやチンパンジーも言語としての声を獲得する可能性はあるということである。ボノボは二足歩行を行うので、長い年月の先には人類が獲得した発声に関わる身体的な変化を持つかもしれない。そして、言語としての声を使ったボノボ同士のコミュニケーションが行われ、われわれ人類との会話も成立する可能性はあるのだ。映画『猿の惑星』のような世界が現実となる日が来るかもしれないが、ボノボたちは非常に温和で、争いごとを好まない。チンパンジーが、メスをめぐるオス同士の激しい争いやボス的存在のオスを中心とした社会を形成するのとは違い、互いに協力し合ってコミュニティを維持している。また、交尾に関しても、人類のようにコミュニケーションの一種として発情期以外でも行っている。ボノボとの声の交流ができれば、争いが絶えない人類を変え、映画とは異なる共存する世界を生み出す一助になるかもしれないと考えるのは、あまりに楽観的すぎるだろうか。

カンジは、人類が発する声と意味を組み合わせて理解し、自らも声を発しようと試みた。しかし、身体的な発声の機能が備わっていないために、声を発することができなかった。しかし、鳴き声としての音は、人類の声の特徴と驚くほど似ていたという。意思だけでなく感情も表す声は、脳が発するのだろうか、それとも心が発するのだろうか。

感情を表す声——筋肉が作るのか、それとも脳が作るのか

声や音、その組み合わせである音楽などを聴くことは、脳に心地良い、頭のリラックスになるという表現をすることがある。また、心に響く、心が洗われるなどの表現もある。一方、話す場合は、脳で思考した内容が舌や唇の動き、息の強弱などの身体的な動きとして生成される。大学の授業のように一定の時間話し続け、なおかつ授業数が多いと、身体的な疲れとして現れる。また、怒りの感情や悲しみの気持ちが、脳で論理的に考えるよりも早く口から出てしまうこともある。脳は物理的に存在しているが、心は精神的な存在として扱われる。したがって、どちらかが優先的に機能しているわけではなく、脳と心は互いに結びついていると言える。しかし、心が発話と強く結びついていると考えられる事例も存在する。

たとえば、脳梗塞などの脳内血管障害や交通事故などで頭部に強い衝撃を受けて、脳の言語を司る部分が損傷を受けた場合、発話に大きな困難をもたらすことがある。これを、失語症と呼ぶ。失語症は発話が困難になるのではなく、読む、聴く、話す、書くという機能全体に障害が発生するので、発話は問題なくできても内容が混乱していたり、言葉を言い間違うなどの症状が出る。なので、発話だけの問題ではない。発話に関する障害では、声が出なくなる「失声症」や、舌と唇の動きに問題があって発音がうまくできない「運動障害性構音障害」などもあり、いずれも病気や怪我などの身体的機能へのダメージが原因である。

一方、心に起因する発話困難な状態もある。たとえば、大きなストレスが要因となって発話が困難になる「心因性失声症」は、読んで字のごとく「心」が発話をコントロールしていることを表している。病気や事故もそうだが、ストレスによる発話の困難は突然発症する。小さなストレスが積み重なって一気に爆発してしまう場合や、極度のストレスがまとめてかかる場合などに、声が出にくかったり、まったく発話ができないなどの症状として表れる

（日本神経心理学会ホームページより）。

発話は人間に特有な機能だが、発話で作られる声を音声メディアとして捉えた場合は何が見えるだろうか。声は音として人々に意味や意思を伝え、感情や意識を感じさせる。また、言語として高度なコミュニケーションを実現し、記憶や記録の役割を果たしてきた。記憶や記録を継承するメディアとしての声の身近な例が、「語り部」である。語り部は、歴史を物語として語る琵琶法師や、民話や伝承を語る市井の人々とは異なり、自らの体験を自らの声で伝え続ける人々である。「語る」ことを生業や自らの役割とする人々は、いつ頃から現れていたのだろうか。文字が登場し、文字を印刷して多くの人たちに情報が伝わるようになるのは、人間が声のコミュニケーションを始めた時期よりも遙かに後だ。文字としての構造や体系を獲得したのは、約三〇〇〇～五〇〇〇年ほど前の、楔形文字（エジプトのヒエログリフ、メソポタミアの楔形をした文字）や中国の甲骨文字などが最古と言われている。しかし、もっと原始的で単純な構造の場合は、もっと古い可能性がある。

たとえば、ヨーロッパの洞窟画の近くには、文字とも画の一部とも言えるような幾何学模様が刻まれている場合がある。これを仮に文字だと仮定すれば、その起源は数万年前まで遡ることになる。文字そのものは記号なので、その記号や記号の組み合わせに特定の意味を持たせることで、文字が言語と結びつく。洞窟に刻まれた一本の線だけであれば、自然についた傷なのか、人為的につけられた傷なのか判然としない。人為的につけられたのだとしたら、その目的は何だったのだろうか。何かを振り回している際にぶつかった傷かもしれないし、なんらかの意思を持って刻まれた傷なのかもしれない。仮に後者だとしたら、その意思とはなんだろうか。そして、意思を伝える手段として、いきなり傷をつけることはないであろう。意思を伝える別の手段が先にあって、それを傷に置き換えたと考える方が妥当だろう。では、先に存在していた意思を伝える手段とは何かと言えば、声なのである。声で伝えていた意思を、誰もが確認でき、変化させない形で残す方法として、洞窟の壁に文字が刻まれたのである。したがって、文字よりも先に声があり、声が人々に意思や感情を伝え、それが繰り返されてきたことになる。しかし、文字では意思を伝えることはできても、感情を伝えることはできない。出来事があった事実を伝えることはできても、出来事と人々の感情の関係を伝えることはできない。それは、体験した本人だけが伝えられるものなのだ。であれば、語り部とは、このような文字では伝えられない出来事の内容とそこから受けた感情の起伏との関係を、自らの声で伝える音声メディアと言える。

「語り部」は声で何を伝えるのか

語り部が登場したのは、いつ頃だろうか。新聞記事のデータベースで「語り部」を調べると、『朝日新聞』が最も古く、一九二八年一一月二三日と二四日の二回にわたって、小野武夫「村の語り部」という記事が掲載されている。小野武夫は農民経済史を専門とする研究者で、村に残る説話を語る人がいなくなることで消えてしまう事態を憂慮し、説話の内容を書き留めておかなければならないという趣旨の内容である。説話は、「その村の近郊で起こった昔の事件をある巧者な人が物語とか歌謡とかに仕組んで、子孫に伝えようとしたもの」とされており、口承として代々受け継がれてきたものだ。この記事のなかに、古事記の編者として知られる稗田阿礼《ひえだのあれ》が宮廷の語り部として登場する。稗田阿礼が自らの声で語る古事を書き記したものを編纂したのが古事記であり、その意味では稗田阿礼は最も古い語り部と言えるだろう。

また、小野武夫は調査で訪れた鹿児島県肝属《きもつき》郡で「門割句誦《かどわりくしょう》」という口誦史伝が残っていることを知り、誦者である老婆から直接句誦を聴いた話を記している。「門割」とは、江戸時代に存在した農民の区割り制度で、五から二〇軒程度を単位として「門」と呼び、領主はこの「門」単位で農地を与えていた。そして、一定の期間ごとに農地の割りかえを行う門割制度を用いていた。また、「句誦」は口伝えで伝承する物語で、門割制度で作られた農民コミュニティの出来事を伝承するものと考えられる。記事中には、吉留お阿佐という名の七二歳になる誦者が登場するが、若い頃には三味線を弾きながら歌い、近在の家々を門付けして歩いた「瞽女《ごぜ》」と表現されている。第4章で紹介する瞽女は盲目の女性であるが、この老婆が盲女であるという記述はない。三〇分ほど「句誦」を誦じていると、近所の人々が集まり、久しぶりに聴く句誦にみな一様に喜びを表していたと記している。

また、戦後の記事では『朝日新聞』一九六三年一一月一七日付に「現代の語部　兼高かおる」という記事がある。記事の冒頭には、古事記の編纂に声で関わった稗田阿礼を用いて、兼高かおるを以下のように紹介している。

「兼高かおるは、現代の稗田阿礼だ」と仏文学者辰野隆先生が言ったそうである。むかし、この語部（かたりべ）は、わが国の数々の故事伝説を口づたえにつたえて古事記のもとをなしたというが、TBSテレビの「世界の旅」（日曜午前一一時）で果たしている役柄は、まさに今様語部。

記事中の「世界の旅」はTBSテレビで一九五九年から始まった紀行番組であり、「兼高かおる世界の旅」として日曜午前一一時から三一年間にわたって放送されていた。海外旅行がまだまだ一般的でなかった時代に世界一五〇カ国以上を訪問して、そのレポートをテレビを通じてお茶の間に届けていた。映像メディアのテレビではあるが、兼高かおるの声によるレポートが映像に命を吹き込んでいたのであろう。その点で、現代の語り部と表現されたのだと考えられる。

また、『朝日新聞』一九六七年九月二一日付紙面には、「修学旅行に学生ガイド　名も『かたりべ集団』」という記事が掲載されている。「日本移動教室協会」は國學院大學の樋口清之教授とタイアップして、同大の地理学専攻学生を観光バスガイドの代わりに修学旅行指導員としてアルバイトさせるという内容だ。当時は観光バスガイドが不足しており、学生たちが日頃の学びを活かして修学旅行の充実化に一役買おうという趣旨である。この記事中にも、古事記と語り部のつながりについて「むかし、古事記が『かたりべ』によって伝えられたように学生を現代の「かたりべ」として、国土の歴史や地理を正しく伝えさせよう」と記されている。この点からも、語り部と古事記の強いつながりが確認できる。

このように、戦前の新聞紙面上で語り部という言葉はあまり登場しない。それは、われわれが語り部と聴くと、思い浮かべるのは主に戦争体験、被爆体験、そして被災体験であるのと関係している。体験を語ることが一種の役割として社会に認知されるようになったのは、おそらく太平洋戦争が終わった後ではないだろうか。もちろん、明治近代以降に戦争も災害も歴史上では存在していたが、その体験を語るということ自体がはばかられる社会的、政治的な背景があった。それは、悲惨さを語ることが中心となり、我慢と忍耐が求められていた社会のなかでは受け入れられなかったのだ。悲惨な戦争が終わり、人々に語る自由が与えられたことで、人々の声は体験を語る術として使うことがようやく許された。そして、数多くの語り部が誕生し、語り部が語る場も無数に存在することが分かってきた。戦争は戦地で闘う戦闘員だけでなく、銃後の一般人や満州のような開拓という名の侵略に否応なく組み込まれた人々も体験したのだ。その人たちの声は、自らの身体と精神が体験した内容を言葉として発しているだけでなく、そこには深い感情が込められている。そのことが、語り部の存在を肯定し、語ることで継承される記憶が生み出されるのである。

語り部の声は何を語るのか

では、具体的に語り部が声で語ることの意味を考えてみよう。沖縄は、日本本土で唯一戦場となった場所である。一九四五年三月二六日から始まり、組織的な戦闘は六月二三日に終わった。戦闘の犠牲者は、両軍の軍人と沖縄の民間人合わせて約二〇万人と言われている。記録によれば、沖縄県出身軍人軍属の戦没者は二万八二二八人、他都道府県出身兵が六万五九〇八人、一般県民が九万四〇〇〇人となっており、一般県民、すなわち民間人の戦没者が最も多くなっている（総務省ホームページ「沖縄県における戦災の状況（沖縄県）」より）。生き残った人々は、自身の戦争体験をなんらかの形で消化せねばならず、そのまま抱え続けて語らない人もいれば、自ら語ることを選択する人もいる。語るということは声を出すことであり、声を出すということは脳が記憶を呼び覚まし、心が感情を呼び戻す。そして、この二つが肺から空気を出す量や速度を決め、声帯が震える震動を制御し、舌や唇をどのように動かすのかを決めて、声と言う音色を身体から発する。したがって、語り部の語りには、言語に記憶と感情が合わさった特別な音声メディアとしての声が存在するのである。

また、災害の体験者も、また語り部としてその記憶を声で伝えている。災害は過去何度も形を変えてわれわれを襲い続けてきた。災害の記憶は地域の伝承や言い伝え、教訓話などで伝わってきたが、語り部という名称で語られるようになるのは先述のように戦後になってからだと思われる。特に、一九九五年一月一七日未明に発生した阪神・淡路大震災（正式名称「兵庫県南部地震」）以降に認知が広まった。一九九五年以前の新聞データベースを「語り部」で検索すると、戦争体験や被爆体験の記事がほとんどを占めている。災害関連だと、伊勢湾台風に関する記事がヒットする程度だ。ところが、阪神・淡路大震災以降は、被災体験を語る記事が多数ヒットする。これは、何を意味するだろうか。先述のように、規模の大小を問わず災害は常に発生しており、被害も被害者も出ている。しかし、そのことを他者に広く語り聴かせる行為は、あまり行われていなかったことになる。少なくとも、新聞記事に取り上げられるような、社会的な出来事として語り聴かせる行為は、注目されていなかったと考えられるのだ。

阪神・淡路大震災の犠牲者数は関連死も含めて六四三四人（二〇二三年一月一七日現在）であるが、過去の災害犠牲者数をみると、一九二三年九月一日発生の関東大震災（正式名称「関東地震」）が推計一万五〇〇〇人、後述する二〇一一年三月一一日発生の東日本大震災（正式名称「東北地方太平洋沖地震」）が推計二万二〇〇〇人、一八九六年六月一五日発生の明治三陸地震が推計二万二〇〇〇人、一八九一年一〇月二八日発生の濃尾地震が推計七〇〇〇人と、時代背景や社会状況を抜きにした数字だけで比較すると、多い順に五番目の犠牲者数となる。近年では地震以外にも台風や集中豪雨などの風水害も増え、少なくない犠牲者が出ている。また、水俣病や足尾銅山鉱毒事件、アスベストによる健康被害、ハンセン病患者の人権問題など、自然災害だけにとどまらない公害や事件被害などを受けた当事者たちも、自らの声で苦しみを語っている。これらの声は、自らの被害者としての人生を語り、ある日を境に変わってしまった人生のその後を伝える。そして、同じ体験を他者がすることのないようにとの願いを込めて、声を振り絞って語り続けている。

なぜ、彼ら彼女らは声で語り続けるのだろうか。声が作る言語を持つわれわれは、声を使って何を伝え続けようとしているのだろうか。語り部にはいろいろな形があり、たまたま立ち寄った人たちに向けて語り、語りを聴くことを目的とした人たちに語る。語り部の語りを聴いて心を打たれる人もいれば、何も感じずにたんなる昔話や体験談として聴く人たちもいる。あるいは、まったく記憶にすら残らない場合もあるだろう。耳は全ての音を受け止め、脳で処理するが、無用な情報として扱われる場合もある。それでも、語り部は語り続ける。それが、あたかも与えられた責務のように、声を発し続ける。

たとえば、佐藤翔輔ほかによる「震災体験の「語り」が生理・心理・記憶に及ぼす影響」によれば、人間の思考形式や認知作用には、出来事の真意を分析して判断しようとする思考形式である「論理・実証モード」と出来事と出来事の間にどのような意味のつながりがあるかを考える思考モードである「ストーリーモード」がある。ストーリーモードには「物語（ストーリー）には人の理解を深める効果」があり、語り部たちの語りはこのストーリーモードにあたるとしている（佐藤ほか 二〇一九：一一五〜一二四）。つまり、語り部として語る行為は、突然被災という体験にまきこまれた自分自身について、被災前と被災以降の連続性を論理的に理解しようとしているのだ。

あるいは、自身は未体験であるが、語り続けることに意味を見出している場合もある。語り部が、自身の体験を語ることで出来事の連続性を理解しようとするのであれば、体験者としての語り部がいなくなった瞬間に出来事も消えてしまうことになる。特に、出来事が起こってからの時間の経過によって体験者が少なくなることは避けられないなかで、語りを継承する行為も存在する。たとえば、沖縄戦で多くの女学生が犠牲となった「ひめゆり学徒隊」の資料を展示している「ひめゆり平和祈念資料館」では、元ひめゆり学徒隊の女性たちが語り部として自らの体験を来館者たちに直接語っていた。しかし、体験者の高齢化に伴い、次第に語り部の数が減少していくようになった。そこで、体験の語りを未体験者が引き継ぐ試みが行われるようになり、ひめゆり平和祈念資料館職員が「語り部」ではなく「説明員」として活動している。実体験を有する者だけが「語り部」であり、その体験者の語りを受け継ぐ者は「説明員」として区別している。どちらも、声で出来事を語る点では変わりはないが、「実体験」と「追体験」あるいは「疑似体験」で大きな違いがある。実体験を伴わない語りには、感情が身体に及ぼす影響が少ないので、声が伝える言葉に重みがなく、真の語り部にはなり得ないという意見もあった。しかし、語り部たちが体験した場所を訪ね、その場所で語りを聴くことによって、たんなる言葉のコピーではなく、語り部の体験と自身の体験が重なる「二重の体験」という新たな語りが生み出されているのだ。

さらに、東日本大震災で大きな被害を受けた岩手県南三陸町の体験学習プログラムホームページには、「南三陸のいまを訪ねて〜震災伝承、問いかけ続ける語り部たち　語り部たちは、なぜ語るのか」と題する記事がある。語り部の一人である芳賀タエ子さんは、語り部ガイドとして自らの被災体験を語っている。「なぜ語るのか」という問いに対して芳賀さんは、「私が話すことで次の災害がきたとき助かる人を一人でも増やせるならば」と説明している。南三陸町では、震災後二カ月で震災語り部がスタートしたが、芳賀さんは被災直後から語り部を始めたわけではなかった。「つらい経験をしたのは私だけではない。もっと大変な思いをしている人だってたくさんいるのに、自分の話をさらけ出すことに抵抗があって」と、しばらく躊躇を重ねた。そして、先の「話すことで助かる人を増やす」という語りの意味を見出したのだ。声は、発した瞬間に消えてしまう。しかし、発した声を受け止める人たちがいれば、その声は残り続ける。そもそも、声は自分以外の他者になんらかの意思や感情というメッセージを伝えるメディアであり、メディアを通じて送られたメッセージは受け取った側の解釈によって意味を生み出す。解釈は受け手に依存するので、必ずしも意図した通りに受け止められるとは限らない。また、マーシャル・マクルーハン（Marshall McLuhan）が言うように「メディアはメッセージ」であるならば、声というメディアで送られたメッセージは、声独自のメッセージ性を持っているはずだ。語り部が語る声が伝えるメッセージには、映像やテキストで伝えるメッセージとは異なる、声でしか伝えられない内容が含まれているのだ。

聞こえない声の差別「吃音」

声は、誰もが正しく発することができるという前提で社会は成り立っている。社会の構造は、マジョリティである人々が実行可能な身体的な動きを前提に作られているので、そもそも声を発することができない、あるいは困難な状態を考慮していない。特に、外見的な特徴を持たない声の場合、発する状況になるまで違いが認識されない。第6章でも触れるが、外見のジェンダーと声のジェンダーが一致していない場合、われわれは大きな違和感をもつ。外見的に男性（とみなされる）の場合、発する声が女性的だと違和感を覚える。また、声が発せられない場合は、身体の動きを使って状態を伝えたり、あるいは筆談という形で相手に意思を伝えるので、相互の理解が進む。しかし、声を発することはできても、正しい（と思われている）発音や発声が不規則に現れる場合もある。それが、「吃音《きつおん》」と呼ばれる発話障がいの一種である。

吃音にはさまざまな症状があり、典型的な症状は音が重なってしまい、滑らかな発声が困難な状態だ。たとえば、母音から始まる単語の場合、最初の母音が繰り返されてしまう。あるいは、単語を構成する音が続けて出せず、長く伸びたり、音と音の間に無音が生じるなどさまざまな症状があり、個人差が大きい。たとえば、緊張しているときに言葉がうまく話せなくなることがあるが、それが日常的に起こっている状態である。しかし、滑らかに言葉が出る時もあるので、吃音者自身もどのようなタイミングで吃音症が現れるのか、自覚しにくい面もある。国立障害者リハビリテーションセンター研究所によると、吃音には発達性吃音と獲得性吃音の二種類があり、幼児期（二歳から五歳）に発症する場合がほとんどである。吃音の発症には国や言語の差はなく、有病率（ある時点で吃音がある人）は、全人口の〇・八％前後である。男性に多く、男女の比率は四：一程度となっている。発症の要因ははっきりしておらず、体質、発達、環境が相互に影響しているとしている。また、獲得性吃音は、病気や怪我、ストレスなどが要因として考えられ、一〇代以降に発症する。

新聞のデータベースで「吃音」あるいは「どもり」を検索すると、『朝日新聞』の場合は一九〇〇（明治三三）年一月一四日に「（広告）専売　新宮薬館　おし・つんぼ・どもり必治保証薬センネル氏丸」という広告が載っている。種痘を開発したエドワルドゼンテル（エドワルド・ジェンナーのことと思われる）が、次に発明したのが吃音に効くというのがこの薬と謳っている。橋本雄太「日本における吃音観の歴史と伊沢修二」によれば、明治初期の日本では吃音は不治の病と考えられていたが、明治後期になると治療（矯正）可能な病いへと認知が変わったと指摘している。そのきっかけとなったのが、医師である伊沢修二の活動である（橋本 二〇一九：一三五～一四五）。実際、新聞データベースでの検索結果からも、明治後期の新聞には先出の広告と同じく、吃音を対象とした薬の広告が多く載っている。これは、吃音が薬によって治療可能という認識が社会に広まっていたことの表れであると同時に、吃音者の存在が社会一般に広く認知されており、またその数も多かったことを表していると考えられる。

広告以外では、『朝日新聞』一九二三（大正一二）年八月一二日付記事に「どもりがなほって嬉しい卒業」という記事が載っている。八月の記事に「卒業」という表現があるのは違和感を覚えるが、これは吃音の矯正施設である「楽石社《らくせきしゃ》」で吃音を矯正した生徒たちの卒業のことだ。楽石社は、先出の伊沢修二が一九〇三（明治三六）年に東京都文京区小石川に設立した施設で、アメリカ留学時に修得した視覚・聴覚障がい児教育を取り入れた吃音矯正であった。当初七名の生徒で始まった楽石社の活動は三年後には一〇〇〇名を超えるまでに拡がった。この記事は、その楽石社で七月二四日から吃音矯正に取り組んでいた七四名の生徒たちが卒業する様子を伝えるものだ。楽石社の吃音矯正について、渡辺克典は「吃音矯正の歴史社会学」のなかで、「正常な発話をめぐる〈知〉の実践の場」であったとして、吃音者の精神的な修練を伴っていた。楽石社の矯正は「完治」を目指すのではなく、一定の効果が現れれば記事のように「卒業」することになり、再発の可能性を常に持っていた。日常生活のなかで吃音が再発すれば自己の努力不足と認識して再度楽石社で矯正を受けるという循環の中にあり、そこには吃音は吃音者自身の問題だという「知」が生成されていたのである（渡辺 二〇〇四：二五～三五）。つまり、伊沢と楽石社によって吃音は不治の病ではなくなったが、吃音の克服には吃音者自身の精神的な努力が不可欠という社会的認知も生み出したのである。その結果、言葉を正しく話せるかどうかは、不治の病という憐憫から、正しく話すことができない差別へと転換していった。

『朝日新聞』一九二七（昭和二）年七月一九日付紙面に「どもりから自殺を企つ」という小さな記事が載っている。二〇歳の青年が日頃から吃音を馬鹿にされていた同僚と喧嘩の末、自殺を図ったという内容である。一命は取り留めたが、吃音が原因での自殺記事はこれが初めてである。同じ内容の記事は読売新聞にも載っているので、たんなる自殺ではなく、吃音者の自殺未遂ということ自体が社会的関心を集めたと考えられる。この記事以降、吃音者の自殺という記事が、新聞紙面に登場するようになる。たとえば、『朝日新聞』一九三三（昭和八）年二月二六日付記事は「強いどもりに絶望　慶大の松尾選手自殺　遺書に切々悶々の情」という記事がある。優秀で将来を嘱望されていた慶應大学陸上部のハードル選手であった松尾平五郎が、吃音を苦に自殺をした記事である。遺書には吃音に悩んでいた事実が書かれており、ここにもスポーツという特技がありながらも、正しく言葉を話せないことが、社会で生きていく上で不都合な状態であることの証がみられる。その背景には、声と声によって生み出される正しい言葉遣いに関する規範が生み出されたことが原因ではないだろうか。そして、その規範を生み出したのが、電話やラジオなどの、声のメディアが登場したことにある。電話は、吃音者には遠いメディアであり、能動的に関わらなければ問題はないように思う。しかし、この記事では、吃音者である郵便局電話主事が吃音を苦に自殺を図ったものとある。「電話主事」の詳しい職務内容は不明だが、その名称からして電話を使わざるを得なかったものと考えられる。また、日本のラジオ放送が一九二五年三月二二日に始まって以降、アナウンサーが話す言葉が正しい日本語という規範意識が生み出され、そこから排除される話し方に吃音は埋め込まれたのではないかと考えられる。

今も続く吃音者の苦悩　それから一〇〇年近く経過しようとしている現在においても、吃音に関する社会的認知は進んでいない。実は、筆者も幼少の頃に吃音者であった。記憶は定かでないが、三歳くらいの時に発症し、小学校時代の吃音によるつらい記憶も持っている。かすかにだが、母に連れられて吃音専門の病院にも通っていた記憶がある。いつの間にか吃音症状は出なくなったが、今でも母音で始まる単語は出しにくい。特に、人名の場合に顕著なように感じる。吃音を持つ人は、日本で約一二〇万人いると推計される。近年では声を出すこと（話すこと）に消極的であっても、個性として認められる傾向がある。しかし、その本当の理由が吃音にあると理解する人は、いったいどのくらいいるだろうか。吃音は、声を発して初めて相手に状態が伝わる。その際に、相手がどのように反応し、理解してくれるのか、あるいは拒絶されるのかが分かる。理解してくれた場合には、吃音者が話し終わるのをじっと待ってくれるだろう。拒絶された場合には、必ず笑いのネタにされる。吃音者の会話に対する恐怖心は非常に大きく、苦しみは深い。

『読売新聞』二〇二一年一一月一三日付「人生案内」に、「吃音を叱責された屈辱」という相談が載っている。役所を定年退職した吃音者の男性が、仕事場で吃音のために定められた電話対応ができずに上司から何度も叱責され、そのことがトラウマとなって今でも苦しんでいるという内容だ。回答者は心のなかで言葉を吟味し、紡いできた相談者にこそ気高さを感じるとして、一刻も早く忘れて新しい人生を歩んでほしいと書いている。しかし、それは簡単なことではないのだ。筆者自身も、子どもの頃に吃音を笑われた記憶がフラッシュバックのようによみがえることがある。

吃音者は、吃音ゆえに自身の苦悩を言葉として発することができず、共有することが難しい。そんな吃音者同士の交流を促進し、吃音を「声の個性」として認められる社会を目指す取り組みも行われている。『読売新聞』二〇二〇年四月六日付記事「『吃音は個性』言える社会に」という記事には、吃音で悩む人たちを支える「熊本言友会」会長の森圭二郎へのインタビューが載っている。森自身も吃音者で、教科書の音読が苦痛だった。また、朝礼での挨拶が苦手で、専門学校を退学した経験をもつ。「熊本言友会」では月に一回吃音に悩む人たちや家族が集い、自由に語り合って悩みを共有している。そして、吃音があっても自分の個性と言われる社会を目指したいと語っている。

また、『読売新聞』二〇二三年一月二一日付記事「吃音ありのまま接客　注文に時間がかかるカフェ」という記事が載っている。栃木県宇都宮市にある書店「書肆ひねる」で「注文に時間がかかるカフェ」という催しが開かれる。このカフェは、吃音者が店員となって接客をする店だが、吃音者が客と会話することで声のコミュニケーションに対する自信を深め、客は吃音者への理解を深めることを目的としている。この催しは、自らも吃音者である奥村安莉沙が二〇二一年八月に東京都で開催したのをきっかけに、北海道や長野など全国八カ所で行われてきた。カフェ店員の接客マニュアルはなく、店員のマスクには「話すまでに少し時間をください」「推測して代わりに言ってもらいたいです」などの、吃音症状が出た際の対応の仕方が客向けに書かれている。これによって、吃音者も安心して接客ができ、客も吃音者への対応を理解することができる。接客業のように、客との間で声のコミュニケーションがスムーズにできることが前提とされている職業であっても吃音者が自らの個性として職に就けるようにと、カフェ店員を目指していた奥村が発案した。

このように、声のコミュニケーションは互いにスムーズで流れるような応答が前提となっている。しかし、過去無数の吃音者が社会から疎外され、声を出すことをためらってきた。また、多くの著名人も吃音に苦しめられてきた。たとえば、二〇二一年に第四六代アメリカ合衆国大統領に就任したジョー・バイデン（Joe Biden）は、幼少の頃に吃音で悩まされた。イギリス元国王であったジョージ六世も吃音に悩まされており、映画『英国王のスピーチ（原題：*The King's Speech*）』としても描かれている。日本人では、徳川幕府三代将軍徳川家光、落語家の三代目三遊《さんゆう》亭圓歌《ていえんか》なども吃音者として知られているし、その克服者としても知られている。しかし、先述のように「克服」することが美談として語られることには、吃音の原因が精神修養不足にあるという誤った理解を広めることにもつながる。吃音を乗り越えるさまざまな試みが行われているが、声のコミュニケーションに対する理解とバリエーションが社会のなかで認知されていかない限り、吃音者の苦悩はなくならない。それが、声を言語として発信できる唯一無二の機能を有する人類という生き物が克服しなければならない、声の弱点でもあるのだ。

ここまで、声がどのように生み出され、その声が社会のなかでどのような歴史的な意味を持ってきたのかを紹介してきた。声を発することができることは、われわれ人類の社会的進化と密接に関わってきた。声をメディアとして利用することで、相互の理解と新たな発見がもたらされる。そして、声は豊かな文化を生み出し、癒やしや安らぎを与えてくれる。その一方で、声は他者を攻撃し傷つける、強大な力を持つ武器ともなりうる。声のコミュニケーションは社会のなかで一定の基準を元に交換され、その基準から外れた声は排除される。本来声は個性であるはずなのに、その声が集団における規範を生み出し、規範に沿わない声の持ち主は豊かな声のコミュニケーション世界から追放されてしまうのだ。声の可能性をわれわれは今一度見直し、声の力を最大限活かせる社会を構築する必要がある。

参考文献

岩手県南三陸町の体験学習プログラムホームページ（https://www.m-kankou.jp/educational-travel/report/「南三陸のいまを訪ねて〜震災伝承、問いかけ続ける語り部たち」二〇二二年三月一〇日）（二〇二三年二月一日最終閲覧）。

佐藤翔輔ほか「震災体験の「語り」が生理・心理・記憶に及ぼす影響――語り部本人・弟子・映像・音声・テキストの違いに着目した実験的研究」『地域安全学会論文集』三五、地域安全学会、二〇一九年。

声優グランプリ（https://seigura.com/）。

総務省「沖縄県における戦災の状況（沖縄県）」（https://www.soumu.go.jp/main_sosiki/daijinkanbou/sensai/situation/state/okinawa_04.html）。

日本神経心理学会「失語症」(neuropsychology.gr.jp/invit/s_shitsugo.html)。

橋本雄太「日本における吃音観の歴史と伊沢修二——不治の疾患から悪癖へ」『Core Ethics』一五、立命館大学大学院先端総合学術研究科、二〇一九年。

文化庁「消滅の危機にある言語・方言」(https://www.bunka.go.jp/seisaku/kokugo_nihongo/kokugo_shisaku/kikigengo/in-

dex.html)。

渡辺克典「吃音矯正の歴史社会学——明治・大正期における伊沢修二の言語矯正をめぐって」関東社会学会編集委員会事務局編『年報社会学論集』一七号、二〇〇四年。

国立障害者リハビリテーションセンター研究所「吃音について」(http://www.rehab.go.jp/ri/departj/kankaku/466/2/)。

『朝日新聞』一九二三(大正一二)年八月一二日「どもりがなほって嬉しい卒業」。

『朝日新聞』一九二七(昭和二)年七月一九日「どもりから自殺を企つ」。

『朝日新聞』一九二七(昭和二)年七月一九日「どもりに悩み青年自殺を図る　堺郵便局電話主事」。

『朝日新聞』一九二八(昭和三)年一一月二三日、二四日「小野武夫　村の語り部」。

『朝日新聞』一九三三(昭和八)年二月二六日「強いどもりに絶望　慶大の松尾選手自殺　遺書に切々悶々の情」。

『朝日新聞』一九六三(昭和三八)年一一月一七日「現代の語部　兼高かおる」。

『朝日新聞』一九六七(昭和四二)年九月二一日「修学旅行に学生ガイド　名も『かたりべ集団』」。

『KANAVU』二〇二二年一月一四日配信記事「声優志望者は多すぎ?:人口数や今後について考察」(https://kanavu.jp/sei-

yu-gyokai/)。

『読売新聞』二〇二一年一一月一三日「人生案内　吃音を叱責された屈辱」。

『読売新聞』二〇二〇年四月六日「『吃音は個性』言える社会に」。

『読売新聞』二〇二三年一月二一日「吃音ありのまま接客　注文に時間がかかるカフェ」。

『Ethnologue』「How many languages are there in the world? 7,168 languages are in use today.」(https://www.ethnologue.com/insights/how-many-languages/).

Savage-Rumbaugh, E. Sue, *Ape Language: From Conditioned Response to Symbol*, New York: Columbia University Press, 1986.(=スー・サベージ・ランボー、加地永都子訳『カンジ　言葉を持った天才ザル』日本放送出版協会、一九九三年)

Hooper, Tom, "The King's Speech", 2010.［映画］
Schaffner, Franklin James "Planet of the Apes", 1968.［映画］

第Ⅱ部　音と声を運ぶ音声メディア

第4章　瞽女と声の郵便
――移動する声のメディアと身体――

音楽や声は、聴こえてくる場所（音源）が固定されていることが多い。たとえば、音楽は演奏家自身や楽器、スピーカーから聴こえてくるが、どれもどこかに置かれた（固定された）状態だ。ライブでもラジオでも、音を発する場所が自ら移動することはほとんどない。また、歩きながら話している場合は、声はもちろん身体と共に移動するが、声だけが身体から切り離されて移動することは考えられない。レコードやテープなどに記録された音や声は、その媒体ごと移動させることが可能だが、自分の声を記録して移動させるという状況はあまり一般的ではない。現在では記憶媒体がUSBメモリやSDカードのように小型化し、しかもデジタル化されているので、そもそも記録するデータの種類（音声か映像かテキストかなど）は意識されることがない。だが、まだ記憶媒体など存在しない時代やアナログな装置しかなかった時代には、音や声を移動させる方法は限られていた。

本章では身体をメディアと考えて、身体自身が移動することで声や音楽、情報を伝える事例と、身体から切り離された声が記憶媒体に記録され、その記憶媒体が郵送されて空間を超える事例を使いながら、移動する声のメディアと身体、それらが生み出すコミュニティについて考えてみたい。

移動する声と唄――盲目の語り部「琵琶法師」と旅芸人「瞽女」

人間の身体には、声を含むさまざまな機能がある。しかし、必ずしもその全てが備わっているとは限らない。特に、栄養状態が悪く、多くの病気が蔓延していた近世以前の社会では、盲目や聾などのコミュニケーションに関わる機能を生まれながらに持たず（持てず）、あるいは人生の途中で失うことも多くあった。そのような身体に障がいを持つ人たちにとって、生きていくことは大変な苦労が伴ったことは想像に難くない。特に、盲目の人たち（以下、盲人）が社会で生きてゆくことはきわめて困難であり、他者の介助や社会的援助が必要であることはもちろん、盲人たち自身も自らの生きる技（術）を身につける必要があった。

怪談話で有名な「耳なし芳一」は盲目の琵琶法師が主人公であり、琵琶法師の芳一が語る平家物語を亡き平家一門の亡霊たちが聴きに来るという話である。琵琶法師は、盲目の僧形あるいは僧侶が楽器の琵琶を演奏しながら、平家物語や合戦物などを唄い聴かせる芸人の俗称である。琵琶法師の始まりは定かではないが、平安時代の文献にはその存在が確認できる。一〇世紀後半の歌人平兼盛の歌には「びわのほうし」が登場し、右大臣藤原実資の日記『小右記』九八五（寛和元）年七月一八日には、自宅に琵琶法師を招いて唄を聴いたという記述がある。つまり、琵琶法師は、高位の貴族が自宅に招くほどの社会的地位を持った存在だったのである（兵藤 二〇〇九：三一〜三二）。

琵琶法師の演目は、鎌倉末頃からは平家物語に限定され、室町幕府からの庇護を受けながら、当道《とうどう》と呼ばれる全国的な自治組織が作られた。当道とは特定の職能集団が自らの組織を呼ぶ呼び方だが、室町時代以降に幕府が公認した盲人の自治組織である琵琶法師が、その始まりである。当道には、琵琶法師以外にも盲人たちの職業であった鍼灸、導引（あんま）、箏曲、三弦（三味線に似た弦楽器）などもあり、後に「座」として六派に分かれた。組織には、検校、別当、勾当、座頭などの官位が作られ、職能盲人を束ねる組織としての形式が整えられた。江戸時代には幕府や諸大名から厚遇を受け、一八七一（明治四）年に当道制度が廃止されるまで栄えた。つまり、当道は時の政《まつりごと》を行う支配者との関係が強かったことを示している。それは、当道には男性のみが加わることを許されていた点と、仏教との関係が深かったことが関係していると考えられる。その結果、当道たちは芸を固定した場所で披露することが可能で、諸国を巡回しながら駄賃を得る必要がなかったのである。

その一方で、盲人には当然ながら女性も存在した。その女性盲人たちも楽器と唄で行う芸を持っていたが、当道のような政と結びついた全国組織はなく、地方ごとに完結した女性盲人独自の互助組織を構成していたのである。それは、男性の琵琶奏者たちが貴族や政に近く、仏教との関係も深かったのに対して、女性盲人たちは互いに助け合い、協力し合いながら生きていく互助の上にしか成り立たなかったからである。そして、彼女たちは自らを「旅芸人」という各地をめぐる立場に置くことで、自らの身体を移動する音と声のメディアとして社会に存在させていたのである。

瞽女と瞽女組織

先述のように、琵琶法師は男性の盲人のみが認められる稼業であり、女性の盲人たちは別の生業を持っていた。それが、瞽女《ごぜ》と呼ばれる旅芸人たちである。瞽女は琵琶の代わりに三味線を弾き、唄を歌い、農閑期の農村集落を訪問して門付けを行った。平家物語を中心とした物語を語る琵琶法師と異なり、瞽女は多様な唄を三味線と共に瞽女特有の節で歌う「瞽女唄」として発展させていた。そして、瞽女集団自身も、自らの組織を守る規律と生活の中で、独自の社会を形成していたのである。

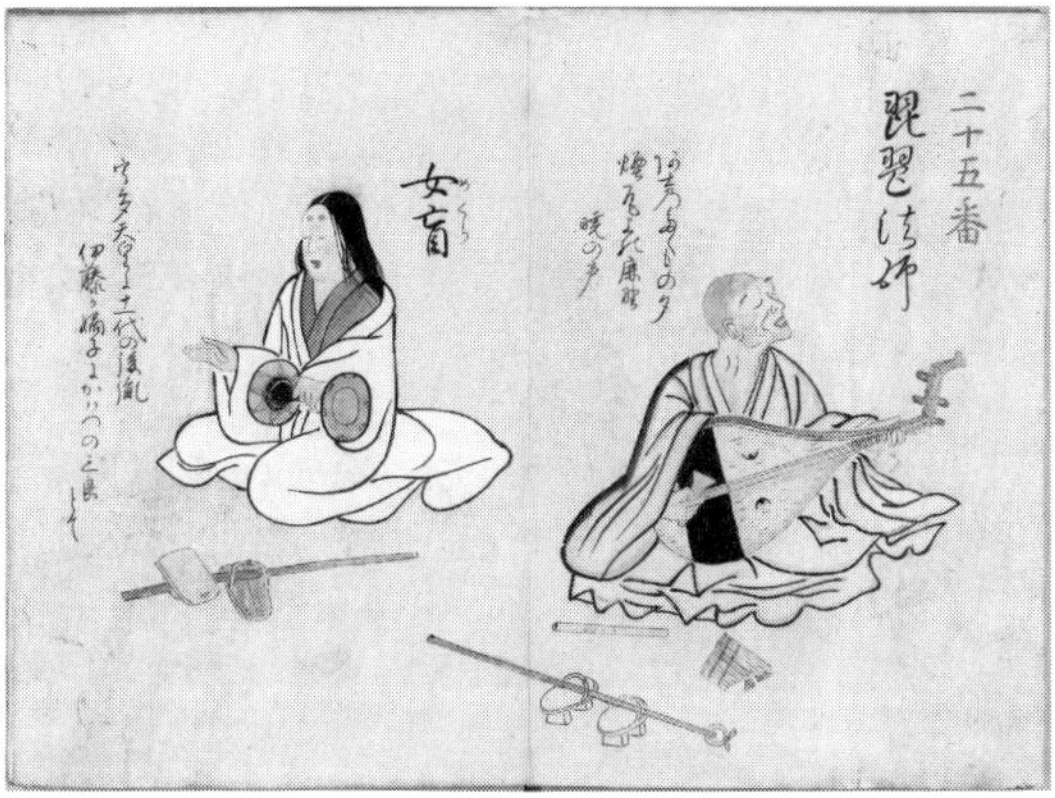

図４－１　『七十一番職人歌合』に描かれた瞽女と琵琶法師（Wikimedia Commons より）

瞽女は、室町時代に成立したと言われる『七十一《しちじゅういち》番《ばん》職人《しょくにん》歌合《うたあわせ》』にその存在が残されている。「歌合」は、歌人を左右に分け、詠んだ歌を一番ずつ競う遊びである。歌だけでなく絵や会話が書かれていたものもあり、歌の題材として当時存在した職人たちが使われた『七十一番職人歌合』には、鼓を打ちながら歌う盲目の女性の姿が描かれている（新潟文化物語「file-84 越後の瞽女（前編）」）。これが、文献に登場する最初の瞽女と言われている。（図４－１）

瞽女は、地方単位で個別の集団を形成していた。越後高田や長岡（現在の新潟県高田市、長岡市）、駿府（現在の静岡市）、甲斐（現在の山梨県）、出雲、石見、隠岐（いずれも現在の島根県）、四国や九州など、近世までは日本各地に瞽女集団はあった。しかし、明治以降の近代化に伴い、交通やメディアの発達によって瞽女が提供していた娯楽と情報に対する需要が激減した。その結果、多くの瞽女が按摩（主に家庭に出張して行うマッサージ。多くは、盲目の男女が行う職業であった）への転業や結婚などで瞽女稼業から離れ、瞽女集団を形成・維持できなくなった。そして、各地から瞽女が消えていく中で、越後の瞽女だけは戦後になっても存続し続けた。

越後の瞽女は最も勢力が強く、関東甲信越にまで進出していた。その理由ははっきりとはしていないが、背景として冬の日本海側特有の日照不足による栄養不足から、さまざまな病気に罹患し、特に麻疹《はしか》による失明などが多かったと推測されている。そのため、多くの失明者を抱えることになり、必然的に瞽女集団も大きくならざるを得なかった。幼少期に患った病気による弱視や失明は、その後の人生を決定づけてしまう。つまり、生きてゆく術を持てないことを意味する。その際に、瞽女組織が身請けをし、芸を仕込むことで瞽女として生きていく道を開いてくれるのである。

越後の瞽女は、大きく高田瞽女と長岡瞽女に分けられる。先出の「新潟文化物語　越後の瞽女」によれば、高田瞽女は座元制、長岡瞽女は家元制をとっており、それぞれに特徴が異なっていた。高田瞽女の座元制は、親方が家を構えて弟子を養女に迎えて養う形であった。そして、親方同士で座（コミュニティ）を作り、年季の長い人が座元として座全体をまとめていた。一方、長岡瞽女は家元制をとっており、長岡市内にあった瞽女屋と呼ばれる屋敷に代々「山本ゴイ」という名の瞽女頭がいて、各家元を束ねる役割を担っていた。親方は自宅に盲目の幼女を養子に迎え、弟子として厳しい修行を行っていた。

瞽女には「式目《しきもく》」や「縁起《えんぎ》」と呼ばれる掟があって、この掟を破れば「はなれ瞽女」と呼ばれる追放や「年落とし」と呼ばれる修行年期の没収など、厳しい罰が与えられた。掟のなかで最も重視されるのは、男性との関係をいっさい持たないというもので、女性だけの互助で成立している瞽女集団にとって、異性との交流は集団維持を破壊する最大の要因だったのである。作家水上勉の小説『はなれ瞽女おりん』は、この掟を破ったおりんが瞽女集団から追放されて「はなれ瞽女」として一人放浪する物語である。盲目の女性が一人旅をしながら生きていくのはきわめて困難で、思わず目を背けたくなるような描写が数多くある。

さて、このように厳しい掟の下で、瞽女集団は複数の親方と弟子たちで構成されていた。当道のような組織的な階位はなかったが、各親方同士が連携して地方集団を統率していた。先述の越後や駿府などでは、藩が瞽女の庇護と支援を行うこともあったが、多くはそれぞれの集団内で生活を行っていた。瞽女になる理由はもちろん盲目であることに尽きるが、飢饉や農村の疲弊、障害を持つ者の介助にかかる負担、将来への不安など、現在のような福祉制度が整っていない時代では、むしろ生きていく場所と技術を得られる瞽女への道は幸運であったのかもしれない。瞽女集団への所属は幼い女子の盲人と瞽女親方を結ぶ仲介者によってなされ、幼い頃から瞽女親方の元に預けられ、修行を行いながら芸を身につけた。そして、晴眼者の先導の下に、数人のグループで決められた地域の農村集落を巡り、門付けを行いながら、金銭だけではなく米などの食料品を受け取った。この米は自分たちの食料というよりは、瞽女が詰めた米には神が宿るとされて、高値で取引されたのだ。そして、集落には瞽女たちを宿泊させる「瞽《ご》女宿《ぜやど》」があり、娯楽の少なかった農村に季節ごとにやってくる、一時の楽しみをもたらす縁起の良い存在として手厚くもてなされた。

瞽女たちは、三味線を弾きながら唄を歌い、物語を語りながら、村人たちの心を癒やした。瞽女が唄う唄は「瞽女唄」と呼ばれ、数多くの種類を記憶していた。瞽女唄は、平家物語の語りを中心にしていた琵琶法師たちとは異なる分野であった。たとえば、村に到着して最初に到来したことを伝えるために各家の前で短い「門付け唄」を唄い、夜になると村が用意した瞽女宿で村人たちを前に人情物の物語や座を盛り上げる民謡などを披露した。

アメリカ人で瞽女唄研究者のジェラルド・グローマー（Gerald Groemer）は、瞽女たちの村での様子を以下のように記している。

演奏がはじまり、若い瞽女が前座を歌い終わると、ようやく年長の瞽女が長編の「祭り松坂」または「くどき」の一段を踊し聴衆の涙を誘った。村人が持参した少しばかりのおひねりは瞽女の報酬に盆に入った。

この曲の演奏が終わると、瞽女たちは無尽蔵のレパートリーから「おけさ」「松前」（越後追分）「磯節」などの雑歌を選び、聴衆の涙を笑いに変えた。聴き手に酒が入ると財布の紐が緩くなるため、瞽女は要望に応えて少しでも多く銭を稼ごうとしたが、休みなく夜中過ぎまで歌わされることもあり、実入りはその分増えたものの、やはり瞽女稼業は辛いと演奏者はつくづく感じていたようである。翌朝には粗末な弁当をもらい、お礼のしるしとして祝歌などを歌唱し、次の村に急いだ。そして、同じ日課がもう一度繰り返された。

（グローマー 二〇一四：五〜六）

このように、メディアが発達しておらず、娯楽の少ない地方の村では、季節ごとに門付けにやってくる瞽女が貴重な楽しみの場であったことは間違いない。そして、歌の合間には旅の途中で仕入れたさまざまな情報を、瞽女唄と共に村人たちに伝えていたと考えられる。瞽女は、貴重な娯楽をもたらす役割だけでなく、季節の風物詩であり、同時に情報を伝えるメディアでもあったのだ。

瞽女の修行と一次的な声の文化

瞽女は盲目の女性だけの集団であり、晴眼者は小間使いや門付け旅の手引きなど、きわめて少数であった。師匠も弟子も盲目の瞽女の稽古は、師匠の声と唄を幼い弟子が耳だけで聴き、覚えるという、厳しく、過酷な作業であった。しかも、数多くの唄をレパートリーとして覚えなければならず、また長尺の唄も多かった。それを、すべて三味線のさばきと共に覚えなければならなかった。まさに、声だけで成立する社会であった。

瞽女の世界は、盲目であるがゆえに文字を持たない声だけの文化である。生まれながらの失明よりも、五歳か六歳頃に病による中途失明が多かったようであるが、文字を習うには早過ぎ、教育の対象から外された「女子」であることも相まって、声だけが全てであった。先出のオングが言うところの、声だけで成り立っていた「一次的な声の文化」の中で生きていかざるを得なかった。そして、たんに音と声だけの世界ではなく、生きていくための術として芸事を習い、厳しい修行を積んで一人前の瞽女として旅に出なければならなかった。

瞽女修行は、やはり盲目の師匠が唄う唄を真似ることから始まり、三味線は師匠が後ろから手を添えて、指の位置や撥《ばち》の手さばきを教えた。もちろん教本などなく、すべては耳から聴こえる唄と手指の感覚を覚えることしかなかった。暗記と言えばそれまでだが、唄だけでなく軍記物や人情物などの物語も覚えなければならず、また喉を鍛えるために寒風吹く河原で何時間も声を張り上げることもあった。

やがて技術や旅先での躾を身につけると、旅支度一式を背負い、三味線を脇に抱えて長い瞽女旅に出る。盲目の瞽女たちが旅に出るためには、目の見える先導者が必要だ。そのために晴眼の先導者を雇ったり、目は見えるが他の障がいを持つような女性が雇われた。そして、三人から四人の集団で、毎年決まった地域を巡業して門付けをする。交通機関のない時代に、盲目の女性たちだけで旅する長い巡業は過酷であった。重い荷物を背負い、片手で前を歩く仲間の荷物に手をかけて一列で歩く瞽女の姿は、季節の到来を告げる存在でもあった。

盲目の瞽女たちにとって、新規の巡業場所を開拓するのは至難の業であった。したがって、これまでの巡業で訪ねた村へ毎年繰り返し出かけていく。迎える側は、瞽女の巡業を楽しみに待っている。村に着いた瞽女たちが一軒ずつ回る門付けの唄を聴くと、家人が米や金銭を渡してくれる。それを繰り返してから、瞽女宿へ向かう。瞽女宿は村の庄屋のような裕福な家が担当することが多く、基本的に同じ家が瞽女宿を担当する。そして、村中に瞽女が来たことを伝え、夜は瞽女唄を聴きに大勢の村人が瞽女宿に集まってくる。瞽女は娯楽としてはもちろん、縁起の良い来訪者だとも考えられていたようで、瞽女宿には多くの村人が来集した。

グローマーが記していたように、瞽女の芸は瞽女宿主への感謝の唄から始まる。その後、段物や口説きなどの物語、長唄、常磐津、はやり唄など、村人のリクエストに応えながらレパートリーは尽きることがない。娯楽としての瞽女唄は、たんなる歌謡ショーではない。一年に一夜限りの特別なエンターテインメント・ショーである。悲しい物語に涙し、聴き覚えのある唄を口ずさみ、手拍子を打ち、この一年に起こったさまざまな出来事を振り返りながら楽しむ、小さな音楽フェスなのだ。合間に語られる近在の情報は、村という閉ざされた地域の人々にとっては、近在の情報や遠く離れた場所の情報を得る重要な機会でもあったのだ。まさに、瞽女は移動する声のメディアと言って過言ではない。夜も更けて瞽女芸が終わりを迎えると、人々は感謝の言葉をかけて帰路につく。翌朝、瞽女は宿主に丁寧な礼を述べて、また次の村へと旅に出るのだ。

身体というメディアの移動と旅芸能

われわれの音体験を思い浮かべてみると、音や唄が聴取者がいる場所に移動して来ることは珍しい。もちろん、楽器が勝手に移動することはないので、音や唄を芸として演じる身体が移動するということになる。

たとえばライブやフェスの場合、その会場へ移動してステージで演奏される音楽を楽しむのが一般的だ。京都のお茶屋で舞妓や芸子と遊ぶ場合も、われわれはまずお茶屋に出かけ、そこに舞妓や芸子が出張してくる。この場合は、舞妓や芸子という演者が出張してくるが、それは宴席という空間を共有するために双方が移動するのだ。舞妓や芸子は、長年にわたる芸の稽古を積んだ結果を演奏や舞という形で披露してくれる。しかし、その芸を楽しめる場所は基本京都市内であり、お茶屋の中に限られる。特別なイベントでも無い限り、遠く離れた場所で直接楽しむことはできない。

その一方で、音や唄を奏でる身体が聴衆のいる場所へ移動する場合も存在する。それが、「旅芸人」と呼ばれる存在だ。日本における旅芸人の歴史は、万葉集の時代にまで遡る。「遊行女婦」という表現で旅芸人は登場し、宗教的な伝達者として存在した。その頃の旅芸人は現在のような楽器を演奏し、芸を披露して日銭を稼ぐ職業としての芸人ではなく、信仰に基づく祭祀に参加し、神への祈りを捧げるための踊りなどを披露する役割を担う人々であった。これが、次第に農耕を中心とした定着型社会の誕生とともに、芸そのものを各地の集落へ移動しながら披露する形式が生み出された。これが、現在の旅芸人の原型となった。しかし、農耕は天候に左右されやすく、芸の披露だけでは満足な食い扶持が得られず、やがて定住民と非定住民との間に格差が生じ、芸人のような非定住民は賤視されるようになった。

非定住民である芸人は移動しながら芸を披露し、生きるための糧を得た。芸の主な観客は定住する庶民であり、彼らにとって旅芸人の芸は数少ない娯楽であったと考えられる。娯楽には純粋に芸を楽しむものと、芸をする人々を賤視して楽しむものの二種類がある。非定住民である芸人たちはおそらく後者の娯楽の対象として、人々の前で芸を披露していたであろう。そして、神への祈りの呪文が変化したコトバと踊りが合体した唄を、芸として披露するようになった。その唄は多くの人々を呼び寄せるために声量が大きくなり、声を出すことが振る舞いとしてタブーであった社会において、さらに強い賤視を招いたのである。

沖浦和光『旅芸人のいた風景』によれば、一九三〇年代の旅芸人には時節を定めて特定の場所に来る「門付け」と、時と場所を定めずに流浪する「大道芸人」の二種類が存在したと言う（沖浦 二〇〇七：二二）。沖浦は、川端康成の名作『伊豆の踊子』に登場する「物乞い旅芸人　村に入るべからず」という描写を用いて、「江戸時代から、村の風紀を乱すという理由で、みだりに立ち入ることを禁じたのであった」と、当時の旅芸人たちが置かれた立場を示している。『伊豆の踊子』の主人公は、第一高等学校時代の川端康成自身であり、帝国大学（東京大学）に進学する超エリートであった。その学生が、世間から賤視される旅芸人一座の少女に淡い恋心を抱く。何度も映画化されているので、あの雷雨で雨宿りした小屋でのシーンしか覚えていないかもしれないが、旅芸人と一高生では身分が違いすぎた。沖浦は、旅芸人の存在について、以下のように記している。

初春や節分などの年中行事の際には、旅芸人の訪れは欠くことのできぬ民俗行事だった。元旦などのハレのときには、神や仏の仮の姿をした「祝言人（ほかいびと）」として門毎に祝福を述べて回る。しかしひとたび日常的なケの時間に戻れば「乞食人（ほかいびと）」として賤視される。（沖浦 二〇〇七：五八）

旅芸人たちは、移動しながら声と演技によって涙と笑いを世間に届けるが、それはつかの間の楽しみにすぎなかった。その一瞬が終われば日常が戻り、旅芸人たちは声が消えるように、その晴れ姿も消えていったのである。瞽女や旅芸人のような移動する声の芸能は、別の形でも消えることになった。それを決定づけたのは、「明治」という西洋近代の思想や科学が国内のあらゆる部分に導入され、推し進める大きな時代の変化だった。幕藩体制が崩壊し、瞽女は庇護を受けていた大きな後ろ盾を失ってしまった。明治政府によって「二百年以上も続いた組織、文化、生き方は『文明開化』に似合わない存在とされ、瞽女・為政者・民衆の三者間の関係は大きく揺れ動いた」のである（グローマー 二〇一四：一九四）。明治時代とは、西洋の思想、文化、科学技術など、あらゆる面での西洋近代化であったが、音と声に関しても蓄音機の登場とレコード、軍楽隊による西洋音楽の輸入、学校における音楽教育など、さまざまな面でそれまでの日本社会にはなかった音や声が組み込まれた。たとえば、「小学唱歌」は一八八一（明治一四）年に、当時の文部省が西洋の音楽教育を取り入れる一環として取り入れたもので、西洋の民謡や雅楽などが取り入れられていた。一八七九（明治一二）年には、第3章「吃音」に登場する伊沢修二の提唱によって文部省内に音楽取調掛（後の東京音楽学校）が創設され、『小学唱歌集』が編纂された。そして、ここでも西洋の楽曲に日本語の歌詞をつけた内容が中心であり、日本の社会や生活の中にあった音楽は姿を消していった。

音楽は学校の教室という固定された場所で歌われるものとなり、移動しながら歌を届け得る旅芸人という声のメディアは、時代の変化と呼応するように存在が忘れられていくことになったのである。

肉声を郵便で送る「声の郵便」

前半で紹介した瞽女は、声を発する身体そのものが移動し、村々で瞽女唄という独自の声の芸能を披露した。声は発した瞬間に消えてしまうので、その声を移動させ、異なる場所で発する（聴かせる）ためには、身体そのものを移動させるしかない。あるいは、一九世紀末に登場した声を遠方に届ける技術と装置によって身体と声を分離し、声のみを電気信号に変換して遠方の装置で擬似的に再現することで、あたかも移動したように感じるしかない。電話はこの声を移動させる装置にほかならないが、おなじく一九世紀末に登場した蓄音機は、声を記録する装置というよりも、声の複製装置である「レコード」としてわれわれは認識している。しかし、声を記録するということは、その記録媒体を移動させることで声そのものを移動させる装置としても考えられるのではないだろうか。それを実現させたのが、「声の郵便」である。

一八七七年にエジソンが発明した蓄音機は、銅製の円筒に錫箔《すずはく》を巻き付けて振動の波形を記録する形式であり、記録後は錫箔の上に蝋《ろう》を被せて保護した「蝋管」なので、複製することが技術的に不可能であった。その不可能を可能にしたのが、ドイツ生まれのアメリカ人発明家エミール・ベルリナー（Emil Berliner）であった。ベルリナーは、エジソンの電話機に関心を持ち、後にアレクサンダー・グラハム・ベルの開発チームで働くようになった。そこには、電話技術に関するエジソンとの特許問題が背景としてあった。やがて、ベルリナーはベルの元を去り、独自に円盤状の硬質ゴムを回転させて渦巻き状に音を記録した溝を刻む、現在のレコード方式の原型となる円盤式蓄音機「グラモフォン」を一八八七年に発明した。この方式は円柱形と異なり、原盤からプレスした複製を作成できる利点があったために、現在に至る音楽産業の出発点となった。同時に、音を記録したディスク（メディア）を移動させることが可能となったことも意味していた。

日本では、一八七九（明治一二）年に東京大学に招聘されたイギリス人ジェームス・ユーイング（James Alfred Ewing）によって初めてエジソン方式の蓄音機が日本に紹介された。その当時は蓄音機という名称はまだ使われておらず、「蘇言機《そごんき》」や「蘇音機《そおんき》」などと、音を「蘇らせる」装置として呼ばれていた。ベルリナーの円盤式蓄音機が作られるようになると、海外から持ち込まれた吹き込み装置を使って日本の音楽を録音し、それを原盤として本国で複製版のレコードを作り、さらにそれを輸入して販売するという方法がとられていた。やがて、一九〇九（明治四二）年になると日米蓄音器製造株式会社が日本初の円盤レコードと円盤式蓄音機の製造を始め、電気吹き込みの方法が開発されると再生にも用いられて、電気蓄音機（電蓄）が登場することになった。

このように、音を円盤状のディスクに記録する技術は次第に社会に浸透し、音楽を社会に広く普及させ、音楽産業を築き上げた。ラジオという音楽を拡散させるメディアが登場するまでは、音楽はディスクを工場から販売店へ、販売店から聴取者へと移動させることが必要だった。こうやってディスクというメディアを移動させることで、身体を移動させることなく、音や声を別の場所へと運べるようになったと言える。そして、その応用型として、個人的に声をディスクに記録して、そのディスクを郵便で送るというサービスが登場することになった。

近代郵便制度と声の郵便

日本で近代的な郵便事業が始まったのは一八七一（明治四）年、前島密によってである。赤い郵便ポストが登場したのが一九〇一（明治三四）年で、一九五〇（昭和二五）年には暑中見舞用郵便はがきの発売が始まっている。年末の恒例行事であるお年玉付き年賀はがきの発売は、その前年の一九四九年から始まっている。現在のようにデジタル通信が一般化した時代においても、手書きはもちろん、印字されたはがきや封書は日常的に使われている。かねてから疑問だったのは、郵便は距離に関係なく一定料金であることだ。距離が遠ければ遠いほど、一枚のはがきの移動に労力と時間がかかる。一方、電話やデジタル化された情報は、多くの交換局やサーバーを経由しているとは言え、利用時間の長さやデータ量の大きさ（利用時間に反映される）によって料金が変わってくる。人間の労力で運ばれる郵便と機械が自動的に運んでくれるデータの料金が逆転しているのは、何か釈然としない気持ちが残る。

さて、郵便は、音と声を運ぶメディアとしても利用されていた時期がある。それが、ボイスレターと呼ばれるもので、日本では「声の郵便」という名前でサービスが行われていた。このボイスレターは、トーマス・エジソンが発明した、音声を記録する技術である蓄音機とベルリナーの円盤型ディスク、すなわちレコード盤が応用されていた。

ボイスレターの始まりは、一九三〇年代のアメリカである。「Phono Post」「Voice Mail」「Audio Letter」などと呼ばれ、個人的な声を使った郵便の一種として使われていたようだ。Webサイト『Voice In The Mail: Audio Love Letters Were Hot In The 1930s And '40s』によれば、娯楽施設（アミューズメント・パーク）や催し物会場、軍関係基地、郵便局、バス停などにもボイスレターの録音用ブース（小部屋）が用意されていた。人々はブースに入り、五セント硬貨をスロットに入れ、マイクに向かって数分間のメッセージを話した。その間、録音機が自動的にレコード盤に音の溝を刻み、収録が終わると録音機からレコード盤が出てきて、手紙と同封して送ることができた。あるいは、自宅の再生機で聴くことも可能だった。

このボイスメールは、遠距離恋愛中のカップルが自らの声を吹き込んで相手に送る「声のラブレター」としての利用が多かった。同サイトによれば、二〇世紀初頭にレコード技術が発達し、個人での録音が比較的安価で可能になったあと、多くの人々は自らの声をレコード盤に吹き込み、家族や恋人宛のボイスレターとして送っていた。特に遠距離恋愛の場合は、それまで手紙でのコミュニケーションしか互いの気持ちを伝え合う方法がなかったところに、録音された擬似的な声とはいえ、相手の声が何度でも聴くことができるボイスレターは非常に喜ばれたのだろう。「すり切れるほど聴く」という表現があるが、これはまさにレコード盤に録音された声を、何度も何度も聴いた状態を物語っている。

このボイスメールの多くは紙の手紙と同様に失われてしまったが、「Thomas Levin's Phono Post archive」プロジェクトによって保存され、その一部はアーカイブとして同サイト上で聴くことができる。同サイトの説明によれば、「メディアの歴史において驚くほど重要でありながら驚くほど無視されてきた瞬間をドキュメント化する最初の体系的な試み」だとしている。われわれは、メディア史やメディア技術史において、多くの場合個人的なメディアへの関わりや個人的なメディア利用についての関心を忘れがちである。このボイスメールは、まさに個人利用を前提に作られたサービスであり、多くの人々が個人の声をメッセージとして伝えたいという欲望を持っていたことの裏付けでもある（図４－２）。

図４－２　ボイスメール（Thomas Levin's Phono Post archive より）

このような個人の欲望とメディア利用の関係は、初期の電話技術利用にも表れている。一八七六年にグラハム・ベルが音声を電気信号に変換して遠隔地へ送信する技術の特許を獲得して以降、その技術利用に関してはさまざまな形が存在した。最も需要が高かったのが、オペラや演劇などの上演会場から音声だけを遠隔地に送信して楽しむ「テレフォン・シアター」だった。音声だけを遠隔地に送るという新しい技術について、当時の人々は「会話」として利用するという発想がまだ持てなかった。その代わりに真っ先に思いついたのが、会場へ行かなくてもオペラや演劇を楽しみたいという人々の欲望に基づく、「音声の娯楽」としての利用であった。

吉見俊哉『「声」の資本主義』では、人々の欲望と音声メディアの関係が詳細に分析されている。電話の娯楽利用は、新しい娯楽に関心が高く、高額な利用料を支払えるブルジョア階級向けに始められた。ホテルのロビーに多くの受話器が設置され、電話回線でつながれたオペラや演劇開場の音声を数分間楽しめた。このような音声娯楽のサービスは次第に広がりをみせ、受話器が置かれる場所も一般化していった。また、電話回線を使った情報提供サービスも行われ、ハンガリーの首都ブダペストにあった電話会社「テレフォン・ヒルモンド」が、一八九三年から加入者向けに行っていた音声情報サービスは、朝九時半から夜一〇時頃まで加入者の生活リズムに合わせた内容の番組を編成して提供していた。これは、利用者の生活リズムにあわせてタイムテーブル（番組表）を作成する、現在の放送メディアと同じ発想であり、一九二〇年にアメリカ・ピッツバーグで始まった最初のラジオ局「ＫＤＫＡ」が行った全日総合編成と基本的には同じである。つまり、ラジオが誕生するよりも二〇年以上前に、電話という音声メディアを使った音声放送が行われていたのである。

初期の電話という音声メディアは、現在のような遠隔地を結ぶ声のコミュニケーションツールとしての利用と、ラジオのようなニュースや娯楽を音声で伝える放送的なツールとしての利用が同時並行的に進んでいた。しかし、先述のＫＤＫＡという、受信機さえあれば誰でも聴くことのできるラジオが登場したことで、ラジオ的な声を送る利用は次第に縮小し、会話利用としての用途に収斂していったのである。その一方で、声を送るだけではなく、声を残し記録する欲望も存在していた。エジソンの円筒形音声録音器が目指した声を記録する機能は、一九世紀末から二〇世紀初頭にかけて急増した会議等で話された内容を記録として作成するための口述記録装置として利用されていた。福田裕大「録音技術の利用法」には、エジソンの録音装置が口述筆記を助ける装置として社会に提示されている例を紹介している。一九〇四年に制作されたエジソン・スピーキング・フォノグラフ社の宣伝映画では、速記者が記録した会議や裁判などの口述記録を平常文に戻すための大量の作業と、それを助ける装置としてエジソンのフォノグラフが会議等の声を録音してタイピストに渡すだけで効率化できることを示している（福田 二〇一五：六九〜七三）。つまり、エジソンが発想していた声を記録する装置としてのフォノグラフは、たんに声を記録するだけでなく、ビジネス世界で事務的な作業を行う装置として実用されていたのである。そして、この声を記録するためのフォノグラフは、ベルリナーによる円盤型レコードへの進化を経て、再び声を記録するための装置として利用されたのである。

さて、ビジネス用途で使われていた声の記録は、やがてレコード盤に個人的な声を記録する実践として社会に登場した。その根底にある欲望には、声を遠隔地に安価に届けたいというものと、何度でも繰り返し聴きたいという二重の欲望があった。前者の欲望は電話というメディアである程度満たすことができたが、一九三〇年代においては、次第に電話を個人的な会話として使えるようになっていた。そして、同時に後者の欲望も満たしてくれるのが、ディスク型録音器の出現と郵便での移動であったのだ。それはメディア利用が個人的な欲望から生み出されることを、改めてわれわれに伝えてくれるのであった。

日本における声の複製と郵便

このような記録した声を郵便で移動させる実践は、日本でも行われていたのだろうか。まず、日本の蓄音機およびレコード産業の歴史を確認しておこう。社団法人日本レコード協会が作成した『日本のレコード産業　2022年版』によれば、一八九九（明治三二）年に東京浅草で「蝋管蓄音機店三光堂が立ち聞き店開店」とある。おそらく、一回の再生あたりいくらという料金体系で、珍しかった蝋管に記録された声を聴かせていたと思われる。残念ながらこの立ち聞き店に関する資料は見つからなかったが、三光堂は蓄音機の販売会社として新聞広告を出しているので、蓄音機の存在を広めるための宣伝だったと考えられる。

一九〇七（明治四〇）年には、「横浜のホーン商会、日米蓄音機製造設立。国産初の円盤レコードと蓄音機の製造開始」とある。これが、日本の円盤型レコード産業の始まりと言ってよいだろう。二年後の一九〇九（明治四二）年には、一〇インチサイズ片面に録音された国産レコード第一号の「音譜」が発売されている。一九一〇年には株式会社日本蓄音器商会（現日本コロムビア）が設立され、国産蓄音機「ニッポノホン」が発売された。この「ニッポノホン」には、軍艦行進曲などが収録されたレコードが付属していたという。「ニッポノホン」については、日本コロンビアの社史に以下のような説明がある。

「ニッポノホン」とは、日本コロムビア株式会社の前身である日本蓄音器商会が会社設立の一九一〇年（明治四三）年当初から使用していたブランド名で、蓄音器の名称やレコードのレーベル名として使用されていました。蓄音器としては、会社設立の一九一〇年に発売された「ニッポノホン二五号」「同三二号半」「同三五号」「同五〇号」とその名を冠した機種を次々と発売し、世の中に多くのスターや数々のヒット曲を送り出すきっかけを作っていました。また、レコードのレーベル名としては、一九一〇年（明治四三年）から一九三二年（昭和七年）の二〇年以上に渡り使用され、「大仏が蓄音器に耳を傾ける」非常に印象的なデザインのレコードスリーブ（一九二〇年～一九二八年使用）や、当時としては最先端のモダンデザインであった「ワシ印」のセンターレーベルなどと共に、多くの音楽ファンに愛される存在として成長していきました。

その後、レコード針の振動を電気信号に変換した上で増幅させ、スピーカーから音を出す「電気式蓄音機（電蓄）」が登場し、これまでの社会の中には存在しなかった電気的に増幅された音が登場することになった。そして、この増幅された音は後述するように心地よい音だけではなく、「騒音」としても認知されたのである。

このように、蓄音機は戦前・戦後の昭和を通じてまず録音された音として家庭に普及していった。特に、戦後の高度成長期に合わせて、歌を吹き込んだレコードとそれを再生するレコードプレイヤーは急速に家庭へと広まっていった。また、前出の『日本のレコード産業　2022年版』によれば、SPレコードの生産数ピークは一九五三年の一億九三五七万枚、一九五四年に発売された一七センチレコード（四五回転のいわゆるドーナッツ盤）のピークは一九七九年の一〇億六三〇二万枚、同三三回転が一九六八年の一億六九六八万枚。三〇センチレコード（三三回転のいわゆるLP版）のピークが一九七六年の九億四五九九万枚となっている。一九四七年にはラジオ付きの蓄音機の販売台数が三四一万五〇〇〇台となっていることから考えて、一九五〇年代から七〇年代には多くの家庭でレコードの再生が可能だったと考えられる。そのレコードには音楽が収録されていて、音楽需要の高まりとレコード普及の関係が強く出ている。つまり、レコードとは歌手というスペシャリストが歌を歌う声を記録した媒体であり、レ

図４－３　『朝日新聞』1952年12月13日「声の郵便＝中央郵便局で」

コードは記録媒体の再生のみを行う行為ということができる。エジソンが考案した蓄音機は録音も再生も可能であったことから考えると、ラジオが無線という送受信可能な技術から発信機能が削られていったように、録音機能は利用者の欲求からは外れていたのである。では、日本のボイスレターはどのような欲望と結びついて、登場したのであろうか。

一九五二年一二月一五日に、郵政省（現日本郵便）が「声の郵便」というサービスを開始した。これは、郵便局に設置された録音室でレコード盤（六インチレコード）に自身の声を録音し、専用の封筒に入れて郵便として送るもので、当時の第五種郵便（一〇〇グラムごとに八円）扱いであった。録音にかかる費用は八〇円から一〇〇円程度で、サービス開始当初は普及促進の意味もあって無料で行われていた。このサービスの発案者は「お年玉付き年賀はがき」の発案者でもある林正治《まさじ》であった。先述のように一九二〇年代から三〇年代のアメリカでは既に同種のサービスが行われていたし、一九四〇年六月一五日付『朝日新聞』「〝声の郵便〟も実現　外国向、安く便利に」という記事には、外国向け郵便料金の引き下げによってこれまで扱えなかった郵便物も郵送できるようになったことを紹介し、「更に新しい試みとしては録音郵便の制度を採用して『聲の郵便』も近く實現するはすである」と声を郵便として送る可能性に触れている。

一九五二年一二月一三日付『朝日

新聞』「声の郵便＝中央郵便局で」記事には、録音機を持つ男性とそれを笑顔で見つめる女性の写真付きで声の郵便開始を伝えている（図4－3）。記事によれば全国の主要郵便局一五八局でサービスを開始し、八月から試験的な利用を行っていたとある。

郵便局に録音室を作り、録音器を備え付け吹込料はレコードとも郵送用紙袋付き八十円。〝便り〟のほか会社、官庁の命令伝達、遺言や若いころの記念にぜひどうぞ――と宣伝している。

レコード盤は六インチ（一五・二四センチ）で、両面に最大三分間の録音が可能だった。材質はボール紙にアセテート塗り、ビニール製、ベニヤ板製など三種類が用意されていた。そして、一〇枚以上の注文には録音器を持ち出して無料出張も行っていた。

このように、一九五二年の年末にはお年玉付き年賀はがきだけでなく、「声の年賀状」としての利用も目論んでいたのかもしれない。では、実際にはどの程度利用されていたのであろうか。たとえば、開始から約一年後の一九五三年一月二六日付『読売新聞』に掲載のコラム「こだま」は、声の郵便の利用に関する内容が書かれている。

こんどの国体スケートでは、郵政省がリンク付近に出張所を開いて記念はがきの販売から電報、電話まで扱ったが、いちばん人気を集めたのは、〝声の郵便〟録音盤。吹込時間は四分で送料とも八十円という安直さなのでなかなか利用者が多かった。

優勝した高校選手がゴールからそのままかけつけ、息をはずませながら「お父さん、お母さん、おかげさまで優勝できました」と吹き込んだまま涙ぐんで後の言葉が出ず口ごもる。

また、「お父ちゃんはオウチを出るときかぜをひいてましたが、盛岡にきたらなおってしまいました」などという父性愛あふれる吹き込などもあって係員をほろりとさせたり微笑ませたり…（盛岡発）

盛岡で一九五三年に開かれた冬の国体会場において、声の郵便がさまざまな利用をされていた様子が分かる。現在のスポーツ中継などで行われているマラソンのトップゴール直後のインタビューや、相撲の取り組み直後に行われる、まだ息も整っていない状態でのインタビューを彷彿させる。違うのは、まさにその瞬間を記録した、世界で唯一の声の記録である点だ。また、出稼ぎに出た父親から家族への個人的なメッセージの送付にも使われている。多くの男性は一般に筆無精だと考えられているし、実際にそうであろう。しかし、声のメッセージだけなら、一言二言だけでも十分に気持ちが伝わる。声の郵便は最大四分程度の記録量があったが、実際にはこの例のような短いメッセージでの利用が多かったのではないかと考えられる。その根拠としては、手紙は書き言葉であり、推敲を重ねながら書き進めていくし、書き直しも可能である。一方、声のメッセージは、推敲よりはその瞬間に頭に浮かんだ言葉が、脈略のありなしや文脈の正確さとは無関係に発せられる。したがって、そこには短いメッセージと沈黙とが交差した、声のメッセージが記録されているのである。

声の郵便は、次第に声を使った新しい娯楽的な要素も持つようになっていた。一九五三年五月一七日付『朝日新聞』には「楽しい『声の郵便』」という記事が掲載され、「母親クラブや近所の集まりで好評」と、声の郵便が個人的なメッセージの送信だけでなく、集団での声のコミュニケーションへと拡がっていることが示唆されている。記事では、「声の郵便」を使って、母親が弾く三味線の伴奏に合わせて子どもたちと祖父母たちの歌声を録音する様子が伝えられている。もちろん録音器はないので、近所の郵便局から録音器と係員の出張をしてもらって機器操作をしてもらうのだが、郵便局側は人件費や手間の関係から一〇枚以上の録音をお願いしている。そして、記事の最後はこのように締められている。

いざ吹込となると、照れる人があるので、司会者が前奏などの工夫をした方がよいようです。内気な女子にはいい勉強ですし。おとなたちは童心にかえって、いっぱんに心のカキネがそれてしまうでしょう。

テープレコーダーの登場と声の郵便の終焉

このように「声の郵便」は、さまざまな声の録音が実践されていたが、一年程度で積極的なサービスを終了してしまう。「郵政博物館」サイトの記述では、一九五二年から五三年にかけてサービスが行われていたとある。実際には、一〇年弱程度は細々とサービスが行われていた。一九五九年一月二六日付『読売新聞』「都民の声」には「お粗末過ぎる〝声の郵便〟」という読者投稿と関連記事が掲載されている。投稿主は、郵便局で声の郵便を使おうと思ったら、物置か更衣室のような小部屋に古い録音器が置いてあり、機械の調子も悪かったので利用者自身が調整して使った。録音した内容を確認したところ、音が小さくてよく聞こえない。「あのようなお粗末な機械や録音室をおくのなら、全然おかないほうがお客を怒らせないだけよいと思う」と、サービスとしての体をなしてないことに怒りを感じていた。

この投稿を受けて記者が取材したところ、実際に六年前の機械が置かれており、気温や湿気などの状態で機械の調子も違い、修理も難しいことが明らかとなった。利用者も激減し、顔なじみが一日一回来る程度だという。その大きな原因として、テープレコーダーの普及が大きく、七年前のサービス開始時の珍しさや声を録音することの楽しさを提供する役割が置き換わったと、責任者が語っている。ただ、サービスを始めた以上、簡単にはやめられないという「お役所事情」も背景にはあるようだ。筆者の通っていた幼稚園でも、声をレコード盤へ記録するイベントは行われていた。「将来の夢」を聞かれて「お店屋さん」と答えている自分の声を、ビニールでできた薄いディスクから何度か聴いた記憶がある。おそらく、一九六〇年代半ばの当幼稚園では、一般的に行われていたイベントだったのであろう。

日本初のテープレコーダーは、一九五〇年に東京通信工業（現ＳＯＮＹ）が発売した紙テープ式の「Ｇ型」モデルであった。その後、可搬型や一九六〇年代に登場したカセットテープレコーダーによって、声や音の録音環境は大きく変わった。より小型化、低価格化、長時間録音が可能となり、声の郵便のような手間と音質の悪さ、そしてレコード盤という「古い媒体」に声を記録することそのものに興味が薄れたのではないか。そして、その後「声の郵便」に関する記事は新聞からしばらくの間消えてしまった。これは、社会の関心が消えたことを意味する。しかし、一九七二年三月七日『読売新聞』に「声の郵便」という言葉が登場する。

「声の郵便」の試作機が、このほど大丸東京店にお目見えした。公衆電話ボックスに録音機械を仕込んだもので、百円玉を入れ、送話器で話すと、録音シートの絵はがきに、一分半の間録音される。富士山と湖、金閣寺、など四種類の絵はがきがあり、それぞれの絵にふさわしいバック・グラウンド・ミュージックも同時に録音される仕組み。あとは十円切手をはって投かん。受け取り人はプレイヤーにかけて声をきくわけ。

「かあさん、心配しないで。元気で働いています」と、地方出身の女店員らでにぎわい、日に三十—四十人が利用している。同店では、このテスト結果をみた上で、「声のふるさとだより」として利用してもらうという。

記事からは判別が難しいが、この記事の「声の郵便」は郵政省が実施していた「声の郵便」とは異なり、大丸百貨店独自のサービスであり、顧客ではなく従業員向けのサービスのようだ。先述のように、レコードからカセットテープへと記録媒体が変わっている中で、きわめて短いメッセージを絵はがき大のミニディスクに記録するのは、逆に当時としては斬新な発想だったのかもしれない。一九七二年は筆者が中学生の頃で、ビニール製のミニディスクにアイドルの声が記録されている「ウィスパーカード」が流行していた。それに近い絵はがきと一体化した個人メッセージの「声の郵便」だったと考えられる。

さらに、一九九二年一月二五日付『朝日新聞』には、「声の郵便　ＩＣカードに録音届けます　全国一九カ所で来月スタート」という記事が掲載されている。「ボイスパックサービス」と名付けられたこのサービスは、まさに一九五二年に始まった「声の郵便」のＩＣカード版で、郵便局に設置した専用録音器に最大一〇秒間のメッセージとメロディーを録音し、ＩＣ付き専用カードに記録して郵送する。料金はカード代一五〇〇円と郵送料で、受け取った側はカードの再生部分を押すことでメッセージを再生できる。このサービスが利用できるのは全国一九カ所の主要郵便局のみで、順次拡大していく予定とある。しかし、その後このサービスが拡大したという記事はおろか、

「記録した声を送る」という実践そのものが新聞記事上から消えている。これは、通信技術の発展によって通話がより身近になり、社会における「声を記録する」という欲望が消えてしまったことを意味するとも考えられる。

声の移動と欲望、身体、メディア

声は、身体から発せられる。声を遠距離に届かせるためには、二つの方法がある。

一つ目は、大声を出すか、機械的に増幅する方法である。大声には身体的な限界があり、遠距離という表現には見合わないであろう。声の増幅には、電気的に声を増幅するアンプリファイア（増幅器）技術と増幅した声を外部へ発信するスピーカー技術の力を借りなければならない。増幅した声が届く範囲は、アンプリファイアがどの程度の増幅力を持つかのかという点と、外部へ発信するスピーカーの大きさに依存する。音楽ライブ会場などで使われている巨大なスピーカーは、複数台を並列させることで会場全体に響き渡る音を作り出すことができる。心臓に打ち付けるような低音と耳をつんざくような爆音が、会場全体に響き渡っている。その音は会場内だけにとどまらず、会場の外にも漏れ出してしまうほどだ。ちなみに、大音響のライブを聴いた後で耳鳴りがするのは、長時間巨大な音を聴き続けた後遺症であり、ヘッドホンやイヤホンで大音量の音楽を聴き続けると、聴覚に深刻なダメージを与える恐れがあるとの警鐘もなされている(1)。このように、離れた場所に声を届けるためには、声そのものを増幅するというのが一般的なのである。

その一方で、電話という声のメディアは、身体を移動させたり声を増幅することなくリアルタイムで遠隔地に届けることが〝できる〟一対一の双方向コミュニケーションメディアである。完全に増幅していないわけではないが、声を電気信号に変換し、ケーブルを伝って遠隔地の受話器で声に戻す。身体はその場にとどまり、声だけが遠隔地で再生される。身体なしに声だけを聴く体験は、一九世紀末の人々にとっては魔法を使っているように感じられたであろう。そして、これまでにない声のみの「地図にないコミュニティ」（ガンパート『メディアの時代』）が生み出された。

また、無線電話は、無線技術と音声伝達を組み合わせた一対多の双方向コミュニケーションメディアであり、後に送受信機能を備えた無線機器から送信機能を取り除いた受信専用機が登場したことによって、ラジオという一対多の一方向コミュニケーションメディアが誕生した。ラジオは、声の発信者が放送局のスタジオなどの固定した場所にいて、受信者の場所は電波の届く範囲で受信機さえあれば制限されない。一九二〇年のＫＤＫＡ局開局以降、大型の受信機を車に乗せてドライブする写真や新婚旅行先の浜辺でボストンバックから受信機を取り出して聴いている写真など、声を持ち運ぶさまざまな欲求を実現させている様子をインターネット上で確認することができる。野球場で聴くための受信機の小型化や装飾品としてデザインされた受信機も、その実用性はともかく、声を持ち運ぶ欲求を表しているといえるだろう。

二つ目は、本章で示した二つの事例のように、声と身体そのものが移動する方法や音や声を記録したメディアを移動させる方法である。瞽女や旅芸人は身体と旅が一体化し、日本各地に声を移動させた。交通網が発達していない時代であることはもちろん、声を伝えるためには身体そのものを移動させる必要があったのだ。また、声を記録する手段が登場して以降は、記録した声を複製して大量に生産する産業化が進み、レコード産業、歌を中心とした娯楽産業としてのレコード文化が生み出された。大量に生産して大量に販売することでヒット曲が生まれ、ラジオがその曲を流すことで相互に補完し合っていた。だが、「声の郵便」のように、大規模産業の陰に隠れて忘れられている個人的なメディア利用も確実に存在していた。しかも「声の郵便」として記録された声は世界中に一枚しかなく、複製されることのない唯一無二の声なのだ。

技術の進展は、声の複製を容易にしただけでなく、声の移動にも大きな変化をもたらした。身体と記録された声は移動せず、アナログやデジタルで複製された声だけが移動し、消費されていく。今や、声は身体と共にそこにとどまり、声に含まれていた息づかいはいつの間にか雑音として排除されてしまったのである。

注

（1）「世界の若者一〇億人以上が難聴になる恐れがある」（二〇二二年一一月一六日付Ｙａｈｏｏニュース「一〇億人の若者に難聴の恐れ、安全でない聴き方に警鐘」https://news.yahoo.co.jp/articles/7c6713a4ee70e84b7cd38ffa44e5158b8bce0ccd）。

参考文献

沖浦和光『旅芸人のいた風景――遍歴・流浪・渡世』文藝春秋（文春新書）、二〇〇七年。

グローマー、ジェラルド『瞽女と瞽女唄の研究』研究篇／資料編、名古屋大学出版会、二〇〇七年。

グローマー、ジェラルド『瞽女うた』岩波書店（岩波新書）、二〇一四年。

新潟文化物語「file-84　越後の瞽女（前編）」（https://n-story.jp/topic/84/page1.php）。

ニッポンコロンビア（https://columbia.jp/nipponophone/）。

日本レコード協会『日本のレコード産業　2022年版』、二〇二二年。

兵藤裕己『琵琶法師――〈異界〉を語る人びと』岩波書店（岩波新書）、二〇〇九年。

福田裕大「録音技術の利用法――記録される人間の声」谷口文和・中川克志・福田裕大『音響メディア史』ナカニシヤ出版、二〇一五年。

水上勉『はなれ瞽女おりん』新潮社、一九七五年。

郵政博物館「声の郵便」（https://www.postalmuseum.jp/column/collection/koenoyuubin.html）。

吉見俊哉『「声」の資本主義――電話・ラジオ・蓄音機の社会史』講談社（講談社選書メチエ）、一九九五年。

『朝日新聞』一九四〇（昭和一五）年六月一五日「〝声の郵便〟も実現　外国向、安く便利に」。

『朝日新聞』一九五二（昭和二七）年一二月一三日「声の郵便＝中央郵便局で」。

『朝日新聞』一九五三（昭和二八）年五月一七日「楽しい『声の郵便』」。

『朝日新聞』一九九二年一月二五日「声の郵便　ICカードに録音届けます　全国一九カ所で来月スタート」。

『読売新聞』一九五三（昭和二八）年一月二六日「こだま」。

『読売新聞』一九五九（昭和三四）年一月二六日「都民の声」。

Gumpert, Gary, *Talking Tombstones and Other Tales of the Media Age*, New York: Oxford University Press, 1987.（＝石丸正訳『メディアの時代』新潮社〔新潮選書〕、一九九〇年）。

Thomas Levin's Phono Post archive（https://www.phono-post.org/）

Voice In The Mail: Audio Love Letters Were Hot In The 1930s And '40s（https://www.npr.org/2018/02/14/585776715/voice-in-the-mail-audio-love-letters-were-hot-in-the-1930s-and-40s）

第5章　社会に遍在する女性の声とジェンダー
――自動音声はなぜ女性声なのか――

ここから二章にわたって、声のジェンダーに関する考察を行ってみたい。まず、本章では「日常生活に溢れている、自動音声案内の声」、そして次章では、「声に対するルッキズム的な評価」についてである。

案内を担う女性の声

現在、われわれの生活空間は、多くの自動音声案内で溢れている。筆者自宅の最寄り駅ホームでは、「お困りの方を見かけられたら、お手伝いしましょうか?と一声かけてからお手伝いいましょう」と、女性の親切な声が聴こえてくる。エスカレータでは、「歩かないで、一列になってお乗りください」や「手すりを持ってください」、「スカートの裾が巻き込まれる恐れがあるので気をつけてください」などが繰り返し流されている。しかも、日本語と英語の二カ国語でアナウンスしている。さらに、切符の自動販売機、自動改札機、バスの停留所案内、電車の行き先案内、ATMの利用案内、コンビニやスーパーなどの各種自動精算機、カーナビの案内、スマホなどのAI音声など、数え切れないほどの自動案内の声で満ちている。

たとえば、スーパーやコンビニで拡がっている自動精算機では、精算方法の指定、指定した精算方法に従った手順、レシートの取り忘れに至るまで、丁寧に声で指示してくれる。たとえ間違えたとしても優しくやり直しを促してくれるが、いっさいの感情を持たない機械の声に対しわれわれはどのように受け止めているのだろうか。生身の人間が発する声と同じように、「優しさ」を感じているのか。あるいは、発せられる声が感情とはいっさい無縁なゆえに、自らがその声に対して擬似的な感情を埋め込んでいるのだろうか。

声には、感情以外に、発した人の性別をわれわれは感じているが、機械の声にも性別があるのだろうか。われわれは、声を聴いてその性別を無意識に認識している。先述の案内音声は、ほぼ一〇〇％女性の声だ。カーナビやスマホなどの音声は変更できるが、初期設定は女性である。その一方で、男性声の自動案内は聴くことがきわめて少ない。電車のホームやバスの車内案内の一部、鉄道会社によっては車内の駅案内で聴くことができる。それも、きわめて少数だ。また、駅のホームで行き先を案内する音声が男女になっているのは、視覚に障害をもつ人たちに行き先別のホームを的確に案内するためである。

このような自動案内音声を、筆者は「お世話声」と呼んでいる。さまざまな場面で人々を案内をしたり、注意を促したり、啓発・啓蒙を行ったりといった「お世話」を焼いてくれるからだ。もっと言えば、ある意味「お節介な声」とも言えるかもしれない。わざわざそんなことを言われなくても分かっているよと思われる事柄でも、「親切」に声で世話を焼いてくれる。日本的な「親切」「おもてなし」文化とも言えるかもしれない。言い方を変えれば、われわれは常に子どものような存在として、その安全や利便性を声で届けられ続けているのである。

そして、本章で扱いたい話題は、その声がなぜ「女性」なのか。あるいは、女性として「認識」されるのかという点である。いつから女性の声が「Politeness Voice（親切で礼儀正しい声）」として、「案内係」の声を担うようになったのか。さらに、なぜわれわれは、そのこと（声の性別）にまったく無頓着なのかという点である。これらを考えるにあたって、まず女性の声が「社会的な存在」として認知された経緯を紐解く必要がある。

女性の声はいつから社会で認知されたのか

もちろん、女性の声は人類が生物としての雌雄をもち、性別に合わせた声を獲得した段階から存在していた。男性と女性の声を区別するものは、声の高さである。生まれたばかりの赤ん坊の声には、性別の区別がない。というか、区別がつけられない。区別がつけられるようになるのは、第二次成長期における身体的な変化以降である。男性は声が低くなり、女性の声質はほとんど変わらない。なぜ男性にだけこのような変化が起こるのかに関しては、生物としての人間という観点で考えると分かりやすい。多くの生物が子孫を残すために、雄と雌の間に大きな違いを持っている。また、相手に対するアピールのために、大きな角をもったり、目立つ色や模様を持っていたりといった特徴を備えている。人類も生物の一種であり、子孫を残すためのアピールポイントを持っていた。それが、男性の（雄の）声の低さなのだ。どのような求愛行動を行っていたかは分からないが、少なくとも声を使ったなんらかの行動と求愛行動は結びついていたと考えられる。それが、身体的成長の変化として、現在でも現れているのである。

とはいえ、人類が社会生活を営むようになってから、遙かな時間が経過している。たしかに子孫を残すという観点からみれば、声の高低がある程度意味を持つことは否めないが、それ以上に社会的なさまざまな要素や欲望の方が重要視されているであろう。だとすれば、性別による声の高低は別の意味を持つようになる。それは、まさに男性と女性を社会的に区別するための情報であり、次章で扱う「声のルッキズム」に関わる社会的な意味づけである。このような、女性の声の高さと社会的、文化的な評価基準は、日本の歴史上どのような変遷を辿って今日のようになったであろうか。また、女性の声に関する社会の認知は、いつ頃から行われていたのだろうか。現在でこそ、女性の声は社会における数多くの場面に存在しており、その声を聴くことは当たり前になっているが、歴史上常に女性の声が社会の中で「聴こえて」いたわけではない。むしろ、女性の声は「聴こえない」ことの方が一般的であった。ただ、日本の歴史上には推古天皇や皇極天皇、斉明天皇などの女性天皇も存在していた。したがって、女性の声が社会的に皆無であったわけではない。しかし、その数は男性天皇に比べれば遙かに少ないことも事実である。そのことを踏まえた上で、女性の声がどのような社会性を持っていたかを確認していこう。

メディアを通じた女性の声の歴史

われわれは、歴史上のさまざまな時代の生活様式を、テレビや映画などのメディアを通じて見聴きしている。北条政子は源頼朝とどのように会話し、織田信長と妻帰蝶《きちょう》（濃姫）の会話は現在とさして変わらぬ形で行われていたと信じている。しかし、この世の中で、彼ら彼女らの実際の会話を聴いた人間は誰一人おらず、その様子は書き記された当時の史料からしか想像するしかない。会話の形式が分からなければドラマにならないので、フィクションとして会話が作られ、女性の声も当然のように想像として生み出されているのだ。

では、実際にはどうだったのだろうか。想像する以外に方法はないにしても、歴史史料からある程度推察できる。

たとえば、グレーヴェ・グドウルン（GRÄWE Gudrun）は「日本文化における「声」」のなかで、平安時代の貴族社会を描いた紫式部作『源氏物語』の記述から、「淑女は男性に言い寄られ、会話をするようになれば、あまり大きな声で話さない、しかもほとんど聞きとれないほどの微声で物を言うこと、そしてあまりたくさん話さないということが理想的」であったと読み解いている（Gudrun 二〇一八：一五五〜一七三）。源氏物語の中で、平安貴族の女性たちが声を出すことはきわめて恥ずかしい、卑賤なこととする文化が描かれているのである。もちろん貴族のような位の高い女性に限っての描写であるが、少なくとも女性の声の存在が社会の中で、声量面、存在面できわめて小さかったであろうことは想像できる。

また、時代を下って江戸時代に至るまで、女性はさまざまな形で歴史にその存在を残してはいるが、彼女たちが残した言葉はほとんど知られていない。多くの場合、男性武将の妻や娘として史料に登場し、一部の言葉が文字として残されてはいるが、彼女たちの声が社会の中で一般の人々に直接聴かれたことはおそらくなかったであろう。たとえば、幕末の江戸城無血開城において西郷隆盛と対峙した天璋院（第十三代将軍徳川家定の妻）は、その交渉の過程で言葉を発してはいたが、それは江戸の庶民には直接聴くことのできない声であった。もちろん、聴かせるためのメディアも存在していなかった。

その一方で、商業活動が盛んになり、町中での物売りが多く登場した江戸時代の庶民には、物静かで言葉少ない女性とは違った声の価値観も登場した。特に物売りの声は、商品ごとに独特の節と売り言葉が使われ、江戸の町中に響いていた。物売りの中心は男性だったが中には女性の物売りもいて、そのような女性の声として販女《ひさぎめ》と呼ばれる行商の存在があった。商売には、店舗を構える屋台、決まった顧客の元を訪問する行商、そして行商の中には街頭を行き来しながら売り声を上げて物販を行う物売りがあった。特に物売りを行う女性は「販女」と呼ばれ、さまざまなものを売り歩いた。胡桃沢勘司の「販女の伝承」の中で、「販女」が平安時代に編纂された辞書『和名類聚抄』に登場することを指摘しており、民俗学者の柳田國男も『今昔物語』に販女が登場することを指摘していることから、平安時代から行商を行う女性が存在したと記している（胡桃沢 一九九一：二〜一二）。物売りは、多くの人を集めることで買い手を捕まえるために、声を使った大道芸的なパフォーマンスを行う者もあった。たとえば、今や映画などでしか観ることのできない「バナナのたたき売り」は、パフォーマンス型の物売りの典型であろう。

　販女は、江戸などの大都市だけに存在したわけではなかった。幕末から明治にかけての漁家と農村との交易を調査した瀬川清子『販女』には、各地の漁家の婦人たちが浜で獲れた鮮魚や塩漬けなどの加工品を、農山村に売り歩き、金品よりも作物との交換を行っていた様子が詳細に記されている。そして、その一部は浜から近い市街でも売られていた。たとえば、香川県高松市で自転車に載せた鮮魚を販売する「いただきさん」は、「四国の香川県高松市地方では、浜の婦人が頭に物を戴いて売りにくるのをイタダキといい、このひとたちもまた漁師の妻や娘であった」（一四頁）また、行商中の服装やかけ声の例として「絣の半纏に草鞋姿で『いりませんか。買うて下さりませ（一二一頁）や「ニナイ籠に魚を入れ、カツギ棒でイナッテ、『鰈いりませんか』と大声で叫び売りをした」（一二三頁）などが紹介されている。そして、「以上の諸例を通じて了解されることは、漁家の穀物を充たすために、漁家の婦人が魚を売りに歩いたこと。海女の村さえも農村との交易を受け持っているものはその妻であり、それは多く穀物などとかえることであったこと。そしてその婦人たちの運搬法には古風な頭上運搬の風が多く残っていたことである」（三〇頁）と、女性たちが物販の重要な担い手であり、そこには声が存在していたことが分かる。

　このような行商形式の販売は各地に存在し、地域独自の売り声を形成した。作家の寺田寅彦が一九三五（昭和一〇）年に雑誌『文学』に書いたエッセイ「物売りの声」には、さまざまな物売りの声が登場する。年若い女の子が、「花のたより、恋のつじーうら」と恋愛に関する吉凶を書いた占い紙を道行く人たちに売る「辻占《つじうら》売り」の声を紹介している。下宿の二階から聴く声が、年端のいかない少女だということが分かるのだから、おそらくその声は細く、高い声だったのであろう。

　しかし、残念ながら行商スタイルは年々減少し、声だけが地域のイメージや記憶として残され、あるいはＣＤなどの記憶媒体に収められて、現在も存在し続けているのである。たとえば、北海道函館市では、かつて特産のイカを売る女性たちが発した「イガ、イガー」という声が響いていた。二〇一七年一一月六日付『朝日新聞』には

『イガーイガー』イカ売り、うるさい？　函館市対応検討」という記事があり、この時点で五軒ほどのイカ売り業者が行商を行っていると記されている。そして、この「イガ、イガー」という独特の売り声が、早朝の街では騒音として感じられているというのだ。あるいは、前述のように香川県高松市には「いただきさん」と呼ばれる魚の行商が存在し、魚を載せる台を自転車の横につないだ独特のサイドカー形式で移動販売している。「お魚どうですか〜、お魚どうですか〜」という呼び声やラッパを鳴らして、行商に来たことを知らせる。魚はその場でさばいてくれ、多くの主婦たちが新鮮な魚を求めて集まると同時に、井戸端会議のような交流の場にもなっている。

女子教育の開始と女性の声の登場

時代が明治に入ると、一八七二（明治五）年に国民皆学を目指した学制の制定により、女子教育の道が開かれた。女子の高等教育は一八七四（明治七）年に教員養成を目的として、女子師範学校が設立されたところから始まった。女子中等教育制度が確立されると、一八八六（明治一九）年の師範学校令によって初等学校の教員を養成する女子師範学校、一八九九（明治三二）年の高等女学校令によって普通教育および実践教育を実施する高等女学校が教員養成を担うことになった。

女子教育が進むと同時に一定の教育水準を持った女性が社会に輩出され、女性の声が職業と結びついて聴かれるようになる。つまり、これまで社会の表舞台に出ることのなかった女性（女子）が、たとえば接客という形で社会に現れ、その際に声を発することになった。その第一歩は、一八九〇（明治二三）年に始まった電話サービスからである。東京—横浜間に開通した電話は、回線を接続する交換手が必要だった。サービス開始時には、東京に一一人（うち女性九人）、横浜に四人（すべて男性）の交換手が配置され、電話利用者は最初に必ず交換手との会話を行わなければならなかった。その後、電話の普及に伴って交換手も増え、一九〇〇（明治三三）年には東京だけで女性三三〇人、男性一〇〇人が電話交換手として働いていた。しかし、『逓信事業史』によると、「電話交換ノ業務タル職種妙舌ノ女子ニ適スルヲ実験上認メ」た結果、一九〇四（明治三七）年以降は女子中心の採用となった。そして、男性交換手は次第に減少し、最終的に交換手は女性の仕事として社会に定着していくことになった（逓信省 一九四〇：五九九〜六〇一）（図５－１）。

電話交換手の仕事は電話利用者と会話を行うことと、発信者と受信者の回線を接続することだが、重要さで言うと会話の方が遙かに大きかった。始まったばかりの電話利用者は政府役人や官公庁役職者、会社社長など社会的地位の高い男性であり、当時の女性に対する意識が交換手への態度にも表れていた。逆に言えば、交換手は男性からの見えない目線や意識を常に感じ、求められる対応を行う声の接客業でもあった。

男性側からすると、女性との会話は限られた場所、場面、相手であり、交換手のようなランダムに変わる相手と非対面で行う会話には慣れていなかった。その一方で、男性側からの女性の声に対する意識が、改めて生み出された。たとえば、野球場などのイベント会場でさまざまなアナウンスを行う女性を「ウグイス嬢」と呼ぶが、一八九〇（明治二三）年一一月一八日付『読売新聞』には、交換手の声を「ウグイスのような美声」と表現する記事が登場する。

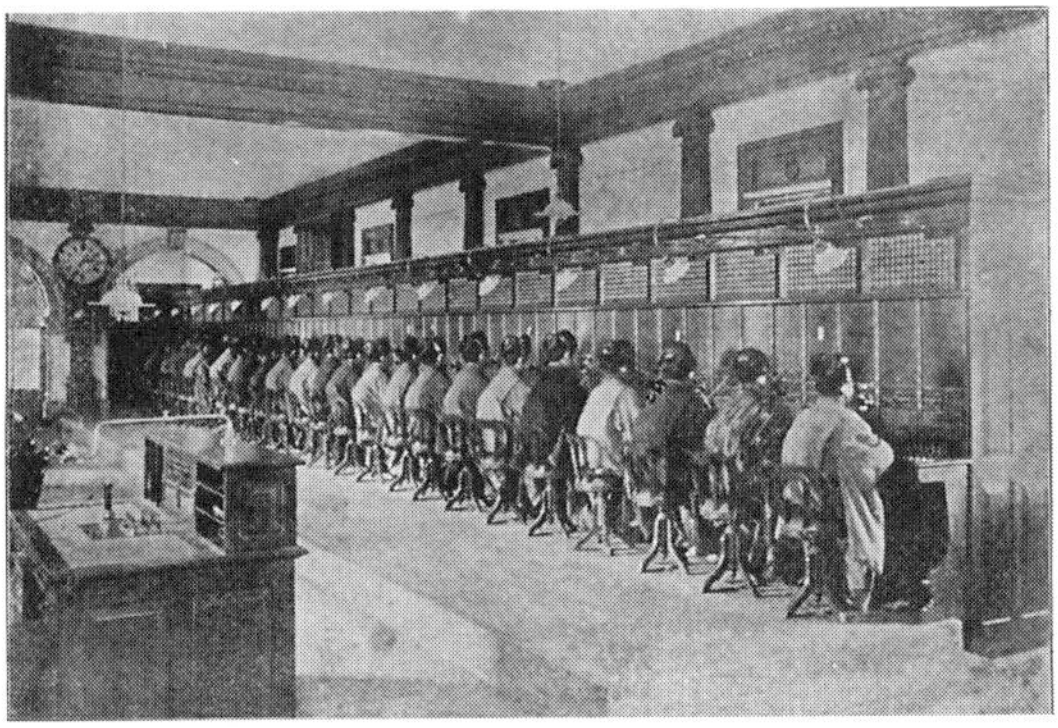

図5－1　八重洲町電話交換局で働く電話交換手（1902年）
（Wikimedia Commons より）

何番へと呼ぶ聲の床しさ
昨今加入者の追々と増加する電話機の交換局に於手婦人の技手と使用すると見え加入者が他の加入者へ用事あるとき電鈴釦指にて押し電話とかけてもらひたしとのとの注意をえるや其の返答として交換局より「何番へ」と問い返され其の聲谷の戸出づる鶯の聲にも増して優にやさしくありけるにぞある會社の重役中にて物好きえる渡邊何某といへる日わ右をまさしく婦人の聲と鑑定し「何番へ」と問い返しさるとき其の談話せんと怒りする相手の番号を答えそして「あなた年はいくつです」と戯れけるにぞ技手なる婦人の聲にて「知りませんよ、そんなことおツシャるとお取次しませんよ」と稍怒りし様子にてや来たさりといふ然るにこのことを何某の友人が聞き附けこれ面白しとて御苦懲さまにも自分で辰の口なる本局へ出かけ探訪に及びさるに果して其の聲にも増しさる美目よき婦人の年若なるが数人同所にありけると見届け是で安心したと言ひし由

この記事では、男性重役が女性交換手の声に対してきわめて強い関心を示しており、相手方の番号を伝えるのではなく、会話をしようと試みている。年齢を訊くなどは、現在ではセクハラに当たる行為だが、相手が見えないことで興味関心も増すのであろう。交換局へわざわざ出かけて、声と実物（本人かは不明）を見比べて納得したとある。

つまり、これまで女性の身体や容姿には関心があったが、女性が発する声そのものにはあまり関心は向かなかった。しかし、声だけが身体から切り離された電話交換手の登場によって、切り離された声に対する妄想的セクシャルな関心が生み出されたのだ。そして、社会のなかに女性の声という存在が次第に認知されていくことになる。

職業婦人の登場と女性の声の社会化

電話交換手の登場によって、女性の声という存在が社会に認知された。そして、さらに女性の声は社会のさまざまな場所に登場することになる。たとえば、百貨店の女性店員であり、百貨店に併設されたエレベータの操作係であり、あるいはバスの車掌といった接客を伴う職業であった。彼女たちは、大正から昭和にかけて登場したいわゆる職業婦人たちであり、女性の社会進出に伴って女性の声も社会に拡散し、認知され、その結果として「女性の声の社会化」が進行したのである。

百貨店研究は数多く行われているが、初田亨『百貨店の誕生』から女性店員が登場する過程をみてみよう。百貨店は、明治期にあったさまざまな商品を陳列して販売する商店の一種「勧工場《かんこうば》」にルーツがある。勧工場は商品の多さもさることながら、催し物を行うなど現在の遊園地的な要素を持たせて多くの来客を招いた点に特徴があった。その後、バザール的な小規模店舗の集まりから一棟建ての商店やビルに形を変え、やがて百貨店へと進化していく。

最初の百貨店は、一九〇五（明治三八）年開業の三越デパートメント・ストアが始まりである。三越呉服店を前身とする三越百貨店は、大量生産と消費による新しい経済の循環を目指して、古い商いの方式からの転換を図った。それは、旧来の「帳簿と販売方法の二点」（初田 一九九三：八三）を改めることであった。これまでの番頭が顧客と話をしながら丁稚が倉庫へ品物を取りに行く方式から、商品を陳列形式に変更して販売員が顧客の相手をする現在の方式への転換であった。また、大福帳から簿記形式に改めたことで、これまで大雑把であった仕入れと在庫、売り上げの関係が明確になった。しかし、このような新旧の大改革には大きな抵抗もあり、特に売場での接客に関しては専門知識を有するかつての番頭クラスの人材と、新規に雇われた接客係との間に起こった軋轢が大きかった。そして、その新しい接客係の中には、女性たちも含まれていたのである。

百貨店で最初の女性店員が採用されたのは、一九〇四（明治三七）年に三越百貨店開業時の三〇名であり、それ以前の一九〇一（明治三四）年に三井呉服店時代に三名が試験採用されている。女性が雇用された理由は賃金が安かったこともあるが、男子は二〇歳になると徴兵で三年間のブランクが生まれ、せっかく育成した経験が無駄になってしまう。女性の場合はそれがなく、当時としては珍しく、できるだけ長く勤めてほしいと言われていた（村上 一九八三：二〇五）。しかし、実際には結婚を経て家庭に入る女性が多く、短期間での退職が相次いでしまった。その穴埋めのために未婚女性に限った新規採用を繰り返し、大正期に入ると専門知識を必要とする売場以外は女性店員が占めるようになり、現在のような百貨店店員は女性というイメージが生み出されるようになったのである（村上 一九八三：二〇六）。

初期百貨店の女性店員は、どのような仕事に就いていたのであろうか。江口潔「戦前期の百貨店における技能観の変容過程」によれば、以下のようであった。

一九〇〇年代初頭には、女子店員は簡単な職務に配属されていた。それというのも、男子店員ほどには専門的な知識を身につけることができないと考えられたからである。その後、百貨店化がすすめられる中で女子店員の丁寧な応対が評価されたことにより女子店員は様々な売場に用いられていくようになる。（江口 二〇一三：一二九）

女性店員は、これまでの徒弟制対面販売から大きく転換しようとしていた百貨店においては、完全に新しい試みであった。これまでは、長い徒弟期間を経て身につけてきた専門知識が、商品を販売するためには不可欠であった。しかし、女性店員たちは専門知識ではなく、接客の丁寧さが求められた。これは、当時の社会が女性たちに期待していた規範意識を反映しているだけでなく、女性たちの働く役割そのものが作られ始めていた（金野 二〇〇〇：二六～二七）。したがって、賃金の安さだけでなく、女性がどの程度、どんな仕事を任せることができるのかを、百貨店では吟味していた。

先述のように、専門知識の必要ない売場に配属された女性店員たちは、まずお客に対する接客態度の丁寧さや親切さが求められた。

> 女子店員は、婦人客の多い売場に配属された。お客との応対の中で示された相手への配慮は、冗長なところを持ちつつも、狭い範囲での目的合理性を追求した男子店員には見られない女子店員固有の長所だと考えられたのである。（江口 二〇一三：一三七）

女性店員に対する訓練においても顧客に対する対応力が重視され、それは最終的に接客態度と共に言葉遣いにも求められた。つまり、女性店員たちは、笑顔で接客をすると同時に丁寧な言葉遣いによって顧客をもてなしたのである。

百貨店の女性店員の数は増え続け、男性店員数に対する女性店員の比率は、一九〇五年当時の三越百貨店で約一〇％程度であったが、一九二三年の高島屋大阪店においては約二五％まで増加している（谷内・加藤 二〇一八：一四二～一四五）。単純に考えれば、それだけ女性店員の発する声が増えたことになる。この当時、女性たちは百貨店以外にもさまざまな新しい職業に就き始めた。山崎貴子「戦前期日本の大衆婦人雑誌にみる職業婦人イメージの変容」によれば、「職業婦人の代表的な職種としては教員、看護婦、女医、美容師、事務員、タイピスト、店員、電話交換手など」が挙げられている。そして、これらの職業に就く女性たちに対して「あるべき理想の女性」イメージが作られ、職業婦人の増加に合わせるように変化していることを指摘している（山﨑 二〇〇九：九三～一一二）。一九二〇年代の職業婦人に対しては「『高い地位名声』を得た伝統的職業婦人イメージが優勢」だったが、一九三〇年代になると「『人柄のよい』モダン職業婦人」へと変化した。この「人柄のよさ」の具体的な内容としては「朗らかさ」が示されていて、笑顔と受け答えの快活さが挙げられるであろう。これは、百貨店の女性店員に求められた接客と同じ規範意識を元にしていると言えるのである。

女性バス車掌と案内職業の出会い

働く女性の登場は日本に限った話ではもちろんなく、第一次世界大戦が勃発した一九一〇年代ヨーロッパ諸国では、多くの男性が戦場へと出征したことにより、さまざまな職業において人手不足（男性不足）に陥った。それを補うために女性を登用せざるを得なかった。その職業の一つに、社会のインフラである鉄道の改札業務や車掌業務があった[1]。日本でも、同様に一九一八年ごろ鉄道やバスの車掌に女性を雇用する例が登場した。一九一八年四月二〇日付『朝日新聞』記事「美濃電車の女車掌　我国初めての試み　十八日から実行　客受が頗る良い」では、日本で初めての女性電車車掌の登場経緯が記されている。

そして、電話交換手の声が「うぐいす」と表現されたのと同様に、一九二六年になると、女性バス車掌と女性アナウンサーの声に対する評価として、「美声」という表現が加わる。たとえば、新しい交通機関として登場した乗り合いバスは、一九〇三（明治三六）年九月二〇日に京都の堀川中立売―七条駅、堀川中立売―祇園間で、二井商会による乗合自動車として始まった。当時のバスには、男性運転手と乗客の運賃精算、次停車のバス停案内を行う男性車掌が乗車していたが、一九一九（大正八）年に東京市街乗合自動車（株式会社）[2]が、輸入車一〇〇台で市内バスの営業を始め、東京市街自動車に初めて採用された女性車掌が一九二〇年二月二日から新宿―築地間で初の業務を開始した。一九二〇年一月三日付『読売新聞』記事「女車掌に　女学校出が二十三名　合格車は教習後二月から従業す」では、東京の東京市街自動車が女性バス車掌の募集を行った途中経過を報告している。女性車掌は「バスガール」と呼ばれ、前年末に行われた募集には約四〇〇人の応募があり、その中から六七名が合格。最終的には一

図5－2　女性バス車掌（1934年）（Wikimedia Commons より）

九～三〇歳の三七人が女性車掌となった。当時の女性車掌は揃いの制服を着ていて、会社によってニックネームがつけられていた（図5－2）。

東京市内では一九一九（大正八）年に、東京市街乗合自動車が上野―新橋間に開業します。これは「青バス」と呼ばれました。そして、一九二〇年には、早くも初めての女性車掌が採用されています。この制服は青のサージを素材として、白い布地の折り襟のついたジャケットに、プリーツスカートを穿いたスタイルで、「白襟嬢」と呼ばれました。また、東京市電気局が一九二四年に制服としたものは、緋色の襟のスタイルで、「赤襟嬢」と呼ばれたものですが、短期間で廃止されてしまったようです。

（「日本の『バスガール』お制服ことはじめ」『シミルボン』https://shimirubon.jp/columns/1687195）

関東大震災後の一九二四（大正一三）年一二月二〇日には右記の「赤襟嬢」という名の女性車掌も登場、女性たちの憧れの職業でもあった。車掌業務には声が必須であり、その声にはどのような関心が向けられていたのだろうか。一九二六年九月一七日付『読売新聞』には「声の美しい模範の女車掌さん」という記事がある。

東京乗合自動車会社の新宿車庫の女車掌さん八十人の中で非常にお客様に親切でいつもニコニコとし、その呼声が又なく美しいと云うので同僚の中でも評判になっている小松ちよ子（十九）さん。この人は昨年五月入社し今は数ある女車掌の中でも模範としていづれ表彰の話もあるそうです。

記事中には、早くも声に関して「美しい」という表現が現れ、また接客態度についても「親切」「ニコニコ（笑顔）」という評価を行っている。これは、当時の車掌業務がたんなる切符販売やバス停の案内にとどまらず、接客というジェンダー的に重要な役割を担っていたことを表している。現在でも使われているが、接客や販売を行う女性を「〇〇ガール」と呼ぶのはこの時期からのようだ。たとえば一九三二年八月四日付『読売新聞』には「「東京の屋根の下」＝3　ソプラノで誘惑　運転手万来《ママ》！」という記事がある。この記事では、ガソリン車を使った「円タク」用のガソリンスタンドで働く女性たちが、

円タクが、客を拾おうとして、右往左往している。と、そこへ飛び込むソプラノ！オネガイシマアースおねがいしまアース。円タク群は、この甘ったるいソプラノ電波をアンテナよりもするどく感じで、グ。グ。グぐう…と、その声のする方向へ呼び寄せられて。

今でこそ女性による呼び込みは見慣れた光景であり、その声も特に意識することでもない。しかし、ラジオ放送が始まって五年ほど経った時期に、円タクの運転手は数を増すガソリンスタンドの中から、少女が手を振りながら呼び込みをする店に引き寄せられるのだ。そして、その声は「ソプラノ」と表現されるように、きわめて高い声であったことが分かる。乗り物に乗務する女性たちは次第に乗り物と職種を増やし、一九三八年一〇月六日付『読売新聞』には、「青春の群れ　列車ガール試験風景」と題する記事がある。

発利たる時代の求めに応じて大日本食堂株式会社が列車食堂における〝サービスガール〟の第一次採用試験が五日朝鉄道ホテルで行われた。〈中略〉「十八歳から二十五歳まで容姿端麗」という簡単な標準で試験委員の前を姓名を名乗りながら流れるように過ぎていく中からちょいちょいと選んで十三人が残ったが、あまりに条件に適い過ぎている人が多いので場合によっては三十名の定員よりも多く採用してもよいと委員の腹は第一日に早くもぐ

らついて来た。

今では一部の豪華列車以外には見られなくなった食堂車の女性給仕係を採用するのだが、採用条件には年齢と共に「容姿端麗」であることが明記されている。それでも、該当者が多く、採用人数を増やすことも検討している。しかし、女性のサービス業進出は増え続け、「○○ガール」という呼び方も、もはや希少価値はなくなってきた。一九三四年一〇月五日付『読売新聞』には、「サーヴィ《ママ》ス・ガールは同志でない　バス嬢が排撃／東京市電争議」という記事が出ている。

> 市電の赤字克服として今年の花見時から乗換へ場所や終点にスマートな姿を現し乗客の案内役をしている「サービス・ガール」がこんどの大争議にあたって頗る（判読不能）的な態度を採ったというので同じ女性の身でも終始ガッチリと統制に服していた「オーライ嬢」陣営から排撃の叫びが起り近く東交組合婦人部から「市電増収に殆ど無価値」云々の理由で「サービス・ガール」廃止の要求がつきつけられようとしている。

市電にも女性車掌が乗務しており、その他に駅などで案内等を行う「サービス・ガール」も勤務していた。そして、労働争議の際に、この「サービス・ガール」たちは態度をはっきりさせずに、女性車掌グループの「オーライ嬢」たちから反発を受けたのである。どうやら、同じ女性職業であっても二つの職業間にはなんらかの格差が存在していたようで、女性車掌グループからはサービス・ガール不要論まで登場している。

女性アナウンサーと観光バスガイドの登場

美声という表現は、一九二五年のラジオ放送における女性アナウンサー登場によって社会に拡がったと考えるのが一般的であろう。一九二五年の放送開始時点で、東京放送局に一人（翠川秋子）、名古屋放送局に一人（稲蔭千代子）、大阪放送局に一人（渡邊瀧枝）と、ラジオ草創期から女性アナウンサーは雇用されていた。電話交換手の場合は限られた電話利用者だけが交換手の声を聴くことができたが、ラジオの場合はそのマスメディアとしての力を遺憾なく発揮して、電話とは比べものにならない人数の人々に女性アナウンサーの声を届けたのである。その結果、電話交換手と同じく女性アナウンサーの声は身体から切り離され、声の存在が社会で認知される「声の社会化」が起こったのである。

一方、バスと女性の声の関係は、「観光」の大衆化によって新たな社会化を生み出していた。現在、観光バスの「ガイド（添乗員）」も、その多くは女性が務めている。観光バスにはガイドなしツアーもあるが、たんなる観光地の移動手段にすぎず、観光バスという名前から大事な要素が欠落しているように感じる。その要素とは女性ガイドであり、ガイドは決して自動音声にはならない。なぜなら、女性ガイドはその身体から発せられる声と、声が作り出す世界に観光の要素が含まれているからである。たとえば、バスが発車して、最初の挨拶という第一声から受ける印象や、原稿を読むのではない案内の形。その日の天候や車窓からの風景の違いに合わせた臨機応変な内容の変更。そして、お約束の生歌披露など、女性ガイド自身が観光の一部として社会化されているのである。

大正期以降、鉄道網発達によって観光は盛んになった。また、外貨獲得のために、海外からの観光客、いわゆるインバウンドの招致のため一九三〇（昭和五）年には国際観光局が創立された。一九二八（昭和三）年一一月五日に社団法人日本放送協会東京中央局と各地方局を結ぶ全国放送網が完成し、一九三三（昭和八）年までに主要二五都市に放送局を開局するまでになった（日本放送協会編　一九七七：八七）。その結果、全国へ同一の内容を届けることはもちろん、日本各地からのさまざまな音や声の情報を全国へ届ける番組も制作された。たとえば、一九三〇年四月七〜一一日には、スタジオ外生態放送が「春の朝小鳥行進曲」として初めて行われ、東京・上野動物園から鳥の鳴き声が中継された。一九三二（昭和七）年一二月三一日には、各地の「除夜の鐘」を初めて七局リレーで中継（東京・熊本・名古屋・仙台・広島・京城・大阪）し、一九三三年七月二四日には、富士山頂から実況・座談会などを中継した。翌一九三四年七月一〇日には「潜水艇より海底の神秘を探る」と題した番組が、相模湾初島付近から中継され、一九三五年四月二四日午後七時半から「観光の夕」という特殊プログラム（特別番組）が放送された。この「観光の夕」は国際観光局設立五周年を記念した番組で、目玉は各地の観光地からその魅力を伝えるものであった。

一九三五年四月二四日付『朝日新聞』紙面には、「賑やかな観光の夕　聴き物は『名所案内競べ』観光局創立五周年を迎えて」と題する記事が載っている。

二十四日は國際觀光局創立の五周年記念日に當るので、各地で賑やかな觀光祭が催されるが、放送局では七時三十分より「觀光の夕」の特殊プロを組み、内田鐵相の講演につづき、在留外人及び新響の連中が各國の音樂を日比谷公會堂より中継し、最後に「名所案内くらべ」と題して、別項四ヶ所の案内僧やバス・ガール諸嬢が、自慢の喉と節廻しで「聲を通じて」の名所案内をすること、なつた。

記事中に登場する内田鉄相とは内田信也《うちだのぶや》のことで、国際観光局を所管する第三一代岡田啓介内閣の鉄道省大臣である。

この「名所案内くらべ」の内容は、以下の通りであった。

仙台放送局　松島瑞巌寺（西澤富雄、中川宗雄）
東京放送局　東京遊覧（ガイドガール　杉山千代子、安西喜美子　東京遊覧バス案内係）
京都（大阪）放送局　金閣寺宝物拝観（増田久枝、前田重太郎）
熊本放送局　阿蘇登山（阿蘇登山バス・ガイドガール　東みさを、玉木末春）

番組は午後七時三〇分から始まり、午後九時から順に松島、東京、金閣寺、阿蘇と中継が行われた。注目するのは、東京遊覧と阿蘇登山に登場する「ガイドガール」「遊覧バス案内係」「バスガイドガール」である。この時期にはまだ統一した呼称が確立されておらず、おそらく全てが現在の観光ガイドを指すと思われる。そして、記された氏名からはその全てが女性であることが分かる。実際、記事中には阿蘇登山バスの車体と共に東みさを、玉木末春の写真が掲載されている。

同番組は、夜間に放送されたにもかかわらず好評だったようで、その後数回同様の番組が放送されている。一九三三年一〇月四日には、滋賀県の石山寺（京都局）、銀座の三越（東京中央局）、函館の大沼湖（札幌局）、仙台の宮城野（仙台局）、長野の姥捨山（長野局）、石川の七尾城址（金沢局）、福岡の太宰府（福岡局）を結んで「中秋の名月の夕」が全国に放送された（同書、八七頁）。

ラジオ番組に現在の観光バスガイドにあたる女性がどの程度登場したのか、あるいはこのような特別番組以外に登場したのかについては、はっきりとは分からない。ただ、間接的にだが、映画の一シーンとして当時のガイドたちの声を聴くことができる。一九四一年に公開された南旺《なんおう》映画製作の『秀子の車掌さん』に、観光バスガイドの声がラジオ番組に登場するシーンがある。『秀子の車掌さん』は、原作が井伏鱒二の『おこまさん』、脚色・演出は成瀬巳喜男で、高峰秀子、藤原鶏太ほかが出演していた。

高峰秀子演じる「おこま」は地元バス会社「開発バス」の車掌をしており、なんとかバスの乗客を増やせないかと考えている。そんなある日、下宿前で近所の子どもと花火をして屋内に戻ると、大家の女性がラジオ番組の話をする。以下に、そのシーンを再現してみよう。

大家　惜しいことしたわね。今夜バスの車掌さんの放送があったのよ。何時かしら、まだやってるかしら。
秀子　車掌の放送って、何の放送？
大家　名所の説明なんだって。まだ間に合うかもわからない。だしてみようね。(3)
（大家、立ち上がってラジオのスイッチを入れると、音楽が流れてくる。音楽を背景に女性の声が聞こえてくる）
大家　まだやってる。よかったね。

軽快な音楽（「美しく青きドナウ」）がBGMとして使われている。
やや甲高い声の女性車掌の声で名所の説明が始まる。語りの口調とイントネーションは、標準語と推測される。

車掌　正面に（強く）湯柱を立てて浴びせておりますのが熱川温泉。その昔、太田道灌が旅の途中発見されたと伝えられております。今井浜（いまいのはま）温泉にまいりました。（不明）磯の香りも心よく伊豆舞子の名にふさわしい静かなご保養地でございます。

大家　いいもんだね。おこま、黙ってうなずく。

車掌　こちらは曽我五郎、十郎が生まれました「やす温泉」でございます。その向こう、高く湯煙の見えますところが東洋一の大噴騰峯温泉でございます。噴き出す湯は一分間二〇石。これを利用してメロン、お野菜、花菖蒲などの促成栽培を致しております。いよいよお待ちかねの下田港に近づきました。あちら蓮台寺。当地の温泉場でございます。下田港は相模湾と遠州灘との追分です。風を頼りの帆舞船は江戸への…　暗転

一九四一年製作の映画なので、おそらく先述のラジオ番組「名所案内くらべ」をモデルにしたものと思われる。映画製作当時の社会状況を考えると、バスという交通手段と女性車掌、声による観光案内と女性ガイドというキーワードの重要性が浮かび上がる。当時のアイドルとも言える高峰秀子主演でこれらの重要なキーワードをもつ映画が作られたことからも、女性の「声の社会化」が進行していた証左と言えよう。

別府観光「地獄巡り」と女性ガイド

さて、その観光バスガイドであるが、もう少し詳しく歴史を確認してみよう。現在では有名な観光地である大分県別府だが、その観光地化には亀の井ホテル創業者であり、亀の井バスを興して地獄巡り観光バスと、添乗する女性ガイドを発案した「油屋熊八《あぶらやくまはち》」が深く関係していた。別府温泉地獄巡りが脚光を浴びたのは、一九二一（大正一〇）年に地獄循環道路が完成したことによる。裕仁親王（後の昭和天皇）は、一九二〇（大正九）年に大分県北部で行われた陸軍大演習に台臨し、帰途に別府へ立ち寄った際に地獄巡りをした。しかし、当時の地獄巡りは循環する道路ではなく片道を二往復する不便なものであったために、裕仁親王に

も不便をかけることとなった。そこで、後に地獄巡りの循環道路建設が進んだのだ。その結果、地獄巡り観光は、より快適に回れることになった。

油屋熊八は、一八六三（文久三）年に伊予国宇和島城下（現愛媛県宇和島市）に生まれ、米相場の失敗で全財産を失った後、アメリカを放浪し、妻の故郷である別府に移り住んだ。一九二四（大正一三）年には営んでいた亀の井旅館を洋式ホテルに改装して亀の井ホテルを開業した。翌一九二五年には、富士山頂に「山は富士、海は瀬戸内、湯は別府」という標柱（記念碑）を建て、一九二七（昭和二）年に大阪毎日新聞・東京日日新聞主催の「日本八景選定」において、別府温泉は温泉地部門で選定された。これを受けて、一九二八年一月に油屋熊八は亀の井自動車株式会社を設立。同年一一月に、二五人乗り大型バス四台を購入して地獄巡り遊覧観光の事業化に進出。観光案内を七五調で行う「少女車掌」四人を導入した。この地獄遊覧バスの運行において、熊八は全国初の女性バスガイド登用という、当時としては最も効果的な観光宣伝の方法を考えた。ブルーの上衣とギャザ・グレーのスカート、白ネクタイ姿の一〇代の少女ガイドと江戸・明治と引き継がれた七五調の名所案内はたちまち大評判となり、別府観光の花形になったのである（三重野 二〇〇四：四九）。

案内は現在のような話し言葉ではなく、韻を踏みながら七音五音を繰り返す「七五調」で行われていたが、おそらく古今和歌集にも登場する日本の伝統的な歌の詠み方である七五調を使うことで、社会のなかで格調ある形式で観光客に情報を伝えようとしたのであろう。その結果、話し言葉ではなく七五調のような和歌の形式が使われていたと考えられる。油屋熊八の発想は「おもてなし」であり、観光バス車掌が行っていた七五調の観光案内は、当時の観光客の社会階層を考慮すれば、高級なおもてなしの部類に入るであろう。ちなみに、現在でも亀の井バスが運行する地獄巡り観光バスの一部では、この七五調の観光案内の一節を女性ガイドから聴くことができる。

アナウンサーとしての女性の声

一方、ラジオ放送における女性アナウンサーの仕事は、戦争が始まり戦局の悪化によって限られた番組のみとなった。しかし、戦争が終わると、女性の声はますます社会のなかで存在感を増していく。最も早く女性の声が社会に登場したのは、有楽町付近で行われていた街頭宣伝放送であった（第9章で詳述)。街頭宣伝放送は、その名の通り屋外(街頭)に設置したスピーカーから各種の宣伝を声で放送するものである。敗戦した一九四五年の年末には、東京銀座や数寄屋橋付近に登場した(坂田 二〇一七:一九〜三六)。敗戦によってそれまでの社団法人日本放送協会は解散となり、国によって規制されていた「自由に語ること」も同時に解放された。それまで国家が管理するラジオ放送のみが社会に情報を伝えることを許されていたが、商売として「声」を利用することも自由となったのである。

ラジオという声のメディアに女性アナウンサーが存在したこと、多くの男性が戦地に行かされていたこと、女性の声が社会化されつつあったことなどを考えると、街頭宣伝放送に女性アナウンサーが使われたことは不思議ではない。街ゆく人たちに宣伝原稿を読む形で商売や商品の情報を伝える宣伝放送は、戦争が終わって新しい時代と社会の到来を声で知らせる役割も果たしていたのである。そして、この街頭宣伝放送は各地に拡がり、やがて大きな声の宣伝産業に発展した(坂田 二〇一七)。しかし、民間ラジオ放送やテレビ放送の開始、同業他社間の競争と騒音問題などがあり、現在では一部のアーケード商店街や北海道の数カ所で行われているだけとなっている(4)。

補助的役割としての「女性の声」の社会化

このように、明治以降の社会に登場した働く女性たちは、まず働く男性たちの職場に少しずつ組み込まれ、その存在が視覚的(身体的)に社会化されていった。つまり、男性の姿しか見なかった売場や職場に、女性という身体が視覚的に現れたのだ。次に、その仕事を通じて、これまでの社会で後景に存在し、意識されることのなかった女性の声が前景に立ち現れ、聴覚的に認知されることになった。その最初として電話交換手の声が注目され、電話の主な利用者である男性たちの間で話題となった。また、事務員は電話の取次を行い、百貨店店員は声で接客を行い、バスの車掌は声で案内や乗客の世話を行い、観光バスの添乗員は七五調の声で名所旧跡の説明や縁《ゆかり》の物語を語って聴かせたのだ。その結果、女性の声の存在が社会的認知、すなわち「社会化」されることになり、今日の声とジェンダーの関係を作り出すきっかけを生み出したのである。つまり、なぜ案内音声(お世話声)が女性なのかと言えば、このような社会的な経緯を経て、女性の声が社会化した結果なのである。

社会学における「社会化」とは、「人間が、集団や社会の容認する行動様式を取り入れることによって、その集団や社会に適応することを学ぶ過程をいう」のように、日常の生活における他者との相互作用によって、社会生活に必要な行動様式や感情の表出・統制、考え方などを学習し、修得する過程を指す（中村 一九七九）。つまり、人間が社会に適合し、他者との関係性の中で社会生活を円滑に行うための日常的な学習なのである。

また、社会化は自我論や社会的規範の獲得などの、より具体的な文脈で語られることもある。たとえば、アメリカの社会学者チャールズ・クーリー（Charles Cooley）は、他者の反応に対する自我の反応として形成される自我を「社会的自我」と呼び、「鏡に映った自我」という概念で説明をしている。そして、社会的自我が形成される家族や仲間集団、近隣集団などの基本的な社会的集団を「第一次集団」と呼び、この集団内での生活によって修得する社会的規範などが社会化にとってきわめて重要だと主張している（Cooley 1902）。

エミール・デュルケーム（Émile Durkheim）は、個人の行動や考え方を規定する集団や社会全体に共有された行動・思考などの規範を「社会的事実」あるいは「集合表象」と呼んだ。つまり、人間が社会のなかで他者との関係性を持ちながら生きていくためには、人間の行動や思考を支配するものが必要となる。それが、さまざまな集団や社会のしきたり、慣習などとの形で存在し、社会生活を送りながら身につけていくことになる。これが、デュルケームの社会化概念であり、教育を「成人世代による未成年者の方法的社会化である」と規定した（Durkheim 1952）。デュルケームの社会化は、教育を受ける過程で「社会的事実」あるいは「集合表象」という社会化を実践することになる（中村 一九七九：一〜一五）。

「社会化」という概念は、社会学の中では社会構成員としての振る舞いや規範意識を、他者との関係や社会集団内での活動、あるいは教育によって獲得する実践を指している。実際には、さまざまな論考のなかで「社会化」という言葉は使われており、必ずしもその定義が明記されているとは限らない。本章でいう「社会化」は、「女性の声」という存在が人々の認知レベルで意識化され、生活社会のなかに存在あるいは規範と接合することを指す。女性の声はもちろん歴史のなかで常に存在してはいたが、その声自身の存在感や声に特定の役割を担わせることはほとんどなかった。しかし、声が女性の身体から切り離され、独立した存在として社会の中に立ち現れたことで、声は「社会化」されたのである。

たとえば、不在となることでその存在が逆に社会化することはしばしばある。本書との関連で言えば、声が肉声から機械による自動音声に置き変わることで、その声の身体的存在がノスタルジーと共に社会化される。先述した乗合バスには車掌という存在があった。しかし、戦後の合理化に伴い、車掌は廃止されて運転手が車掌業務を兼務するようになった。いわゆるワンマンバスである。それまで揺れる車内で乗客一人一人に切符を販売していた車掌はほぼ一〇〇%女性の仕事であり、車掌が消えたことで車内には無機質な降車ボタンが設置された。しかし、長い期間にわたってバス中間のドア付近には車掌が立つスペースがあり、そのスペースと車内に流れる録音された女性アナウンスの声が、車掌という存在をかえって社会化させたのである。言い換えれば、郷愁とともに女性車掌の存在が人々の間で社会化されたのである。

つまり、自動案内音声の声が女性の声である理由は、第一に、明治期以降に始まった女子教育の結果として社会で働く女子である「職業婦人」が社会に登場し、家庭の奥や家屋の中ではなく社会の表側に女性が登場したことである。その結果、女性の身体と共に女性の「声」も社会の表側で発せられ、人々の耳を通じて女性の声の存在が認知されたことにある。

第二に、職業婦人としての職業で多かったのが、電話交換手、タイピスト、百貨店店員であった。このなかで電話交換手が最も早く、身体から切り離された声のみのコミュニケーションが、女性の声を先鋭化させ、声に関する関心を生み出した。特に、初期電話利用者の大半が男性であり、社会的地位の高い人々であった。そのため、女性の求める役割としての「もてなし」や「手助け」、あるいは当時の社会が女性に求めていた規範意識が求められた。女性の声と職業が強く結びついた結果、その意識が現在でも依然として残っていることにある。

そして第三に、これらのことを踏まえ、女性の声そのものが社会に認知され、女性の声と職業が強く結びついたことで、女性の声自体が「社会化」されたことにある。女性の声は、女性が社会に求められていたジェンダー的な役割や規範を内包した形で社会化され、埋め込まれていった。社会のジェンダー観が変化した後も、身体や感情を持たない透明な声は依然として社会に埋め込まれたままになり、そのまま人々の無意識下で溶け込んでしまった。そして、テクノロジーの進化によって機械による自動化が進んだ時、利用者への案内や情報提供を行う声が必要となり、無意識下で刷り込まれていた役割と声の関係が浮上したのである。その結果、誰も、何も違和感を持つことなく、自動音声は女性の声が担うことになったのである。

おそらく、社会の中でAI化が進んでいくことで、声の必要性はますます強く、大きくなっていく。その重要な役割はアシスト（補助）であり、それを社会の中で担っている女性の身体と身体から切り離された声が意識下で合わさり、女性の自動音声は引き続き社会のなかで響き続けるのである。

注

（1）一九四三年以降、女性車掌や出札係として採用され、終戦時には一〇万人の女性職員が働いていた。詳しくは若林宣『女子鉄道員と日本近代』（青弓社、二〇二三年）を参照。

（2）大正八年創業の日本初のバス会社。後に「東京乗合自動車株式会社」。

（3）ラジオを聴くことを「だす」と表現する違和感はあるが、音を「出す」という意味と考えられる。

（4）北海道では、原稿執筆時点でも以下の地域で現役の街頭宣伝放送が行われている。函館市、札幌市、小樽市、岩見沢市、旭川市、帯広市、釧路市。

参考文献

石井香江『電話交換手はなぜ「女の仕事」になったのか――技術とジェンダーの日独比較社会史』ミネルヴァ書房、二〇一八年。

今井田亜弓「若い日本人女性のピッチ変化に見る文化的規範の影響」『言語文化論集』二七（二）、名古屋大学大学院国際言語文化研究科、二〇〇六年。

江口潔「戦前期の百貨店における技能観の変容過程――三越における女子販売員の対人技能に着目して」日本教育社会学会編『教育社会学研究』九二、二〇一三年。

胡桃沢勘司「販女の伝承――「両義的（性）交換」の提唱」『交通史研究』二七（〇）、交通史学会、一九九一年。

金野美奈子『ＯＬの創造――意味世界としてのジェンダー』勁草書房、二〇〇〇年。

坂田謙司「街頭放送の社会史――北海道の街頭放送と社会の関係」『立命館産業社会論集』五二（四）、立命館大学産業社会学会、二〇一七年。

瀬川清子『販女』未來社、一九七一年。

谷内正往・加藤諭『日本の百貨店史――地方、女子店員、高齢化』日本経済評論社、二〇一八年。

逓信省『逓信事業史』第四巻、逓信協会、一九四〇年。

中村清「デュルケームの社会化の概念」『教育哲学研究』四〇、教育哲学会、一九七九年。

日本放送協会編『放送五十年史』日本放送出版協会、一九七七年。

初田亨『百貨店の誕生』三省堂（三省堂選書）、一九九三年。

三重野勝人「油屋熊八の実像を探る」『別府史談』一八、別府史談会、二〇〇四年。

村上信彦『大正期の職業婦人』ドメス出版、一九八三年。

柳田国男『木綿以前の事』岩波書店（岩波文庫）、一九七九年。

山﨑貴子「戦前期日本の大衆婦人雑誌にみる職業婦人イメージの変容」『教育社会学研究』八五、日本教育社会学会、二〇〇九年。

山﨑広子『声のサイエンス――あの人の声は、なぜ心を揺さぶるのか』ＮＨＫ出版（ＮＨＫ出版新書）、二〇一八年。

『日本大百科全書』小学館、一九八四－一九八九「社会化」の項参照
『朝日新聞』一九一四（大正三）年九月二〇日「男子は皆戦場へ（下）女子の代用が盛に行はれる　巴里にて　刀水逸人」。

『朝日新聞』一九一八（大正七）年四月二〇日「美濃電車の女車掌　我国初めての試み　十八日から実行　客受が頗る良い」。

『朝日新聞』一九三五（昭和一〇）年四月二四日「賑やかな観光の夕　聴き物は『名所案内競べ』観光局創立五周年を迎えて」。

『朝日新聞』一九三六（昭和一一）年一二月一一日「久しぶりの名所案内　會津から伊東へ」。

『朝日新聞』二〇一七年一一月六日「『イガーイガー』イカ売り、うるさい？　函館市対応検討」。

『読売新聞』一九二〇（大正九）年一月三日「女車掌に　女学校出が二十三名　合格車は教習後二月から従業す」。
Cooley, C. H., *Human nature and the social order*, New York: Charles Scribner・s Sons, 1902.
Durkheim, Émile, *Les règles de la méthode sciologique*, Payot, coll, 1952.（＝田辺壽利訳『社会学的方法の規準』創元社、一九四七年）
Gudrun, GRÄWE「日本文化における「声」」『立命館言語文化研究』二九（三）、立命館大学国際言語文化研究所、二〇一八年。

第6章　声のルッキズム
――ジェンダーから声の社会性を読み解く――

前章では、女性の声が「社会化」していったプロセスから、日常生活に遍在する女性声の自動アナウンスについて考えてみた。その際に、声が身体から切り離されて、一つのルッキズム的な評価対象になったことにも触れた。そこで、本章では、声のルッキズムについて詳しく考察してみたい。

人類の祖先とコミュニケーション方法

自分の声を最初に認識したのは、いつ頃だろう。「えー、こんな声?」って思った記憶がある。普段自分の声として聴いている声とはまったく違った、耳慣れない少し高い声が頭を混乱させる。でも、この声がまさしく自分自身から発せられた声であり、自分以外の全ての人たちが聴いている「私」の声なのだ。

先述のように、声は肺から出された空気が声道を通り、声帯を震わせ、舌と唇の動きによって作られる音である。人間の身体から発せられ、聴くことができる音には、空腹な時に鳴るお腹の音や腹痛の際に鳴る音、オナラやゲップなどの内蔵の動きが発する音がある。それ以外にもさまざまな内臓がリズムを刻んでおり、病院での診察で聴診器を当てられて体内の音を聴くのは、この内臓が奏でる音の調和やリズムが正しいかどうかを確認するためである。

口から吐き出された空気が声として認識されるためには、音の違いに社会的意味が加えられ、その組み合わせが言語として組み立てられる必要がある。第1章で紹介したソシュールのシニフィアンとシニフィエの関係が社会の中で作られ、言語として構成されるのだ。逆に言えば、人間がさまざまな音色の音を出せることが、言語を構成するために重要な役割を担っていることになる。では、人間はどのようなプロセスを経て、このような多くの音を出せるのだろうか。小鳥やクマでも音は出せるが、言語を構成するまでには至っていない。そこには、人間の生物としての進化が大きく関係している。第3章と一部重複するが、再度確認してみよう。

人間が声を持ち始めたのは、はるか昔のことだ。最古の人類はネアンデルタール人で、一五万〜三万五〇〇〇年前に現在のヨーロッパ近辺で生活していた。一方、われわれの直系祖先であるホモサピエンスは、約二〇万年前にアフリカを中心に生活し、六万年前頃にヨーロッパを含む世界各地へと広まっていった。残念ながら、骨は化石として見つかるだけで、どのような声を出していたのかまでは分かっていない。音は残らないからだが、現在の人類と他の霊長類との骨格の違いや、鳴き声の観察から推測する研究は行われている。

考古学者のスティーブン・ミズン（Steven J. Mithen）は、考古学的知見からネアンデルタール人と現生人類の言語、音楽の発達の違いについて研究している。ミズンの『歌うネアンデルタール』によれば、ネアンデルタール人は言語よりも音楽的なコミュニケーションを行っていたと推測している。ミズンは「Hmmmmm」という用語を用い、現代人と同じ霊長類ヒト科に分類される生物で、ヒトとチンパンジーの共通祖先である「ホミニド」のコミュニケーションについて考察している。「Hmmmmm」とは「全体的（Holistic）」「多様式的（muliti-modal）」「操作的（manipulative）」「音楽的（musical）」の頭文字をとったもので、ホミニドのコミュニケーションは言葉によるものではなく、音楽的な感情に訴える要素を多く持ったものだったと主張している。ネアンデルタール人が音楽的コミュニケーションを主に用いていたのに対して、現代人につながるホモサピエンスは言語的なコミュニケーションを用いていたと言うのだ（Mithen 2006）。

ネアンデルタール人がなぜ滅んでしまったのかに関しては諸説あり、音楽的なコミュニケーションを実際に行っていたのかを確かめる術はない。しかし、いずれにしろ、二足歩行によって得られた身体的な変化によって、われわれのコミュニケーションは多様な音の変化である声によって成立していることは間違いない。そして、その声には個性があり、男女の違いや身体的特性によって変わってくるのである。

声には、大きい声、小さな声、軽い声、重い声、高い声、低い声などを中心に、さまざまな個性がある。いちばんわれわれが認識しやすい声の個性は、高い声と低い声である。変声期に男性は声が顕著に低くなるが、変声期は女性にもある。男性のような大きな変化ではないのでほとんど差が生まれない。その代わり、この変声期を経て自分オリジナルの声が生まれるのである。逆に言えば、声の高低によって、われわれは性別を識別していることになる。変声期が訪れる時期には個人差があるので、遅く訪れた男性の場合は高い声がからかいの対称になることが多い。逆に、女性の場合は差が少ないので、年齢を重ねてからの方がコンプレックスの対称になりやすい。つまり、声の高い男性は女性的と見なされ、声の低い女性は男性的とみなされるのだ。では、なぜ声によるジェンダー観や、からかい、コンプレックスは生まれるのだろうか。

声の高低と男女差

そもそも声の高低は、先の声変わりでも少し触れたように、声帯の長さによって決まる。身長が高い人は声帯が長くなる傾向があるので低い声になることが多く、逆に身長が低い場合は高くなることが多い。ただ、声の高低は周波数特性によってある程度決めることは可能だが、一般的にはわれわれの感覚で決まっていく。社会においてはこのような目に見えない、数値では割りきれない「感覚」が優先されるので、声に対する違和感が生み出されるのだ。

では、高い声に関してはどうだろうか。日本人女性の声は、世界でもきわめて高いことが指摘されている。たとえば、言語学者の今井田亜弓は「若い日本人女性のピッチ変化に見る文化的規範の影響」のなかで、日本人とアメリカ人の男女を被験者として行ったピッチ（声の高さ）に関する実験結果から、どちらも日本人女性のピッチが高かったことを紹介している。そして、「若い日本人女性においてはジェンダー・イデオロギーの影響が声のピッチの変化となって表れるのか」についての実験を行った結果、「日本社会においてはジェンダーを強調する上で『声の高低』は大きな役割を果たして」いることを指摘している（今井田 二〇〇六：一三〜二六）。また、先出の音響心理学者山﨑広子は『声のサイエンス』の中で、日本人の若い女性の声が非常に高いことを指摘し、「女性の声の高さは『未成熟・身体が小さい・弱い』こと」を表していて、「男性や社会がそういう女性像を求めて」いる結果、女性たちが無意識に適合しようとしている結果であると指摘している（山﨑 二〇一八：七一）。

実際に、日本の女性アイドルの歌声やアニメの女性声優の声は高く感じる。この女性の高い声を「声のルッキズム」という視点でみると、男性の低い声が持つ生物的な評価軸に沿った存在に変わる。いわゆる「萌え声」や「アニメ声」のような表現は、全体に声が高く、子どもっぽさが残ったような話し方をしていることが多い。男性声の低さは生物的に見て納得がいくが、女性の声の高さには身長の低さ（声帯の短さ）から来る生物的な理由では説明がつかない。ということは、女性の声の高さは、生物的ではなく、社会的に作られていると考えられるのである。

Webサイト「ナゾロジー」に興味深い記事がある。「男女差がない子どもの声でも性別が判断できる理由」と題する記事では、前記のように変声期以前の男女には声の性差がない。しかし、五歳以下の子どもの声を聴かせた実験結果では、多くの人が話者の性別を正確に判断できたというのである（ナゾロジー 二〇二一）。この記事によると、アメリカの科学雑誌『The Journal of the Acoustical Society of America』に掲載された論文「Perception of gender in children's voices」に、カリフォルニア大学デービス校（UC Davis）の研究チームが五～一八歳までの子どもの音声サンプルを使って、声の変化や聴き手がどのように認識するかを調査した結果、多くの被験者が五歳以下の子どもの声からも話者の性別を正確に判断できた研究結果が発表されている（The Journal of the Acoustical Society of America, 2021）。実験は、声を聴かせるだけでなく、話した内容を文字起こしした原稿を読ませる方法でも行われたが、この場合でもほとんどが正確に性別を判断できたという。ここから分かることは、人は声の高低だけでなく、しゃべり方やその他の情報によっても男女の差を判断しているということである。たとえば、五歳以下の子どもが話している内容に、どのようなおもちゃが登場するのか、物語性や語り方などの情報を聴き取って（読み取って）判断の材料にしていて、ジェンダーに基づく差が五歳以下の子どもにも現れていることを示している。

いわゆる「オネエ声（女装した男性が女性声を真似て出す声）」を聴いて、われわれはその声の持ち主が女性だとは思わない。声の高さに、しゃべり方のステレオタイプをミックスしたものが「オネエ声」であり、生物学的な女性を思い浮かべることはない。しかし、「オネエ声」をジェンダー的に見た場合、服装や髪型、化粧などで女装をして「女性」を擬似的に模したとしても、声だけは容易に「女装」することができない。いくら裏声を出したとしても、それは実際の女性の（ように感じる）声とは異なっている。オネエ声を聴いたとき、われわれは違和感を覚える。その違和感には二種類あって、まず視覚的な情報を伴っている場合は、その見た目の情報と声が作る非日常性である。次に、視覚情報がなく、声だけを聴いた場合も、その声には非日常性が存在する。われわれが日常生活で聴いている声とは明らかな違いがあるからだ。

日常生活の中にも、声のトーンが変わる場面や独特な声を聴く機会は多くある。電話での受け応えやブティックなどのショップ店員、デパートや大型商業施設でのアナウンスなどが挙げられる。そして、これらは皆女性の声であり、声が高いことが特徴でもある。繰り返すが、声の高さは生物的な男女の違いと個人の体型という、身体的な特徴によって原則的に高低が決まる。もちろん、性別と声の高低が完全に一致しているわけではない。男性は、変声期を経て声帯が入っている甲状軟骨が突き出る。いわゆる、のど仏が突き出るのだ。その結果、声帯の長さや幅、厚みの変化が起こり、声が低くなる。先述のように、女性にも変声期はあるが、男性のような顕著な身体的変化はない。つまり、子どもの頃の声に大きな変化が表れずに、大人になっても続いていく。そして、声を聴いたときにわれわれは性別を無意識に判別し、声に対する美的な評価も行っているのだ。それは、なぜだろうか。

声の美的評価軸はどのように作られたのか

このように、声は個人の特徴・個性を表すが、その個性に対して「美声」と表現する声の評価軸がある。たとえば、唄（謡曲、活弁士、芝居、歌舞伎などの娯楽）や電話交換手が対象となり、レコードと音楽が産業化して以降は主に歌手となり、ラジオが登場して以降はアナウンサーなど、声を使った仕事をしている場合に用いられる。美声には男女の区別はないが、どちらかというと女性の声の評価に使われることが多く感じる。たとえば、野球場の場内アナウンスを行う女性を「ウグイス嬢」と呼ぶが、男性が同じことを行っても「ウグイス」という表現は使われない。そして、ウグイス嬢は案内役を行うことが仕事であり、テレビやラジオなどの中継でメインアナウンサーを務めることはない。女性アナウンサーが野球を含むスポーツ中継を担当することはあるが、特にプロ野球やサッカー、相撲などの中継では目にする（耳にする）機会はほぼない。

では、美声という表現は、どのような対象に向けて発せられていたのであろうか。新聞データベースで「美声」

を検索すると、一八七六（明治九）年三月二九日付『読売新聞』記事に「常磐津の太夫を夢見る職人、美声祈願の断食でさらに声が出ず」という記事がヒットする。検索できる範囲内で、最も古い記事だ。内容は、常磐津の太夫を夢見る職人「駒十郎」は大の三味線好きで、ぜひ常磐津の太夫になりたいと思っていたが、その声が「糠味噌も腐るくらい」ほど酷い声だった。そこで、成田山に祈願に出かけ、二一日間の断食修行を行ったが、ますます声が出にくくなってしまったというものだ。次に登場する記事は、一八九五（明治二八）年一月一二日付『読売新聞』記事「天性の美声の持ち主竹本越路太夫が肺病　病状重く文楽座は火の消えたよう」だ。文楽の人気太夫竹本越路《たけもとこしじ》太夫《だゆう》が肺病になり、竹本越路太夫がいない文楽座は火の消えたような寂しい状態になっているというものだ。文楽の太夫は、その声で物語を語り、人形と一体となって登場人物を語り分ける役割を担っている。したがって、その声に関する関心は高く、「美声」という表現が使われているのであろう。

一九二五（大正一四）年八月二一日付『朝日新聞』には、「J．O．A．K　ラヂオで送る坊さんの声楽　釈尊伝来のボンバイ　近日中と九月一日の二回　増上寺選ぬきの美声僧」という記事がある。「ボンバイ」は「梵唄」と書き、インド詠法による歌唱で、古代インドの五つの学問分野の一つである声明《しょうみょう》を指す。東京でラジオ放送が始まってから約五カ月後の記事には、早くも番組の種類や内容に関して、同じような内容ばかりだとか、型にはまりすぎているなどの不満がささやかれているとして、ＪＯＡＫ東京放送局では、新企画として「ボンバイ」の一部を放送で流すことにした。芝増上寺神林周道で、放送するのは増上寺法教課長千葉満定師、宗教大学講師堀井慶雅師、高輪正覚寺住職澤田徳成師の三名である。特に、澤田徳成師に関しては「殊に、澤田氏の喉は天下一品だらうと云われてゐる」と、その声に対する評価が記されている。また、記事の小見出しには「増上寺選ぬきの美聲僧が」という表現もあり、その声が普段から「美声」として認識されていたことを示している。

天皇を迎える美声

一九二九（昭和四）年五月八日付『朝日新聞』「島民が心をこめて聖上奉迎の準備　島の娘たちの美声も御耳に　大島八丈島の喜び」という記事では、昭和天皇が一九二九年五月二九日・三〇日に、大島と八丈島を行幸するにあたって、その準備の様子を取材した記事だ。大島では、天皇が三原山の登山と周辺の植物観察を行うにあたって、以下のような準備を行っている。

御途中の林の中では島の娘達のうちから美聲の者数名を選び、大島節を歌はせ若葉の奥から御聴きにいれる。また、波浮港では上級の小學女生徒二十名を選抜し、「大島節ダンス」を御覧にいれるなど情緒を添へて御旅情を御なぐさめ申上る。

大島節は、大島に伝わる茶もみ作業唄が原型と言われており、記事の天皇行幸が行われた時期から、観光客向けに娘達の踊りも加わるようになった。一九六四年に発売された都はるみの三枚目のシングル曲「アンコ椿は恋の花」で一躍有名になったが、この「アンコ」は大島節の歌い出しが「あのこ（娘）が出したら、みな（皆）つけろ」になっており、「あのこ（娘）」が「あんこ（娘）」に変わることがある。その歌い出しを曲のタイトルに使ったと考えられる。

この記事においては、「島の娘達のうちから美聲の者数名を選び」とあるように、一般の若い女性の島民から「美聲（美声）」の持ち主が選ばれている。この場合は、唄の上手さと声の美しさの両面が評価の対象となっていて、僧侶のような声質とは異なる評価軸が使われている。そして、唄の上手さと美声の関係は、この後も基本的な声の評価軸として定着していく。

ラジオ放送が始まって以降は、女性アナウンサーの声にも美声という評価軸が現れる。一九三五（昭和一〇）年三月二〇日から二二日まで『朝日新聞』で連載された「美声の婦人アナウンサー」という記事では、日付順に「支那語の音響美」「支那音の複雑性」「夜更けの空を越えて」というサブタイトルがつけられている。この記事で対象となっているのは、「支那（中国）」の南京にあったラジオ局で勤務する女性アナウンサーである。南京の放送局は、蔣介石率いる南京国民政府によって、一九三二（昭和七）年一一月一三日に「中央放送局（XGOA）」として開局した（貴志 二〇一五：二八〜二九）。この「中央放送局」の出力は七五キロワットと当時世界第三位の出力で放送を行っており、受信能力の高い高級受信機を使うと、九州の一部でも受信可能であった。記事では銀座でラジオ受信機を買ったとあるので、夜間であれば東京でも受信できたようだ。そして、受信の目的は、名も知らぬ南京放送局の女性アナウンサーの声が「美声」であることを聴きつけて、それを自ら確認するためであった。

その声に関して、知人から「木の葉が金銀の裏表を踊して落ちて来る様な快い調子の美声」と聴かされており、この文学的表現から実際の声を想像するのはなかなか難しいが、まさに記者自身も実際に聴いてみたいと考えたのであろう。件の女性アナウンサーは支那語（中国語）で放送を行っており、「彼女の支那語は実に粉飾を施さない自然の音楽で、不自然な技巧を弄する生半可なソプラノやアルトなどより遙かに魅力がある」と記している。三日にわたる連載の趣旨としては、支那語の美しさと発音の分析が中心であり、当時の日中関係を考慮すると、美しい支那語を話す美声の女性アナウンサーの声を通じて、支那への関心を持たせようという意図も感じられる。

女性以外の声では、一九三七（昭和一二）年六月九日付『読売新聞』「珍コンクール『お後へ願いまアす』〝駅のテナー〟美声比べ」という記事がある。現在でも日常的に行われている駅のホームアナウンスを行う駅員の声を競うコンクールである。

駅拡声器は現在全国で約百五十個、東越館内だけで廿個あって朝夕省電利用のサラリーマンを始め旅客には切っても切れないなつかしいものの一つ、特に某駅へは女学生から美声を讃へた綿々たる手紙が次々と舞い込むなどの好評にすっかり気を良くした鉄道省では今度乗降客の多数な駅にどしどしこの拡声器増設する方針で予算も計上されたので積極的にアナウンサーの声の教育に乗り出すことになり（以下略）

記事が書かれた当時、駅のアナウンスは男性駅員の仕事であり、女子学生からのラブレターが多く届いた理由も理解できる。この頃には、一般人の間でも「声の美しさ」に関心が拡がっていたようで、一九三八（昭和一三）年一二月二日付『読売新聞』「〝まァ美しい声〟と言われたいですね　幼い時からこの注意　健康、音楽」という記事がある。記事の内容は美しい声を作るための食事法や生活上の注意点をまとめたものだが、記事のリード文には「誰しもさうでしょうが、特に御婦人は美しい声になりたいとお思いでせう」という記述がある。それまでは、女性の美と声は電話交換手などの職業と結びついていたが、この記事は明確に女性の美を計る基準の一つとして声が組み込まれている。

戦後に強化された声のルッキズム

やがて戦争が終わり、新しい社会が登場したが、女性の声に関する評価はそのまま堅持され、むしろ強化されていくことになった。その理由は、これまでに述べてきたように、社会の中で女性の声が多く使われるようになったことと、民間ラジオ放送も始まったことが大きい。それ以外にも、戦後の復興に伴う電話需要の高まりから電話交換手の数は増え続け、くわえて電話交換手の仕事そのものが国家資格として認定されたことも大きい。その結果、女性が憧れる仕事の上位に電話交換手は位置づけられ、女性の美的な評価軸としての声とも重なりながら社会に定着していった。さらに、経済成長の結果として余暇時間を旅行や観光に使うことが可能となり、付随して観光バスの需要が増え、結果的にバスガイドの数も増えた。そのため、多くの人が電話交換手とバスガイドを担う女性の声に触れることになったのだ。

一九五三（昭和二八）年一一月二一日付『読売新聞』「ウグイス女性日本一　交換手とバスガールの対面」という記事では、全国電話交換競技コンクールで優勝した金沢電話局の交換手と、バスガールコンクールで一等となった国際興業のバスガール（バスガイド）との対談の様子が記されている。この対面は日本電信電話公社の企画で行われ、「いずれも美声の持ち主だけあって気が合うのか、初対面の両嬢はたちまち旧友のよう」という表現がなされている。当時の女性の職業として、声を使う電話交換手とバスガイドが社会的に高い位置にあり、新聞で取り上げられるほどに関心が高かったことを裏付けている。それを反映してか、ラジオ放送開始直後に美しい声の作り方が記事になっていたように、一九五四（昭和二九）年四月二三日付『読売新聞』には「美しい声の出し方　親の声が子にうつる　力むのはサル時代の慣習」という記事がある。子どもの声は親の声に似るという主張のもと、声を矯正する方法を指南している。今で言うボイストレーニングであるが、「放送局へいって、アナウンサーの部屋に入ると、その部屋の声はほかの部屋と比べて、格段に美しいことに気づくでしょう」と、女性アナウンサーとは書かれていないが、ラジオ放送におけるアナウンサーの声が社会における声の評価基準となっていることが分かる。

声のコンプレックス

では、美声の評価軸から外れた「悪声」とはどのような声なのか。辞書的には、悪声は第一義として「悪い評判（名声の反対語）」という意味が書かれている。第二義として、「いやな声、悪い声（美声の反対語）」が登場する。「悪声」を新聞記事で検索し、第二義である声の悪さに該当する記事としては、一八九六（明治二九）年三月二六日付『読売新聞』に「内外通信主幹坪谷善四郎『文壇の三好屋』のいわれ」という記事が見つかった。内外通信の主幹などの要職を務めている坪谷善四郎は、「常に音声の塩辛声にして清澄の響きなく電話にも通ぜず演説にも不向きなると憂ひ」と、いわゆるガラガラとしたしわがれた声の持ち主であったようだ。さる演説においてもその声の聴きづらさに本人も聴衆も困惑していたが、一人の芸妓が「イヨー三好屋アー」とかけ声をかけたことで演説もうまく終えられたという話である。

いわゆる悪声は、この記事にもあるようにしわがれた声や、かすれた声を指すことが多い。政治家など、演説や講演で聴衆に向かって語りかける場面が多い人の場合は、その声が聴き取りやすいかが声の美しさを決める基準になりそうだ。戦後になると、先述のような声の美しさと女性の職業を結びつける記事が登場するが、それと同時に女性の美しさと声の美しさが結びついた記事も現れるようにある。たとえば、一九五九（昭和三四）年三月五日付『読売新聞』「［女性のこえ］美しい会話を」では、以下のような書き出しで始まる。

おしゃれにはひじょうに気をつけているご婦人でも、日常の会話につかう自分の声にまで気をつけている人はめったにないものです。それを裏書きするかのように、書店にならんでいる婦人雑誌を手にとってみても、おしゃれについては毎月欠かさずでているのに、会話についてはほとんどみあたりません。

これは三二歳の女性からの読者投稿だが、一般の女性でも声や声を使った会話に対する関心が高いことを示している。その他にも、一九六四年六月一九日付『読売新聞』「大久保忠利さんに聞く　じょうずな話し方　声をあげて練習」、一九六八（昭和四三）年付『読売新聞』「美しい声　先天的ではあるけれど…　誠実な話し方こそ大切」などの記事が見つかる。その内容は他の同種記事とさほど差はないが、これらの記事が掲載されている紙面が「婦人」向けであるところに注目したい。つまり、男女にかかわらず声の美しさに関心があるわけではなく、特に女性の問題として扱われているのだ。

後述するように、「ルッキズム」は外見によって価値評価される状態や考え方を指すが、これらの記事からは特に女性において美しい声を持つことが、女性の価値を決める基準として生み出されていることが分かる。つまり、「声のルッキズム」が存在するのである。そして、それを裏付けるものとして、声の美しさを持たないことによる、声に対するコンプレックスがある。ルッキズムが蔓延すると、外見の美しさを競う、あるいは整える指向が増える。同時に、自身の外見に対するコンプレックスも増大する。声に関しても同様で、自身の声に対するコンプレックスから、自己肯定感が低くなり、会話やコミュニケーションにも支障が出るようになってくる。

二〇二一年一〇月二日付け東洋経済ＯＮＬＩＮＥ記事「自分の声が嫌いな人は『自己肯定感も低め』な理由」（村松由美子）では、本来の自分の声を取り戻し、自己肯定感を高めることを推奨している。記事中では、内閣府が二〇一八年度に行った「我が国と諸外国の若者の意識に関する調査」内容が紹介されていて、日本人の自己肯定感（自分に満足している）のスコアが、調査対象国のなかで最も低く、その原因として声や話し方に課題があるのではないかと指摘している（村松 二〇二一、および内閣府）。

また、二〇二二年四月七日付けＮＨＫ Ｗｅｂサイト「民法改正・少年法改正　18歳何が変わる?」には、「「ルッキズム」って?　〝見た目〟で悩む人に、今知ってほしいこと」という特集記事が掲載されている、中高生の悩みは、「成績」「進路」そして「身体」であり、特に身体に対する悩みは「ルッキズム」が原因であるとしている。記事には声に関する悩みは出てこないが、ネット上を調べると声に関する悩みやコンプレックスに関する相談や改善方法に関する情報が数多く見つかる。たとえば、ニフティが開設している子ども向けのオンライン相談ページ

「キッズなんでも相談」に、一二歳のおそらく女子から二〇二三年五月三日に投稿された「声がコンプレックス」という相談では、自身の声が高く「アニメ声」のようで、授業中の発言もなかなかできない。最終的に、「自分の声を好きになるにはどうしたらいいか」と問いかけている（「キッズなんでも相談」二〇二三年五月三日）。これなどは、声のルッキズムが小学生にまで浸透している証左ではないだろうか。

そもそも、ルッキズムという言葉が日本で登場したのは、新聞記事で見る限り一九九一年七月二日付『読売新聞』「[海外の文化] アメリカで斜に構える商品名、新語」の中に、アメリカにおける新語の一つとして紹介されているのが最初だ。その後、二〇一四年一〇月一日付『毎日新聞』「勝間和代のクロストーク：feat．瀧波ユカリ/142『ルッキズムの罠』克服を」記事の中で、ルッキズムの問題が詳しく書かれている。ルッキズムという言葉自体は一九九〇年代のアメリカで使われ始めたが、日本社会での外見に対するコンプレックスや女性に対する美的な評価軸を表す言葉として定着したのは、今から一〇年ほど前になる。

先出の山﨑広子の調査では、日本人の約八割が自分の声が嫌いという結果が紹介されている（山﨑 二〇一四：一一六〜一二〇）。日本人は自分の声に自信がないことから、自己肯定感を持ちにくい。なぜなら、声は他者に対して自分自身を表す重要な情報だからである。その情報に自信が持てないということは、自分そのものに自信が持てないこととイコールになる。その根源にあるのが、社会に拡がる声のルッキズムなのだ。

女性アナウンサーと声のルッキズム

ハフィントンポスト日本語版が二〇一九年三月六日にアップした記事「スポーツ実況、できるの男性だけじゃない。過去に6割のテレビ局が女性アナを起用　128社に聞いてみた（調査）」（濱田理央）によると、全一二八の地上波テレビ局へのアンケート結果では、過去に女性アナウンサーを起用したことのある社が三六社（六一％）、なしが一九社（三二％）、不明が四社（六％）であった。ジェンダー平等が社会的に浸透するなか、女性アナウンサーがスポーツ中継に登用されるのは、ある意味自然なのかもしれない。ちなみに、女性アナウンサーが起用されたスポーツ中継の種類は、登用が多い順に、駅伝、高校野球、マラソン、バレーボールという結果であった。

では、起用したことのないテレビ局の理由はなんであろうか。記事によると、「これまでに希望する女性アナウンサーがいない、少ない」(毎日放送、北陸・甲信越や中国・四国のテレビ局)、「スポーツ実況の業務が少なく、男女問わず特別なスキルを必要とする実況アナを育成するに至らない」(北海道・東北)、「実況に向き不向きの声は男性にもあるが、(女性は)この競技にはマッチしないというのはあるかもしれない」(九州・沖縄)などの回答が得られている。また、女性アナウンサーの声に関しては、「スポーツ実況では状況に応じて声の強弱や高低の変化で表現することで、ダイナミズムを伝えられる部分がある。その点で男性と比べ女性の方が声域の幅が狭く、不利であることは否めない」(関東のテレビ局)、「高音域のみの声質になると、いわゆる耳が痛くなるという状況に陥るため、(女性が)二、三時間の実況となると厳しいと言われる理由かと思われる」(中国・四国)、北海道・東北地方のテレビ局は、女性アナが高校野球実況をした際に「視聴者から『聞きにくい』『男性アナに変えてほしい』との意見が多数寄せられた」との回答が紹介されている。つまり、女性の声の高さが不利に働いているのである(濱田 二〇一九)。

このように、女性アナウンサーという職業においては、本来声の質がアナウンスという作業に適合するかどうかが問われるはずだが、作業の対象によっては適合しない場合もある。それを判断しているのは局側ではなく、むしろ視聴者側なのかもしれない。また、女性アナウンサーの場合、往々にして容姿という評価をされることが多い。もちろん、それが全てではないが、女性アナウンサーをルッキズム的に評価する論調は社会に蔓延している。

では、女性アナウンサーを声の面で考えてみるとどうだろうか。女性アナウンサーの比較的高いと評価される声だけを聴いてみると、どんな印象を受けるだろうか。聴いている側は、それまでは得られなかった耳からの音声情報として、心地よい声を認識する経験を持つことが多い。アナウンス訓練を受けた女性の声は、透明感のある聴きやすい感じで、遠くまでよく通る印象を持つ。おそらく、このような女性の声は、「美声」という表現で表されるのであろう。女性の場合に用いられる美声には、容姿の美に近いジェンダー規範に基づく価値が含まれる。そのため、声の美しさと容姿の美しさは等価となり、両者が揃って美しいことが求められる。

一方、男性の場合も美声という言葉を使うが、女性とは評価軸も評価の目的も異なる。男性の美声は主に演説や歌、芝居など、聴衆の関心を引きつける力強さが基準となる。その場合は必ずしも容姿が整っている必要はなく、声の美しさと容姿は異なるジェンダー規範によって評価されるので、二つは等価ではなくなるのだ。もちろん、容姿と声の両方が整っていた方が、より評価が高いことは言うまでもない。しかし、男性の場合は、声だけでも十分に魅力として評価されるのだ。

このように、容姿の美しさを評価の価値基準とする考え方が「ルッキズム」である。西倉実季によれば、ルッキズムとは「外見にもとづく差別」であり、日本では二〇〇〇年六月に投降された一つの意見によって注目されるようになった。モデルの水原希子は「世界で最も美しい顔一〇〇人（The 100Most Beautiful Faces）」にノミネートされたことを受けて、企画を批判する投降を自身のInstagramに投稿した。

「自分が知らない間にルッキズム／外見主義（容姿によって人を判断する事）の助長に加わってしまっているかもしれないと思うと困る」、「見た目で人を判断するのは絶対違うと思うし、そもそも一番美しい人なんて選ぶ事は不可能」、「このランキングによって偏った美の概念やステレオタイプな考えを広めて欲しくない」。

（西倉　二〇二一：一四七）

外見に基づく偏った美意識による評価に対する、強い拒否反応であった。美人コンテスト（世界や各国）、ミスコン（大学や地域）など、外見の美しさという主観的で曖昧な基準を、客観的（という演出）で絶対的な基準としてランクを決めること自体は、現在でも行われているし、古くから行われていた。そもそも「美人」という言葉は、男性からの視線というだけでなく、世間一般からの評価という意味も帯びている。褒め言葉でもあり、お世辞でもある。実際に美人かどうかは見る人によって変わるが、その言葉で語られる意味は「賢い」「優しい」「頼りになる」「出世頭」などと、ほぼ変わらないであろう。

では、なぜ「ルッキズム」だけが大きく取り上げられ、ジェンダーやフェミニズムと結びついた議論として語られるのか。西倉は、「『人を外見で判断すること』ではなく、ミスコンで評価される外見が性差別や年齢差別、障害差別と分かちがたく結びついていること」にあると指摘している（西倉 二〇二二：一四七〜一五四）。つまり、美に値するものと値しないものの違いは、美を持つ（と見なされる）人と持たない（と見なされる）人との間に大きな線引きを行い、持つ人にはさまざまな優遇があり、持たない人には大きな逆境が待ち受けている。持つものと持たざるものとの差が主観的、性的、日常的に作り出されるとことによって生み出される差別となることが問題なのである。

では、声はどうだろう。先述のように、声にも「美しさ」という修飾語がつきまとう。声にもルッキズムと呼べるような、外見的（声の場合には聴こえてくる音の響きやイメージ、話し方、高低とジェンダー、障害など）があるのではないだろうか。本書では、声のルッキズムを「声の外見が生み出す社会的な評価や差別を受ける状態」としよう。たとえば、喉や声帯の病気によって声がかすれる場合や、外科的な手術によって声帯の一部が除去されて声が出しにくい状態。あるいは、男性だが高い声や女性だが低い声であること、女性なのに高すぎる声で受ける、差別的な評価。吃音のような、言葉がうまく出せない状態による嘲笑や差別などがある。先述のように、筆者も幼年時に吃音を発症し、数年間他者と話すことがとても恐怖であったし、多くの嘲りを受けた。声の障害は見えないために、声が出せて当たり前の社会のなかでは大きなハンディを背負っている。

アメリカの吃音者グループサイト「STAMMA」では、二〇二一年七月六日にアイフォンに「STAMMA（吃音の意）」と入力すると、顔をくしゃくしゃにした「Woozy Face（酔っ払った顔）」の絵文字にリンクされていることを発見し、アップル社に抗議した(1)。この問題はアップル側によって修正されたが、声のルッキズムにつながる象徴的な出来事である。つまり、言葉がうまく話せない状態は正常ではなく、酔っ払ったような異常な状態であると認識されているのだ。

二〇一六年八月一七日付『毎日新聞』記事によれば、毎日新聞とNPO法人「全国言友会連絡協議会」の調査で、吃音によって差別を受けた経験のある人は全体の六割に上ったことが記されている。また、同協議会のWebページによれば、「吃音は概ね人口の五％（二〇人に一人）に発症し、そのうち約二割が就学後も症状が持続するとされています。そのため、吃音の有症率は一％（一〇〇人に一人）と推計されています」と吃音者の多さが紹介されている。われわれは、日常生活のさまざまな場面で声と接する。それらの声に吃音はないし、声を仕事とする人には吃音者はいない。アナウンサーは声の美しさと正しく話せることが評価され、大学のミスコン出身者であることも話題になることから、二重のルッキズムが深く関わっていると言えるだろう。そもそも、筆者もそうだったが、吃音者は差別を恐れて声を発しない。誰かに相談しようにも、そもそも相談する声自体がうまく出せない。つまり、周囲に吃音者がいないのではなく、無言の吃音者をわれわれは見つけることができないのだ。

声と自己肯定感

吃音以外にも、先述のように日本人は声に関する自己肯定感が低い。山崎の著書には、二〇一三年に「声総研」が実施した全国の二〇代から五〇代の働く男女を対象に行った「声に関する意識調査」が紹介されている。それによれば、全体では、「自分はモテ声である」は二八・四％、「自信がある」は一〇・八％、「自信がない」は一八・七％、「ふけ声である」は五二・一％であり、自分の声に肯定的な回答は二九・二％。否定的な回答は七〇・八％であった。また男女別では、女性は「自分の声がモテ声である」は三〇・六％、「自信がある」は〇・二％、「自信がない」は一五・〇％、「自信がなく、ふけ声である」は五四・一％。男性は、「自分の声はモテ声である」は二六・二％、「自身がある」は一・五％、「自信がない」は二二・三％、「ふけ声である」は五〇・〇％という結果になっている（山崎 二〇一八：一五〇〜一五二）。約一〇年前の調査であるが、現在でも大きくは変わっていないと思われる。

筆者のゼミ生にはラジオ番組制作を行わせているので、嫌でも自分の声をヘッドホンから聴くことになる。最初に収録する際に自分の声を聴いてどう感じるかを尋ねるのだが、好きと答える学生はほぼおらず、嫌いと答える学生がほとんどだ。これは、まず自分の声を自分の耳から聴く機会が少ないことと、声のルッキズムが関係しているのではないかと推測している。たとえば、女子学生なら高くてかわいらしい声、男子学生ならば低くて響く声であれば、声に関する自己肯定感は変わっているかもしれない。では、人気声優のような声であればどうだろうか。声優には女性が多いので、アニメ声優のような声の女子は、声に関する自己肯定感が高いだろうか。

アニメ声優のような声は、一般的に「アニメ声」と呼ばれる。卒業生にもアニメ声の持ち主がいたし、別の授業でもアニメ声の持ち主がいた。そして、彼女たちは異口同音に自分の声がコンプレックスだったし、声がいじめの原因になったと語っていたのだ。もちろんアニメ声の持ち主が、全員自分の声に否定的とは限らない。肯定的であるから声優志望者が多いとも言える。アニメ声の明確な定義はないが、声優養成を行っている総合学園ヒューマンアカデミーのＷｅｂページによれば、「アニメ声とは、アニメのキャラクターのような可愛らしくて幼い声を指し、舌足らずで甲高く、鼻にかかったような甘い声のことを言います。本物の子供の声に似てはいますが、明らかに異質で独特なものであり、インパクトは強烈です」とある。(2) 変声期を経た女性がアニメ声で話すと違和感があるのは、見た目の年齢と声の子どもっぽいイメージとのギャップにあるのだろう。アニメ声は、無意識に社会のまなざしに適合させようという場合もあるが、地声が高い場合もある。

アニメ声がコンプレックスという相談は、ネット上にも散見される。アニメ声は、まさに「声優がアニメのキャラクターを演じる際の声」なのだが、女性声優が多いこともあり、またアニメ自体が主に子ども向けに作られてきたこともあって、高くて細い声をアニメに登場する声としてわれわれは認識してしまう。逆から言えば、アニメ声コンプレックスは、アニメがテレビで多く放送されるようになって以降の現象なのである。だからこそ、見た目の幼さをアニメのようなコスプレで表現し、アニメ声とマッチさせているのではないだろうか。

先出のヒューマンアカデミーは、アニメ声の説明をこう続けている。「そのため地声がアニメ声ならば、それは大きな武器となります。アニメの世界に存在する女の子のキャラクターは、ほとんどがアニメ声です。それはアニメを見る年齢層に合わせて、登場人物も幼くするため、自然と子供っぽい声の声優が集められるという理由もあります」。つまり、声優を目指す人にとっては、地声がアニメ声の場合はきわめて有利だということになる。その一方で、地声はアニメ声だが、特に声優を目指していない場合は、それはたんなる高くて幼い声でしかないのだ。くわえて、その声は実社会において違和感をもって受け取られ、排除されていく。その原因として、声のルッキズムが作用していると考えられる。

子どもの「貧困の経験」

大澤真平 著

●構造の中でのエージェンシーとライフチャンスの不平等

3960円

子どもは貧困による不利と困難をどのように認識し、主体的に対処していくのか。量的調査と8年の継続的インタビュー調査に基づいて、子どもの視点から「貧困の経験」を理解するとともに、貧困の継続性と世代的再生産を捉え、支援・政策のあり方を考える。

ひとり親家庭はなぜ困窮するのか

●戦後福祉法制から権利保障実現を考える

金川めぐみ 著

5280円

国会議事録にみる国家の家族観と「福祉の権利化」の2つの視点から変遷過程を考察し、政治哲学の人間像とケアの倫理を基に「公的ドゥーリア」の概念を提示、法政策のあり方を示唆する。

デンマーク発 高齢者ケアへの挑戦

汲田千賀子 編著

●ケアの高度化と人財養成

2530円

いま日本の高齢者介護の現場では人材不足が大きな問題となっており、それは介護の質的水準の低下に直結する。限られた人材で対応するには、ケアの高度化が必須となる。本書は一足早くケアの高度化を実現したデンマークの現場を知る著者が、その実際を詳解する。

たとえば、現在の身体的な美の基準は、時代が明治になって西洋的な美の基準が入ってきて以降である。しかし、声に関しては雑誌やグラビア、映画のような西洋的な容姿を日本全体で共有する場面はなかった。無声映画の頃は活弁士が台詞を語っていたし、字幕の場合も文字を追うのに必死で、女優の声に耳を澄ます余裕などなかった。テレビが家庭に入ってきて以降、コンテンツ不足からアメリカのドラマや映画が多く輸入されていたが、声は日本人声優（俳優）によって吹き替えられ、オリジナルの声を聴くチャンスはなかった。その後、一九七四年にテレビアニメとして放映された『宇宙戦艦ヤマト』が人気となり、一九七七年に劇場公開された映画版が大ヒットとなったことで、キャラクターの声を演じる声優に注目が集まった。それ以降、日本では数々のアニメ作品が制作され、声優たちはアニメを飛び出した現実世界にも活躍の場を広げている。今や声優は職業としても憧れは大きく、多くの若者が声優を目指しているにもかかわらず、なぜアニメ声がコンプレックスやいじめの原因になるのだろうか。

先述のように、テレビが家庭に入ってきた当初は、アメリカのドラマや映画が多く輸入されていて、声は日本人声優（俳優）によって吹き替えられていた。その際に、西洋人の身体と日本人の声が融合し、声の主があたかも西洋人であるかのような錯覚を生み出した。初期の頃は、特定の俳優と声優の組み合わせは決まっておらず、同じ外見なのに番組によって声だけが異なるという現象がしばしば起きていた。だが、そこには大きな違和感が生じた。実社会においては、外見と声は基本的に一致しているにもかかわらず、テレビの世界ではその原則が崩れていたからだ。そのため、たとえばクリント・イーストウッドには山田康雄（故人）の声が必ず使われるようになり、その他の俳優に対しても特定の声優が使われるようになっていった。つまり、外国人俳優の身体と日本人声優の声が融合したのである。このことは、身体的な美の基準と声の関係性を生み出した一因と考えられる。

では、声のルッキズムの基準とは何だろうか。先述の吃音の場合は、声がスムーズに出せない、同じ音が続くなどの特徴が挙げられる。しかし、アニメ声の場合は、たんに声の高さと幼さという主観しかないのだ。この声のルッキズムにおける基準を的確に表す言葉は、「美声」であろう。江戸時代に貝原益軒が書いた女子教訓書『女大学』では、女性は物静かで、あまり多く話さないことが美徳とされていた。歌を歌うのは遊女の役目であり、高貴な、あるいは一般の女性の声は小さいことが理想的であった。そして、言葉数の少ないことが、女性としての価値を高めていたのだ。つまり、江戸時代までの日本社会では、女性に対する美的評価と声は一致していたのである。

録音技術が登場する以前の声は、実際に聴くことができない。したがって、どのような声を出していたのかや声の高さなどの特徴は、文字として表現されているものから推測するか、伝統芸能に登場する女性の声色から想像するしかない。女性の声の高さに関しては、たとえば歌舞伎や文楽など、実際の女性の代わりに男性が演じる際の声が参考になる。どちらも、女性を表す高い声は裏声を使わざるを得ないこともあって、裏声を使ったかなりの高音で演じている。これは、男性役との差異を強調する意味もあるだろうが、むしろ演目の時代設定とその時代における女性の声の特徴を示しているのではないか。ただし、能楽だけは声に男女の区別がなく、ただ声だけが存在する。つまり、女性の声は近世以前においても高かったと想像できる。

さて、声のルッキズムの基準は、このように近代的なメディアであった電話交換手や大正デモクラシーの中で登場した女性職業としてのバスや市電の車掌、商売の呼び声などから出発したと考えられる。しかし、その声はきわめて局所的で、限定された場所と人に限られていた。それが、ラジオが登場したことによって、日本全国にいる数百万人という人々に、同じ声を伝えることができるようになった。そして、そのことによって、規格化された声の評価基準が出来上がってゆくのである。

女性の声はなぜ高いのか

日本で最初にラジオ放送が始まった一九二五（大正一四）年から、アナウンサーには女性が採用されていた。たとえば東京放送局では、一九二五年六月に初代女性アナウンサー翠川秋子と荻野千代が採用されたが、「やや語気は強いが、澄み切った、濁りのない、豊かな声の持ち主」（日本女性放送者懇談会　一九九四：八二）であった。大阪放送局では巽京子、名古屋放送局では岡村照子、大村郁子、柏谷晴子、加藤綾子、中西千代子が採用されている。このように草創期のラジオ局では女性アナウンサーが採用されていたが、そのほとんどが短期間で退職している。電波という最新技術を基礎とした職場は男性の領域であり、たとえ声だけの職種であっても多数の男性のなかで女性が仕事を続けるのは困難であったことがうかがえる。

一九二六年に財団法人日本放送協会が誕生し、一九三二年に東京中央放送局がアナウンサーを公募した。九名の採用者の中には、女性アナウンサーとして松澤知恵が含まれていた。その声は多くのラジオリスナーから評価され、作家の室生犀星は「つくり声でない、本当の声、春のウグイスを聞くようだ」と褒めたという（日本女性放送者懇談会一九九四：八七）。先述のように、女性の声に対するウグイスという表現は、きわめて美しく高い水準であることと同義である。それは、女性を容姿ではなく声の美しさから評価するという新しい価値基準が登場したということでもある。

一九四五年の敗戦によって日本の放送制度は大きく変わり、占領軍であるＧＨＱによって新しい放送基準が作られた。女性アナウンサーの活躍の場も広がり、一九五一年九月一日に開局した日本初の民間商業放送局である中部日本放送（名古屋）と新日本放送（大阪。現毎日放送）では、開局直後の番組や第一声のコールサインを女性アナウンサーが担当した。以後、各地に開局した民間放送局では女性アナウンサーが活躍し、たくさんの声が人々の耳に届くことになった。また、一九六〇年代から七〇年代にかけての深夜放送ブームでは女性アナウンサーはパーソナリティとしても活躍し、特に文化放送の落合恵子アナウンサーは「レモンちゃん」の愛称で多くのファンを獲得した。

姿の見えない女性の声に魅了されて、多くのラジオファンたちは想像力を膨らませた。現在のように、アナウンサーが他のメディアに露出することは少なく、どちらかと言えば声だけの神秘のベールに包まれた存在であった。テレビアナウンサーの場合は最初から姿が見えているので、容姿を基準としたルッキズムが存在したが、ラジオの場合はあくまでも声が出発点であった。やがて、声を使う仕事はラジオから映画やアニメの吹き替えへと拡がり、声に関する評価基準も変わってきた。声優のような高くて幼い声が評価の中心となり、「アニメ声」や「萌え声」と呼ばれる声が多くのファンを獲得した。たとえば、メイド喫茶やコンセプトカフェなどで働く女子の多くは、このアニメ声や萌え声で会話をする。ネットで検索すれば、これらの声を出す方法が数多くヒットし、男性がアニメ声や萌え声を出す方法もある。声にはもともと持っている「地声」と意識的に作る「裏声」や「作り声」がある。

アニメ声や萌え声の場合はこの作り声にあたり、身体を使って声を作る場合とコンピュータソフトを使って機械的に作る場合もある。ボーカロイドと呼ばれる作曲ソフトやVチューバーのような仮想的な世界で使われる声は、アニメ声や萌え声を前提とした高くて幼いイメージの作り声が中心なのである。では、なぜ日本人はこのような高くて幼いイメージの声を求めるのだろうか。そこには、地声に関する社会的な評価基準が存在しているのである。

大原由美子「社会言語学の観点から見た日本人の声の高低」によれば、基本周波数が高く（ピッチが高く）なった場合に受ける印象として、被験者の男女ともに「男性、女性被験者ともに、基本周波数が高くなるほど『かわいらしさ』『柔らかさ』『やさしさ』『親切さ』『おとなしさ』『上品さ』『丁寧さ』『きれいさ』についての印象が強くなり、また反対に『頑固』『わがまま』『強さ』のイメージが弱くなる」という結果を得た。また、異言語間でのピッチの差、特に女性の日本語話者のピッチが他言語のピッチよりも高い結果になった要因として、大原は「身体的構造や言語の構造に起因するのではなく、むしろ声の質や、声から受けるイメージに社会的要素が深く関わっている」と指摘している（大原 一九九七：四二〜五八）。また、別の研究者による同様の比較研究においても女性の日本語話者のピッチは高く、それは社会が女性に望むイメージが「ジェンダー・イデオロギー」として女性たちの声のピッチを高くしていると分析している。

かかってきた固定電話に応答する女性の声が高いのは、電話というメディアが外（社会）と内（家庭）を結ぶメディアとして存在しており、外（社会）は「よそ行き」の場として意識されているので、社会のジェンダー・イメージ（イデオロギー）に則した声のピッチとなる。内（家庭）の場合は、ジェンダー的役割（たとえば、家父長制度、家事や育児等）は存在するが、外（社会）のような他者からのまなざしは存在しない。つまり、固定電話の応答は、電話の向こう側から「かかってくる」、あるいは向こう側へ「かける」行為が、外（社会）と擬似的につながり、外（社会）における女性へのジェンダー的まなざしが、無意識に声の高さとして表れていると考えられる。外（社会）という、「よそへ行く」状態の声なのである。これは、おそらく固定電話を使っている時に現れる、作られた「よそ行き」の声であって、携帯電話の場合は家族や親しい関係者以外と通話をするときにだけ現れる声であろう。

また、男性には現れない「よそ行き」の声であり、あるいは男性の場合の「よそ行き」の声はより低くするという逆転現象が現れるはずである。

声が高いという日本人女性の特徴は、「小柄で若く、未熟で庇護を求める」存在であることを表している。言い方を変えれば、日本人女性は地声で話しているのではなく、社会が女性に対して求めている「若く未熟で誰かの庇護なしでは生きていけない従順な存在」というジェンダー・イメージを生育の段階で感じ取り、それに合わせた声を作り出していることを意味している。つまり、社会におけるジェンダー・バイアスが、声の高さやイメージという声のルッキズムにも大きく関わっているのである。

声のルッキズムは、発話者のジェンダー、年齢、外見などの要素と声のマッチングが基礎となっており、一致度が高いほど高い評価を受ける。特に女性の場合の「きれいな声」は、アナウンサーを基準とした滑舌の良さや発音の明瞭さなどの技術的な評価基準が加わることで、ルッキズム的な評価が下される。逆に、声と発話者のジェンダー、年齢、外見などの不一致や二次元世界と三次元世界、アニメキャラクターが話しているような声という違和感、自分では出すことができない幼く、保護欲求を刺激するような声に対する嫉妬という不一致から排除を生み出す。ルッキズム的に高評価の、高くて幼いアニメ声や萌え声は作り出すことができるが、逆に地声がアニメ声的な場合は低くすることが難しい。冒頭で紹介した女子学生のような場合は、声のルッキズム的には社会的な評価基準をクリアしているが、必ずしも全体的な評価と一致しているわけではなく、むしろ声だけ高評価の場合はコンプレックスを生み出すだけでなく、いじめのような排除の対象にもなってしまうのである。

このように、ルッキズムという観点から声を考察してみると、そこには声のメディアの社会的浸透とともに、ジェンダー・イメージと重なり合いながら評価基準が生み出されてゆくことが分かる。声はたんなる身体から発せられる音声コミュニケーションの道具というだけでなく、社会における評価という価値基準も生み出しているのである。

注

（1）「iPhoneで〝吃音〟と入力すると酔っ払った顔の絵文字が出現〜ユーザーから抗議の声」iPhone Mania（https://iphone-mania.jp/news-380974/）（二〇二三年一一月三一日最終閲覧）一部のニュース系サイトからは、当該記事は削除されている。

（2）総合学園ヒューマンアカデミー（https://ha.athuman.com/pa/column/「アニメ声の人の特徴や発声方法とは?」）

参考文献

今井田亜弓「若い日本人女性のピッチ変化に見る文化的規範の影響」『言語文化論集』二七（二）、名古屋大学大学院国際言語文化研究科、二〇〇六年。

NHKWebサイト「民法改正・少年法改正　18歳何が変わる?」「「ルッキズム」って?〝見た目〟で悩む人に、今知ってほしいこと」（二〇二二年四月七日）（https://www3.nhk.or.jp/news/special/adult-age-reduction/featured-articles/detail/detail_14.html）。

大原由美子「社会言語学の観点から見た日本人の声の高低」井出祥子編『女性語の世界』明治書院、一九九七年。

貝原益軒『女大学』保曽谷、一八二六年。

貴志俊彦「ラジオ・メディア空間をめぐる日中電波戦争」貴志俊彦・川島真・孫安石編『増補改訂　戦争・ラジオ・記憶』勉誠出版、二〇一五年。

栗田宣義「ルックス至上主義社会における生きづらさ――ハイティーン女子の「リア充」の行方と「変身願望」の出自」『社会学評論』六六（四）、日本社会学会、二〇一五年。

小林盾・谷本奈穂「容姿と社会的不平等――キャリア形成、家族形成、心理にどう影響するのか」『成蹊大学文学部紀要』五一、成蹊大学文学部学会、二〇一六年。

内閣府「日本の若者意識の現状〜国際比較からみえてくるもの〜」（https://www8.cao.go.jp/youth/whitepaper/r01gaiyou/s0_1.html）。

ナゾロジー「男女差がない子どもの声でも性別が判断できる理由」（二〇二一年一一月二八日）（https://nazology.net/archives/100544）。

西倉実季「「ルッキズム」概念の検討――外見にもとづく差別」『和歌山大学教育学部紀要　人文科学』七一、二〇二一年。

ニフティキッズ「キッズなんでも相談」(二〇二二年五月三日)(https://kids.nifty.com/cs/kuchikomi/kids_soudan/list/aid_220527184616/1.htm)。

日本女性放送者懇談会編『放送ウーマンの70年』講談社、一九九四年。

濱田理央「スポーツ実況、できるの男性だけじゃない。過去に6割のテレビ局が女性アナを起用　128社に聞いてみた(調査)」(ハフィントンポスト日本語版、二〇一九年三月六日)(https://www.huffingtonpost.jp/entry/sports-commentator_jp_5c7b5162e4b0e1f77652 4b76)。

村松由美子「自分の声が嫌いな人は「自己肯定感も低め」な理由「本来の声」を出すためのエクササイズも紹介」(東洋経済ONLINE、二〇二二年一〇月二日)(https://toyokeizai.net/articles/-/459181?display=b)。

山﨑広子『声のサイエンス――あの人の声は、なぜ心を揺さぶるのか』NHK出版(NHK出版新書)、二〇一八年。

『朝日新聞』一九二五(大正一四)年八月二一日「J．O．A．K　ラヂオで送る坊さんの声楽　釈尊伝来のボンバイ　近日中と九月一日の二回　増上寺選ぬきの美声僧」。

『朝日新聞』一九二九(昭和四)年五月八日「島民が心をこめて聖上奉迎の準備　島の娘たちの美声も御耳に　大島八丈島の喜び」。

『朝日新聞』一九三五(昭和一〇)年三月二〇～二二日「美声の婦人アナウンサー」。

『毎日新聞』二〇一四年一〇月一日「勝間和代のクロストーク：feat．瀧波ユカリ/142『ルッキズムの罠』克服を」。

『毎日新聞』二〇一六年八月一七日「『差別受けた』六割　『理解不十分』七割」(https://mainichi.jp/articles/20160817/k00/00m/040/092000c)。

『読売新聞』一八七六(明治九)年三月二九日「常磐津の太夫を夢見る職人、美声祈願の断食でさらに声が出ず」。

『読売新聞』一八九五(明治二八)年一月一二日「天性の美声の持ち主竹本越路太夫が肺病　病状重く文楽座は火の消えたよう」。

『読売新聞』一八九六(明治二九)年三月二六日「内外通信主幹坪谷善四郎『文壇の三好屋』のいわれ」。

『読売新聞』一九三七(昭和一二)年六月九日「珍コンクール『お後へ願いまアす』〝駅のテナー〟美声比べ」。

『読売新聞』一九三八(昭和一三)年一二月二日「〝まァ美しい声〟と言われたいですね　幼い時からこの注意　健康、音楽」。

『読売新聞』一九五三（昭和二八）年一一月二一日「ウグイス女性日本一　交換手とバスガールの対面」。

『読売新聞』一九五四（昭和二九）年四月二三日「美しい声の出し方　親の声が子にうつる　力むのはサル時代の慣習」。

『読売新聞』一九五九（昭和三四）年三月五日「［女性のこえ］美しい会話を」。

『読売新聞』一九六四（昭和三九）年六月一九日「大久保忠利さんに聞く　じょうずな話し方　声をあげて練習」。

『読売新聞』一九六八（昭和四三）年「美しい声　先天的ではあるけれど…　誠実な話し方こそ大切」。

『読売新聞』一九九一年七月二日「［海外の文化］アメリカで斜に構える商品名、新語」。

Barreda, Santiago & Peter F. Assmann, "Perception of gender in children's voices," *The Journal of the Acoustical Society of America*, 150, 3949（2021）（https://doi.org/10.1121/10.0006785）.

Mithen, Steven J., *The Singing Neanderthals the Original of Music, Language, Mind and Body*, Cambridge, Massachusetts: Harvard University Press, 2006.（＝熊谷淳子訳『歌うネアンデルタール――音楽と言語から見るヒトの進化』早川書房、二〇〇六年）

Stamma, "Apple Devices Link 'Woozy Face' Emoji to Stammering"（https://www.mynewsdesk.com/uk/stamma/pressreleases/apple-devices-link-woozy-face-emoji-to-stammering-3114879）.

第7章　音や声を残す欲望
――オルゴールとレコード、エジソンと死者の声――

声を中心とした社会では、発した声が消えてしまわないように、声を「記憶」することを行っていた。とてつもなく永い民族の歴史物語であっても、声で語り、それを記憶することで、次世代へと引き継いでいた。しかし、文字が登場し、文字を記録する媒体（パピルスや動物の皮など）を使うようになると、「記憶」から「記録」へと思考や意識が変化した。特に、紙に活字を印刷する技術であるヨハネス・グーテンベルク（正式名称は、ヨハネス・ゲンスフライシュ・ツア・ラーデン・ツム・グーテンベルク Johannes Gensfleisch zur Laden zum Gutenberg）の活版印刷術が一四五〇年頃に発明されて以降、声は文字として紙に印刷され、大量複製されて人々に伝わっていった。

だが、語られる声と書かれた声では、その構造自体が異なっている。そのために、人類は声そのものを記録して残す欲望を常に持ち続けていた。本章では、声を記録する欲望と、音楽を再現する欲望について、社会との関係の中で考えてみたい。

オルゴールは音楽の複製か

癒やしの音色を奏でてくれるオルゴールは、江戸幕府による鎖国政策下の一八五二（嘉永七）年に、唯一貿易が許されていたオランダから持ち込まれたと言われている。江戸深川の見世物小屋で、手回しの箱から音が鳴るという出し物として評判になった。この時代、音楽と言えば琴や三味線、尺八などの、今で言うところの和楽器と邦楽しかなかった。西洋の音階や音律に基づく音のしらべが聴こえてくる魔法の箱は、とても不思議な見世物（聴かせ物）だったのであろう。その結果、この魔法の箱は世間で評判となった。

オルゴールという名称は和製語で、オランダ語でオルガンを表す「orgel（オルゲル）」がなまって転じた呼び方

でも「Speeldoos（スペイルドース）」なので、オランダからの西洋式演奏楽器は全部まとめてオルゲルと言われていた可能性がある。日本での呼び方にはオルゴール以外に「自鳴琴《じめいきん》」があり、「琴」という漢字からも分かるように、自動で演奏する楽器の一種としての認識もあったようだ。「琴」という漢字はもともと弦楽器の総称であったが、オルゴールの登場以降鍵盤を持つ西洋楽器も意味するようになったと考えられる。たとえば、「手風琴《てふうきん》」は蛇腹《じゃばら》と鍵盤をもつアコーディオンの和名であり、オルゴールと同時期に日本に持ち込まれている。当時は、オランダとの交易を通じてさまざまな西洋文化が日本に入ってきた時期でもある。そして、翌年の一八五三年に黒船として知られるペリー（マシュー・カルブレイス・ペリー〔Matthew Calbraith Perry〕）が最初の来航を果たし、一八五八年には安政の大獄、一八六〇年には桜田門外の変と、二〇〇年以上続いた江戸幕府の存続に関わる大きな出来事が起こり、新しい日本社会への転換点を迎えた時期でもあった。やがて明治の時代となり、雪崩のように流れ込んできた西洋文化の中に音楽も含まれていた。この時初めて、西洋音楽と日本の伝統音楽である邦楽という音楽のジャンル分けが生み出された。そして、オルゴールは西洋の輸入品から日本国内での生産品へと転じていく。

ところで、オルゴールは楽器なのだろうか、それとも音楽の模造なのだろうか。オルゴールのルーツは、ヨーロッパ中世の教会や学校などに設置された「カリヨン（鐘）」である（図7-1）。たとえば、教会の鐘楼に据え付けられたカリヨンは、複数の音色を持ち調律された青銅製の鐘を組み合わせてメロディーと和声を生み出す。複数の鐘を同時に鳴らした音の重なりではなく、鍵盤を用いて鐘の鳴動を調節する鍵盤楽器でもあり、鐘を打ち鳴らす体鳴楽器でもある。カリヨンの主な演奏目的は、市民への時間の告知であった。朝、昼、夜の三回カリヨンが鳴らされ、人々の時間意識を生み出し、生活のリズムを作り出していた。とはいえ、現在のように正確な時間を知る術はなく、このカリヨンだけが唯一の手段だったのだ。上島正・永島ともえ『オルゴールのすべて』によれば、一三世紀から一四世紀頃の修道院では正確な祈りの時間を知らせるために、鐘をつく専門の人間を雇っていた。この鐘の音は修道院から市内へと響き、市民に祈りの時間を知らせていた。その点でも、オルゴールと時間とは深い関係にあった。逆に言えば、鐘が聴こえることで時間を知ることができたのである。

最初は朝夕の祈りのタイミングだけだったのが、次第に日中の毎時間に鐘が鳴らされるようになった。複数の異なる音色の鐘が複雑に重なり合うことで、限定した組み合わせではあったが独特の音楽が生み出され、時間ごとに異なるメロディーを奏でていた。実は、われわれの生活の中にも、幼い頃からこの鐘の音と時間との関係が刻み込まれている。小学校から大学まで、授業時間の開始と終了を知らせる音は鐘の音である。これは、修道院で時間を知らせていた鐘の音から続いているものであり、われわれは「チャイム」という呼び名でその音を身体にしみ込ませているのだ。つまり、チャイムが鳴ったら始まりと終わりを意識し、チャイムが聴こえると学校という場所がすぐに思い浮かぶ。このチャイムのメロディーは、イギリス・ウェストミンスター宮殿の時計塔「ビッグ・ベン」で採用され、一五分ごとに鐘が自動的に鳴らされていた。われわれになじみ深いチャイムのメロディーは、毎正時にならされるメロディーである。そもそも、チャイムは複数の鐘の音を組み合わせて奏でる仕組みと音楽を意味しており、時間を知らせる鐘の音が次第に複雑化していくにしたがって、チャイムという言葉の社会的な意味が、時刻の告知へと拡がっていったと考えられるのである。

図7－1　フランス・エル・スール・ラ・リのカリヨン（Wikimedia Commons より）

さて、カリヨンから始まった鐘と音の関係は、時間の告知から次第に音楽部分が切り離されていく。教会の礼拝と音楽は密接に結びついており、その点では聖歌が最も身近な音楽であった。そして、各地域や各教会でばらばらだった聖歌は、ローマ帝国の力によってグレゴリオ聖歌として統合されていく。そして、このグレゴリオ聖歌がその後の音楽文化の基礎となっていくのである。最初のグレゴリオ聖歌は単旋律、無伴奏で、現在の聖歌では一般的な和声もリズムも備わっていなかった。しかし、第2章でも触れたように、教会自体が洞窟のような音の響きを作っていて、その空間で奏でられるグレゴリオ聖歌は、たとえハーモニーやリズムがなかったとしても、とても神秘的で、荘厳なイメージを人々に与えたであろう。まさに、神との回向であり、神との会話のように感じられたのではないだろうか。

グレゴリオ聖歌は、九世紀前後に和声（ハーモニー）を持つようになり、スイスが発祥の地と言われている。この頃から、音楽は次第に進化を始めている。先の和声のバリエーションが増え、リズムも加えられ、国や地域によってさまざまなパターンが生み出された。異なる音程を持つ複数の鐘の音が組み合わさった時刻告知のチャイムでは、限定された組み合わせの音色しか出せなかったのが、和声や楽器の組み合わせによって数多く音を持つ音楽が作られるようになった。そして、教会で奏でられていた聖歌は、教会以外の場所で楽しむ「音楽」という新しい文化として生み出されていったのである。

シリンダーと鋲が生み出す音の世界

教会の時計塔で鐘を鳴らしてチャイムを奏でるのは、生身の人間が行う仕事であった。重い鐘から吊り下げられた太いロープを引っ張り、鐘の内部にある「クラッパー（鐘の舌）」を動かして鐘の胴体に打ち付けて音を鳴らす。複数の鐘の音を奏でるためには最低二人の人間が必要であったが、時を告げるタイミングが次第に増えていく（たとえば毎時間鐘を鳴らす）ようになると、鐘を鳴らす役目は「ジャック」と呼ばれる自動人形へと変わっていった。ジャックの製作は機械式時計を作っていた時計職人たちで、メロディーや音色が増えるにしたがって構造が複雑になり、職人たちは技術を競ってジャック作りに臨んでいったという。そして、音を増やし、よりメロディアスな鐘の音を生み出すために、「表面にピンを配置したシリンダーを用いハンマーを操作する」ことで実現させ、これがシリンダー型のオルゴールの原型となった（上島・永島 一九九七：四九）（図7－2）。

ここで重要な役割を果たすのが、「ゼンマイばね（以下、ゼンマイ）」である。構造は単純だが、機械式時計を動かすための主要な動力であり、正確な動きを生み出すための心臓部でもある。ゼンマイと言っても、若い読者にはなじみが浅いかもしれない。たとえば、株式会社タカラトミーのミニチュアカー「チョロQ」は、机の上に置いて後ろ向きに少し引っ張ると勢いよく走り出す。これは、胴体に小型のゼンマイが仕込んであって、タイヤが後ろ向

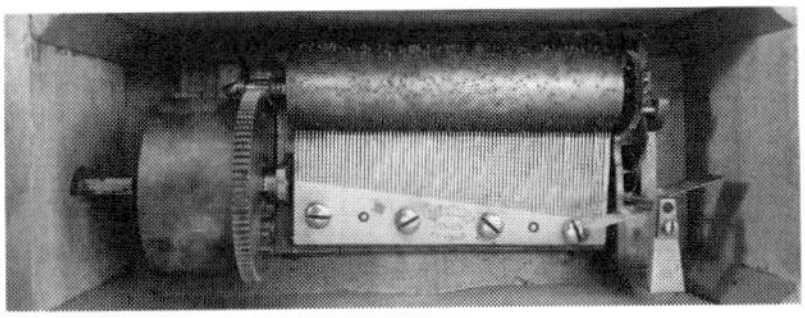

図７−２　シリンダーオルゴールの内部構造（年代不明）（Wikimedia Commonsより）

きに引っ張られることでゼンマイのバネが巻かれ、それを動力として走り出すのだ。ゼンマイはバネの一種で、らせん状に巻かれた銅製の細い棒に力を加え、その反発力を動力として使うものだ。ゼンマイは一六世紀頃に機械式時計の動力として考案され、蒸気機関や電気の登場以降も現在に至るまで幅広く利用されている。

ところで、なぜ人々に時間を知らせることが重要だったのだろうか。教会の祈りの時間を知らせることは先述した通りだが、他にも理由はあるのだろうか。そもそも時間という概念は、教会の厳しい修行を規則正しく行うことが発端であり、キリスト教者たちに祈りという大事な作業をきちんと行わせるための告知として鐘が鳴らされていた。時間そのものは神が支配しているので、時間通りに生活することは神との連携を意味していた。そのため、時間は各自で自由になるものではなく、また現在のような、例えば時給のような時間単位で利益を得るような行為は神への冒瀆とみなされていた。しかし、機械式時計の登場などによって正確な時間が人々の生活に入り込むことによって、生産活動と商業活動の間に時間を組み込むようになった。その結果、皮肉なことに時間を一定の基準とした商業活動が始まり、時間の切り売りが行われるようになってしまった。一定時間に一定量の生産を行うことが求められ、商人やブルジョアジーは労働者たちに時間単位での生産力向上を要求した。しかし、時間を計る時計を持つのは商人やブルジョアジーたちなので、労働たちにとって時間は自らの労力を搾り取る道具にしかすぎなかったのだ。こうして、支配する側とされる側という真反対の時間感覚が誕生したが、社会全体として機械式時計が刻む時間によって商業を中心とした生活リズムが刻まれ、やがて資本主義へとつながっていくことになる。

機械式時計に用いられていたゼンマイによって、一定間隔で鐘の音を鳴らす仕組みは自動化された。そこに機械時計を作る職人たちの技術が活かされていたわけだが、時計職人の技術は音楽を独自に演奏する機械製作へと広まっていった。カリヨンのように複数の音色が組み合わさってはいるもののメロディーが単純なものから、より複雑で多くの音階とメロディーを持たせる技術的な欲求が高まった。そして、時計職人同士の技術の競い合いもあって、より複雑な音の組み合わせ、つまり「音楽」を奏でられるようになっていった。そのために用いられたのが真鍮製のシリンダーに鋲《びょう》を打ち込んで、シリンダーが回転する際に突き出た鋲がベルを鳴らす仕組みであった。教会の鐘と舌を小型化した機構であり、音色の異なるベルの種類も多くすることができ、音階もメロディーも複雑化された。そして、この仕組みがやがてオルゴールの基本的な構造となっていくのである。

時計は次第に小型化され、現在の携帯時計の原型となる物が登場してくる。ドイツのニュルンベルクの時計職人ピーター・ヘンライン（Peter Henlein）によって一五一〇年にゼンマイを用いた懐中時計が考案されたが、その後の調査で実際には動作しておらず、同じくヘンラインが製作したとされる一五三〇年製で宗教改革者フィリップ・メランヒトン（Philipp Melanchthon）の所有していた懐中時計が、世界最初の携帯時計とされている(1)。携帯時計とはいえ当時のサイズは大きく、また持ち運ぶ際の震動によって次第に時間のずれが大きくなり、実用的ではなかった。一六七五年にオランダの科学者クリスチャン・ホイヘンス（Christiaan Huygens）が丸い輪の中にゼンマイを仕込んで時間のずれを調整する「テンプ（調速機）」を発明したことで時計はより正確な時間表示が可能となり、さらに小型化が進んでいった。

この時計の進化とオルゴールの誕生は密接に結びついている。先述のように、シリンダーに鋲を打ち込んでリングを鳴らすことで、より複雑な音程とリズムを生み出すことができるようになった。時計は、もともと時を知らせる鐘の音と時刻が合わさって一つの存在であったために、携帯時計にも鐘（ベル）がついていて、鐘の音が時を知らせていた。しかし、小さなスペースに多くの機能と鐘を詰め込んだために調整が難しく、改良する余地が多くあった。その試行錯誤の末に生み出されたのが、オルゴールだったのである。つまり、オルゴールは携帯時計と時刻を知らせる鐘の仕組みが組み合わさって生み出されたのだ。そして、より複雑な音程を生み出すために、鐘の代わりに櫛歯《くしば》が使われた。櫛歯はまさに髪をとく平たい櫛と同じように細かいスリット（溝）が入っており、一つ一つの歯が音を奏でる「弁」を作っている。そして、音程に合わせて弁の長さが異なっているので、櫛歯の先端が緩く斜めに傾いていた。櫛歯の弁一本一本をシリンダーに埋め込んだ鋲が弾くことによって、より多くの音程を奏でることができた。その結果、オルゴールの音色はたんなる時を知らせる時報から、より音楽性の高い音楽へと進化していった。

そして、音楽性を高めたもう一つの理由が、そのメロディーにある。より複雑な音を奏でるためには、櫛の数だけでなく楽曲としての質の高さが求められた。最初は単純な音の組み合わせであったものが、既存の楽曲を奏でたり、オルゴール用に編曲された楽曲を奏でたりするようになった。シリンダーが一回転する間に、音階にあった櫛歯をタイミング良く鋲ではじくためには、かなりの技術力を必要とした。その技術的困難を時計職人たちの努力と競争力によってクリアしたのだ。

音楽を奏でる装置としてのオルゴール

オルゴールは、このような時計としての機能に音を奏でる仕組みを組み合わせた装置から、やがて音楽を奏でることを主とした機械へと発展していく。そこには、ヨーロッパ中世から一九世紀にかけての、芸術や文化の発展が大きく関わっている。グレゴリオ聖歌が登場した一五世紀中世の音楽は、基本的に教会のミサで神に捧げる言葉に抑揚とリズムがついた、一種の声明や読経のようなものであった。法事でお坊さんが唱える読経や、複数の僧侶が一斉に読経をする様子を思い浮かべると分かりやすい。その旋律は一様であり、みな同じ旋律と音程で言葉を発している。われわれは読経を聴いても音楽とは捉えないが、音楽として読経を聴いた時には単純な旋律とリズムが、かえって独特の雰囲気と心地よさを生み出していることに気がつく。

一五世紀から一七世紀にかけてのルネサンス期になると、ヨーロッパ各地で古代ローマ帝国やギリシャの文化を再興しようとする運動が高まってきた。中世ヨーロッパを支配していたローマ帝国によって、古代ローマやギリシャの文化は徹底的に破壊されてしまった。やがて、古代ローマ帝国の支配が弱まるにしたがって、かつての古代ローマやギリシャ文化を再興・復興する運動が拡がっていった。ルネッサンスという言葉は絵画の歴史でよく聴くが、思想や音楽などさまざまな場面において大きな変化を生み出していった。その中に音楽も含まれており、音楽が大きく発展した時期でもあった。そして、その音楽とオルゴールは、同時進行的に進歩を遂げていた。ヨーロッパにおける音楽の発展は、グレゴリオ聖歌のような単純な旋律や音程から、複数の音程が組み合わさった「和声」が登場することよって生み出された。そして、和声の登場によって表現の幅が拡がり、その和声に添えられるメロディーを奏でる多様な楽器も次第に登場してきた。たとえば、古代の洞窟からも発見されている笛は、やがて金属製でS字型の管を持つトランペットへと進化し、鍵盤楽器なども登場してくる。ルネサンス期から次のバロック期へと進む過程でさらに多くの楽器が登場し、合唱曲の伴奏に使われる用途から、楽器だけで演奏される器楽曲や器楽の合奏曲が登場してくるようになる。バロック時代の作曲家として有名なヨハン・セバスチャン・バッハ（Johann Sebastian Bach）は数多くの器楽曲を作曲しており、「G線上のアリア」として有名な「管弦楽組曲第3番（BWV1069)」の第2楽章「エール」は、美しい旋律と共に複数の楽器を使って異なる旋律を奏でる器楽曲の代表とも言えるだろう。

このような音楽の大きな変化によって、オルゴールに組み込まれる楽曲のバリエーションは次第に増えていった。そのため、オルゴールが時を告げる「音の時計」から、音楽を演奏する「疑似演奏機械」へと変化させることになった。オルゴールの技術はきわめて特殊で精密なので、そこに組み込まれた音楽を聴くことができたのは限られた社会階層に属する人たちだけであって、一般の人々がオルゴールの音を聴けるようになるのはもっと後になってからである。たとえば、貴族階級やブルジョアジーたちがオルゴールの楽曲に求めたのは、器楽曲ばかりではなく、当時流行していたオペラでもあった。そのために奏でられる音域は広がり、それに伴って鋲がはじく櫛歯の弁数も増えていった。増えた櫛歯を収納するために筐体《きょうたい》も大型化し、シリンダーに埋め込む鋲の数も増え、より複雑な演奏も可能となった。

この当時のオルゴールを写真で見ると、きわめて豪華な装飾を施した筐体のなかに大きなシリンダーと櫛歯が組み込まれている様子を確認できる（図7-3）。筐体の側面にあるハンドルを回してゼンマイを巻き、ストッパーを外すと巻かれたゼンマイが動き、シリンダーが回転を始める。回転に合わせて打ち込まれた鋲が特定の弁を弾いて音が鳴る。一見すると構造は単純に見えるが、メロディーとして成立させるためには櫛歯の弁と鋲の位置関係をシリンダーの回転と同期させなければならず、しかもオペラのような複雑な音階の組み合わせにも対応する技術には、現在でも目をみはるものがある。当時の上流階級の人々が、この音楽を奏でる装置としてのオルゴールを求めていた理由が分かる気がする。それは、音楽を常に聴きたいという欲望であり、音楽を擬似的に演奏してくれる装置を求める欲望だったのだ。そして、オルゴールの英語名である「Music Box」の謂れが、ここにみられるのである。

　このように、オルゴールは携帯時計の時報音として生み出され、次第に時計から離れて音楽との関係を深めていった。オルゴールの発明者はスイスの時計職人アントワーヌ・ファーブル（Antoine Favre）とされているが、はっきりしたことは分からない。当時は多くの時計職人たちが、日々新しい音の鳴る時計の開発に挑んでおり、ベルとハンマーの制約から解放されようと、彼らはさまざまな試みを行っていた。その結果が、シリンダーと櫛歯の組み合わせに、動力としてゼンマイを利用するオルゴールであった。組み込む音楽の複雑さに比例してオルゴールは大型化していったが、産業としても大きな位置を占め始めていた。オルゴールの主要な生産地としては、ヨーロッパ中部のスイス、フランス、ドイツ、オーストリアが挙げられる。高級時計の代名詞として使われるスイス製という言葉は、一六世紀から一八世紀にかけての時計製作をめぐる各国の競争がもたらしたものであり、オルゴールの進化とも密接に結びついている。

図７－３　豪華な筐体を持つシリンダーオルゴール（Wikimedia Commons より）

　シリンダーに鋲を打ち込んで櫛歯の弁を跳ね上げるシリンダーオルゴールは、当時の音楽文化のなかに「時と場所を選ばずに音楽を楽しめる」という新たな要素を組み込むことになった。[2] 音を記録する装置がなかった時代に、音楽を楽しむということは常にリアルタイムでの生演奏を聴くことを意味していた。合唱であれば歌う人間が必要であり、その人々が歌う声をリアルタイムで聴くことが音楽の楽しみ方であった。教会の聖歌の場合は、基本的に祈りの時間やミサのタイミングで歌を聴くことができた。一方、器楽曲が登場すると、一人ないし複数の演奏者が楽器を演奏している場で曲を楽しむ点では同じであるが、演奏する時間（音楽を楽しむ時間）の制約がなくなった。極端に言えば、演奏者を雇う側が望む時間に演奏が行えるので、早朝や深夜などでも音楽は演奏された可能性がある。たとえば、主人が不眠症を患っていた場合などでは、眠りにつくまでの間、真夜中に演奏することを強いられていた可能性もある。それでも、演奏者を集められなければ音楽は聴けないし、演奏者側も極端な時間帯だと期待される内容を提供できないかもしれない。わがままな雇い主の気まぐれな命令に従うのは、演奏者にとって生きていく上で必要だったかもしれないが、雇い主の方ももっとわがままに音楽との関係を持ちたかったのかもしれない。つまり、音楽に対する欲望である。そこで登場するのが、音楽をいつでも自由な時間に楽しめる装置を生み出す発想であったことは、想像に難くない。レコードなどの録音技術がなかった時代に、自由に音楽と接するためには、擬似的であれ音楽を奏でる装置を開発するしかなかった。そこに登場したのが音の出る機械時計であり、そこから音楽演奏機能だけを分離したオルゴールであった。

オルゴール技術と産業の結びつき

シリンダーオルゴールの製作には、シリンダーの回転と、鋲と櫛歯の弁との微妙な位置関係やタイミングという技術的な課題はもちろん、収録する楽曲を選んでオルゴール用に編曲するという音楽家としての技術力も求められていた。最初に問題となるのは演奏時間である。シリンダーの直径にもよるが、一回転する時間は長くても三分程度であり、この時間内で曲が完結しなければならない。また、この時間内に楽曲のいわゆるサビの部分まで演奏しなければならず、音楽として楽しめるようにするための技術的な苦労は計り知れない。同様に、オルゴールを楽しむ側の欲望もまた、計り知れないものがある。たとえば、先の演奏時間は、実際の楽器を使った演奏よりも圧倒的に短い。オルゴールの演奏時間はシリンダーの直径に依存するので、演奏時間を長くするためには大型化が必須だ。また、奏でられる音数についても、櫛歯の長さと弁数を増やせば、より多くの音を持った豊かな楽曲を楽しむことができる。これも、実現させるためには櫛歯の長さを増やす必要があるので、大型化につながる。そして、音の種類である。櫛歯という一種類の音色しか奏でられないオルゴールは、複数の音色の楽器が同時に合奏する実際の器楽演奏とは明らかに異なっていた。たとえば、巨大な自動演奏装置の場合は、バイオリンや木琴、シンバルなどの楽器を筐体に組み込んで複数の音色をもつ演奏も可能であったが、シリンダーオルゴールの場合は複数のベルを追加で持たせるのが精一杯であった。それでも、オルゴールが音楽演奏楽器として生き残ったのはなぜだろうか。それは、先述の音楽を好きな時間にいつでも楽しみたいという欲望と、オルゴールがもつ音色の美しさにあったのではないだろうか。そして、その結果としてオルゴールは次第に音楽再生装置として、大型化が進んでいくことになる。

オルゴール発明者のファーブルは、小型の懐中時計にシリンダーオルゴールの機構を組み込み、時刻の告知だけでなく音楽も移動できるようにした。このオルゴール付き懐中時計は「コム・ミュージック（Comb-Music）」と名付けられ、時計から切り離されたオルゴールは一九世紀初頭に婦人用のアクセサリーや宝石入れなどの生活用品、微粉末状のたばこを直接鼻から吸う「嗅ぎたばこ入れ（スナフ・ボックス）」など、当時流行したものに組み込まれていた。そして、一七九六年に始まった「ナポレオン戦争」が終わった一八一五年以降にスイスを観光で訪れる人たちが増え、オルゴールが組み込まれた嗅ぎたばこ入れがお土産として購入されていくようになった。この嗅ぎたばこ入れのオルゴールにはスイス・チロル地方の民謡であるチロリアン・ソングが楽曲として使われており、お土産としては最適だったのであろう。

ところで、なぜこの時期にスイス観光が盛んになったのだろうか。一八世紀初頭のイギリスに現れた「グランドツアー（The Grand Tour）」は、若者が教養を深めるために数年間世界各地を旅する周遊旅行で、戦乱の収まったフランス、イタリアそしてスイスが人気であった。このような旅行ができるのは財力のある富豪たちであり、木彫りやエナメル細工の高級なオルゴール付きの嗅ぎたばこ入れがお土産として人気であった。オルゴールに組み込まれたチロル地方の民謡が、はるか遠いイギリスまで旅をして、イギリスで演奏される。音を記録する手段がまだなかった時代に、擬似的ではあるが音楽を演奏する装置が音楽と共に移動したことは間違いない。

一方、大型のシリンダーオルゴールは、異なる進化を進んでいた。先述のように、一台のシリンダーオルゴールで聴ける曲の長さはシリンダーの直径に依存しており、一本のシリンダーで再生できる曲は一曲だけであった。しかし、シリンダーオルゴールを使った音楽を聴く欲望はますます大きくなり、その欲望に合わせるかのようにさまざまな技術開発が行われた。たとえば、一本のシリンダーに複数の曲を組み込み、切り替えスイッチによってシリンダーの位置をずらすことで櫛歯の弁と鋲が当たる場所を変えるようになった。また、一八五〇年頃にはシリンダーの交換を可能にしたオルゴール（インターチェンジャブル・オルゴール）が登場し、一台のオルゴール再生装置で何曲もの楽曲を楽しめるようになった。聴きたい曲に合わせて重いシリンダーを入れ替える作業は手間であったと思われるが、当時の人々の音楽に対する欲望を満たすには取るに足らない労力であったと考えられる。日本各地にあるオルゴール博物館などでは、現存するアンティークなシリンダーオルゴールを聴くことができる。これらのシリンダーオルゴールには、足のないボックスタイプと四本の足がついたデスクタイプがある。ボックスタイプには複数の曲が組み込まれていて、曲を切り替える様子を実際に確認することができる。デスクタイプの場合は、引き出しに交換用のシリンダーがしまわれていて、シリンダー交換の様子を見ることができる。いずれも豪華な装飾と重厚な木材が使われていて、当時のブルジョワジーや貴族階級のみがオルゴールを楽しんでいたことが分かる。

オルゴールの音と癒し

ところで、オルゴールはなぜここまで重厚な外装をしているのだろうか。実際に聴いてみると分かるが、お土産用に売っている手のひらサイズの小さな手回しオルゴールは、手のひらで鳴らしてもほとんど音がしない。だが、机などの上に置いて鳴らすと、きわめてきれいな音色を響かせてくれる。これは、机が共鳴材として音の振動を増幅しているからであり、一九世紀のシリンダーオルゴールがもつ重厚な外装は、この外装自体が共鳴装置となって音を増幅させ、よく響く音色を実現させていたのだ。また、オルゴールの音色は「癒やし」という表現で受け入れられており、たしかにその音色は他の楽器にはない特別な響きと安らぎを聴く側に与えてくれる。桜井結佳・鈴木朋子「オルゴール調音楽による「癒し」効果の検討」によれば、「オルゴール調の音楽を聴くと不安が低減される、すなわち『癒し』がもたらされる可能性が示唆された」ことを報告している。同時に、生のオルゴールの音色ではなく、オルゴール調の音色であっても不安低減効果があることも示唆している。桜井・鈴木の実験は、オルゴールの癒やし効果がオルゴールの音の高さにあるのか、オルゴール調の音色にあるのかを確かめるため、非オルゴール調音楽の音高をオルゴール調に合わせて調整し、ピアノの標準的な音高に調整したものと二種類の楽曲を聴き比べて行われた。また、一つ目の実験で明らかとなった問題点を踏まえた二つ目の実験が行われており、高不安者に対する「不安低減効果」を確かめている。その結果、オルゴール調音楽の聴取は、「怒り・敵意」の低下と高不安者の抑うつ低下に効果があるとしている。以上のことから、オルゴール調音楽に特有の音色によって不安や緊張がやわらぐ、いわゆる「癒し効果」があることが認められた（桜井・鈴木 二〇二〇：一二五〜一三四）。

また、オルゴールを使ったさまざまな緩和ケアが行われている。佐伯吉捷と大和薬品工業はオルゴールによる心身の根幹療法を実践し、「脳幹から癒す、オルゴール療法」を提唱している。佐伯によれば、オルゴール療法は「オルゴールの高周波と低周波を含む演奏を脳の近くで聴くことで全身の神経系統やホルモンの分泌に影響を与え様々な身体の症状を改善していく副作用のない根幹治療」であり、免疫力の獲得と増強によって病気に対する抵抗力を獲得するものである。高周波の音は川のせせらぎや木々のざわめきなど、自然界に存在する音を指す。一方の低周波の音は車の走行音、機械的な震動、工事現場の音など、人工的に作られた音を指す。われわれの耳は音を電気信号に変えて脳に送るが、高周波の音はナチュラルな癒しの効果を脳に生み出し、低周波の音はノイズとして不安感を生み出す。第1章で紹介したマリー・シェーファーの「サウンドスケープ」に照らせば、まさにオルゴールが奏でる高周波の音は自然界に存在するハイファイな音であり、ハイファイな自然音に近い音は、人工的なローファイな音に比べて、遥かにわれわれ人間が生きるために必要であり、そのこと自体が「癒しの効果＝生きるエネルギー」として示されているのである。

音の癒し効果を使った音楽療法には、オルゴール以外に、われわれにとって身近な存在である寺社の梵鐘の音も使われている場合もある。オルゴールも、もともとは教会の鐘と時間の関係から生まれたのと同様に、寺社の梵鐘も時を告げる音であった。梵鐘の場合は時の告知以外に、その音を聴いた者を一切の苦行から解き放ち、悟りを開くという功徳もある。つまり、宗教的な意味合いが強いのだ。また、オルゴールは教会と時間から切り離されて、独立した音楽再生装置となったのに対し、梵鐘はあくまでも寺社の一部であり、仏事と切り離されることはなかった。オルゴールと梵鐘の音を聴き比べた時、オルゴールは比較的高い音なのに対して、梵鐘は低い音に聴こえる。時代劇で火事を知らせる小型の鐘を打ち鳴らすシーンが登場するが、あれは半鐘と呼ばれ、梵鐘に比べると音が高く、癒しと言うよりはアドレナリンの分泌を活発化させる作用がある。音の高さで比較すると、オルゴールは比較的高い音でメロディーを奏でるのに対して、梵鐘は低い音で遠くまで響く重厚な響きを持っている。音の高低は周波数で決まるので、周波数の差を生み出すのは、オルゴールの場合は櫛歯の弁と筐体の素材、梵鐘の場合は鐘の材質や鐘をつく木製の撞木《しゅもく》の素材という違いが関係している。そして、重要な違いは目的である。先述のように、梵鐘は時を遠くまで告げる目的が維持されており、また除夜の鐘のような邪気を祓い、煩悩を清める宗教的な意味が強いことから、個人ではなく、地域社会で音を共有することが優先されているのである。

しかし、最近はこの梵鐘や除夜の鐘は騒音だと言われることもあるようだが、一二月三一日の大晦日に聴こえてくる煩悩を払う除夜の鐘は、やはり日本人の音の文化として必要だと言える。梵鐘の音は平家物語の冒頭に登場する「祇園精舎の鐘の声、諸行無常の響きあり」が有名だが、祇園精舎はインドの現ウッタル・プラデーシュ州シュラーヴァスティー県にかつてあった精舎（寺院）で、釈迦が説法を行った場所として知られている。実際の祇園精舎には梵鐘はなかったようだが、この寺院の梵鐘の音はこの世の流動性、つまり栄華を誇った平家でさえ滅んでしまう無情さを表している。言い換えれば、寺院の鐘の音は、この世の哀れをしみじみと感じさせる音として人々に受け入れられていたのだ。もちろん、この鐘の音に癒しを感じることはあるが、オルゴールのように病院の待合室で鳴っていることはない。

その大きな理由は、先述のような音楽を奏でる装置として生み出されたオルゴールと、宗教的な意味合いだけを持ち続けている梵鐘の違いである。カリヨンは複数の音色を組み合わせてハーモニーを生み出しているが、梵鐘は単音だけであり、しかも一定間隔で鳴らされる。梵鐘の音はあくまでも同じ音が繰り返されるだけで、メロディーやリズムといった西洋音楽の要素はもちろんない。一方で、日常生活のなかで寺院とつながりがあるのは、先の除夜の鐘以外に、いわゆる仏事である。つまり、葬式や法事などの、人の死に関する行事なのだ。もちろん、寺社仏閣は日々訪れる場所でもあり、観光地としても成り立っている。空間や鐘の音に癒しを求めて訪れることもあるだろう。だが、そこにはやはり仏教という宗教がもたらす癒しと不可分な感覚や感情がある。梵鐘の「梵」は梵語（古代インド・サンスクリット語）のBRAHMAの音訳であり、神聖や清浄の意味を持つ。西洋教会の鐘の音が神への祈りや感謝、喜びなどを表すのとは異なり、日本の寺院が鳴らす鐘の音は、「わび」「さび」という日本独自の美意識や貧困の中に充足感を見出す文化のなかで、日々の心の安らぎと結びついている。つまり、梵鐘の音そのものが、聴く者の心を救い、癒しているのである。

そして、時間と時計に関する意識の違いがある。日本の時計の歴史は、日本書紀に書かれている六七一（天智一〇）年四月二五日に天智天皇が初めて漏刻《ろうこく》（水時計）を作って時を知らせたところから始まっている。人間が生活していく上で日の出から日没までの長さを一定間隔で知ることは、きわめて重要であった。それは、労働という営みと人間の生きるリズムを調和させるためであり、西洋では一日を二四等分する「定時法」が、日本では日の出から日没まで（昼）とそれ以外（夜）に区分してそれぞれを六等分する「不定時法」が採用された。不定時法は季節によって長さが変わるので、それを時計に応用するための複雑な技術が開発された。和時計と呼ばれる日本独自の時計は、そんな不定時法と鎖国という制度によって発達した。和時計は複雑な機構ゆえに小型化が難しく、また各地にあった寺院の鐘の音が時計代わりの役割を果たしていたために、時計自体が発達しなかった。日本が定時法を採用したのが一八七二（明治五）年であり、この時を境に日本国内での時計産業が生まれていった。そして、オルゴールは音の再生装置として日本にもたらせたこともあって、二つの音色は異なる道を辿ったと考えられるのである。

ヨーロッパにおいてオルゴールを求めた当時のブルジョアジーや貴族たちがどのような不安や葛藤を抱えていた

のかは定かではないが、当時の人々が最初から癒し効果を求めていたのではなく、結果的にオルゴールが醸し出す独特の音色が人々に癒し効果を与えていたことは間違いないであろう。だからこそオルゴールは求められ、今でも求められ続けていているのである。現在では、病院の待合室などの不安や緊張が高まっている場所で、頻繁にオルゴールの音色を使って演奏されるさまざまな音楽が流れている。これは、オルゴールの音色が、病気にかかっていたり、病気の可能性のある人たちの不安な気持ちを和らげてくれるだけでなく、長い待ち時間に対するイライラを軽減する効果があるからと推測される。また、固定電話の保留音もオルゴール調の楽曲が使われることが多い。これは、見えない相手に待たされているイライラや、急いでいるのに対応がスムーズでない怒りなどを少しでも沈める効果を期待しているからだと推測される。いずれにしろ、われわれが未だにアンティークなアナログの音を奏でるオルゴールを愛し、魅了される要因がここにはあると考えられるのである。

シリンダーからディスクへ

さて、シリンダーオルゴールは、やがて大きな転機を迎える。スイスのオルゴール産業は家内制手工業と分業を基本としていたが、一八七五年に一貫生産方式の工場が登場して機械化が進むと、スイスの手作りオルゴール産業は次第に生産力の面で遅れをとるようになった。そして、豪華なシリンダーオルゴールの時代は終わり、新しいオルゴール技術の開発へと進んでいった。その技術とは、シリンダーに代わる音楽の記録・再生装置である「ディスクオルゴール」であった（図7－4）。

一八八五年にドイツ・ライプツィヒのパウル・ロッホマン（Paul Lochmann）が、円盤状のディスクの表面に孔をあけて櫛歯の弁を弾く技術を発明した。孔は完全な空洞ではなく内側に折り曲げて突起を作り、その突起の信号をスターホイール（爪車）に伝え、スターホイールが回転して櫛歯の弁を弾く構造であった。シリンダーオルゴールのような鋲を埋め込む職人技術は必要なく、機械によるプレスで簡単に作れるだけでなく、複製も可能であった。また、シリンダーオルゴールの場合は、一つのシリンダーと櫛歯の組み合わせは多くても二曲から三曲程度であったが、ディスクオルゴールの場合は組み合わせという概念がなくなり、ディスクを交換すれば一つの櫛歯で無限に曲が演奏できた。ちなみに、ディスクオルゴールの演奏技術をめぐっては特許紛争が起こっていた。逆に言えば、特許争いが起こるほどに、産業としてのオルゴールは重要であったことを物語っている。このような特許争いも経ながら、ディスクオルゴールはレコードと同じく、音楽を楽しむ新しい形と拡がりを社会にもたらしたのである。

　ディスクオルゴールが開発されると、オルゴールはシリンダーオルゴールとは異なる需要を高め、新たな市場を開拓していった。ディスクオルゴールの主な生産地はドイツで、各国に輸出されていった。しかし、次第にオルゴール産業はドイツからアメリカへと拡がり、レジーナ社は一九世紀末からのアメリカにおけるオルゴール市場の拡大に貢献した。当時のディスクサイズは現在のLPレコードよりも遥かに大きく、直径が六〇センチ（二四インチ）を超えるものもあり、大小さまざまな大きさのディスクが開発された。ディスクのサイズは収納する筐体の大きさにも関係し、筐体の大きさは設置する場所にも関係している。つまり、オルゴールの用途の拡がりを意味していた。ディスクのサイズは大きく分けて三種類あり、約一三センチ（五インチ）の小型、約二五センチ（一〇インチ）の中型、約六〇センチ（二四インチ）の大型に分けられた。小型のディスクは子ども用のおもちゃに組み込まれ、中型は家庭用のオルゴール再生機として販売された。それまでブルジョアジーの家にしかなかった音楽の再生装置が、一般の家庭内にも擬似的ではあるが音楽を楽しむ機会をもたらしたのである。しかも、レコードプレイヤーの発明・普及よりも早い時期に、家庭内へと音楽文化が持ち込まれた意味は大きい。そして、大型は酒場や娯楽施設、列車の待合室などに設置される営業用として利用された。営業用のディスクオルゴールは、レコードのジュークボックスのように、コインを入れて曲を選ぶと自動でディスクが交換されるようになっていた。記録されている曲もオペラのような歌劇から一般大衆が喜ぶ大衆音楽へと拡がり、シリンダーオルゴールのようなブル

図7－4　レジーナ社製のディスクオルゴール（1890年）（Wikimedia Commons より）

ジョアジーの楽しみから、労働者階級が楽しめる身近な音楽再生機へと変貌していった。

このような営業用のオルゴールは再生機本体とディスクを買い取るのではなく、レンタル契約で筐体だけが設置されて、演奏されるディスクは営業マンが月に一回新しいものに交換する形式もあった。いわゆるリース契約である。大型オルゴールが置かれた酒場などで聴かれていたのは、より大衆が好むようなダンス曲や流行歌など、酒場で客が酒を飲みながら聴く背景音楽（ＢＧＭ）が主流であった。一九世紀末のアメリカではオルゴールからの音が大衆に音楽を楽しむ文化を拡めたが、もともとのオルゴール愛好家であったブルジョアジーや社会的地位の高い人々には不評であった。先出の上島・永島の『オルゴールのすべて』には、当時の新聞や雑誌においてディスクオルゴールの普及によってアメリカの音楽文化が低水準化していると非難する記事が散見されると指摘している（上島・永島 一九九七：八三）。一般に、アメリカの音楽産業の勃興はディスクタイプの蓄音機とラジオが担っていたと思われがちだが、実際にはディスクオルゴールが先んじていた。しかし、あくまでも擬似的に作られる演奏であり、実際の声や音を録音するエジソンの蓄音機とベルリナーのレコード盤開発によって、オルゴールの繁栄は徐々に、そして静かに幕を下ろすのであった。

死者の声を残す エジソンの蓄音機

オルゴールは音楽を擬似的に作り出す装置なので、人間の声や実際の音楽を記録して再生することはできない。それを実現する技術がなかったので、音楽を時間や場所に制限されることなく楽しみたいという人間の欲望を叶えるために生み出された。では、実際の音楽を記録し、制限なく楽しむ欲望が満たされたのはいつからだろうか。

第1章で紹介したように、トーマス・エジソンは、一八七七年に錫箔《すずはく》円筒式蓄音機「フォノグラフ」を開発し、人間の声を初めて記録することに成功した。一九世紀末、アメリカの電信会社ウェスタンユニオン会長のウィリアム・オートン（William Orton）は、急増する電信需要に対応するための施設設置コスト増大に頭を悩ませていた。当時の電信は、一回線で一本の電信線を占有していたので、需要が増えればその分の電信線を敷設しなければならなかった。そのため、主要都市では一本の電柱に多数の電信線が架線され、空を巨大な蜘蛛の巣が覆っているような状態であった。そこで、オートンは一本の電信線で複数の回線を送受信できる技術開発を、エジソンと後にベルと電話に関する特許権争いをすることになるイライシャ・グレイに依頼していた。結果的に、電信ではなく電話に関する熾烈な技術開発へと向かい、グレイとの特許権争いに勝利したグラハム・ベルが発明者となっているが、エジソン、グレイ、ベルの三人のうち、誰が電話の発明者になってもおかしくはない状況であった。

エジソンは電話開発のプロセスで、電話というリアルタイムでの音声通信ではなく、音声そのものを記録し、それを再生することを思いついた。そして、錫箔の円筒を回しながら音声の波形を記録し、その波形から音声を再生することに成功する。音声を波形で表す技術としては、一八五七年にフランス人技師のエドワール＝レオン・スコット・ド・マルタンヴィル（Édouard-Léon Scott de Martinville）が開発した「フォノトグラフ」があった。「フォノトグラフ」は、紙の上にススを塗布した樽状の箱を設置し、この箱の底が音によって振幅したものを針に伝えて、この針が紙を引掻いて音声を図形（波形）として記録する装置である。その後改良されて、回転するドラム状になった紙の上に振幅を記録するようになった、現在の地震計をイメージすると分かりやすい。つまり、見えない音を、震動の軌跡として記録する装置であった。しかし、この装置は音を波形で記録することはできても、その波形から音を再生することはできなかったのだが、二〇〇四年三月二八日付ＡＦＰオンライン記事「世界最古の録音音声、最新技術でよみがえる」によれば、このフォノトグラフに記録されていた波形を読み取って、音として再生することに成功したと言う。記事の一部を引用してみよう。

フランス皇帝ナポレオン三世（Emperor Napoleon III）の統治時代に録音された歌声が、一四八年の時を越えて再生された。フランス科学アカデミー（Academy of Sciences）が発表した。

再生に成功したのは、パリの発明家エドアール・レオン・スコット・ドマルタンビル（Edouard-Leon Scott de Martinville）が発明した音声記録機により一八六〇年四月九日に録音されたフランス民謡「Au Claire de la Lune（月の光）」。女性の声で約一〇秒間にわたり録音されている。

録音状態は素晴らしいとは到底言い難く、聴く人によってはイルカの鳴き声としか思えないかもしれない。だがフランス科学アカデミーによれば、これこそが世界最古の録音音声だという。「フォノトグラフ（phonautograph）」と呼ばれるこの音声記録機は、石油ランプの煙で黒くした紙を引っかいて音波を記録するもの。録音史上の象徴的な出来事、トーマス・エジソン（Thomas Edison）が蓄音機で「メリーさんのヒツジ（Mary Had a Little Lamb）」を録音する一七年も前の記録だ。ただ、フォノトグラフはエジソンの蓄音機と違い、再生はできなかった。

しかし、二一世紀の技術と米国の音声史学者、録音技師、科学者などの知恵を結集し、紙に刻まれたわずかな溝をデジタル画像で処理することで、その音はよみがえった。

この取り組みは、米国のファーストサウンズ（First Sounds）の協力の下に行われた。長い間失われていた初期の録音を復活させるプロジェクトを推進してきたファーストサウンズは、「まさかドマルタンビルも、この録音が再生されるとは夢にも思わなかっただろう」との声明を出している。

フォノトグラフに記録された本来再生されなかった声が、最新技術によって一四八年（記事掲載時点）後に蘇ったのである。

先述のように、エジソンは電話の特許をめぐる激しい開発競争を繰り広げていたが、ベルによって先んじられてしまった。その後、エジソンは電話器を使って声を電信用の紙テープに記録し、後から電話会社に持ち込むことで電信として送信できる装置を開発しようとしていた。現在から考えると、とても面倒な作業に感じる。声をいったん記号（文字）化せずとも、そのまま声を録音して、相手に送って再生してもらえばよいのではないかと思う。エジソンも、開発途中でそのように考えついたようだ。エジソンは電話の特許争いに敗れたことで、電話への執着が増していたのであろう。しかし、電話に固執することなく、音を記録して、それを再生できる装置の開発に取り組むことになった。その結果生まれたのが、「錫箔円筒式蓄音機」である。エジソンの蓄音機が開発された前年の一八八七年には、後の円盤型レコードを開発するエミール・ベルリナーが亜鉛円盤に横揺れの溝を刻む円盤（ディスク）式蓄音機を開発していたことを知ったエジソンは、不眠不休で蓄音機の改良と実用化に取り組み、蓄音機の横で不機嫌そうに片肘をついている有名な写真を撮影した日に完成したのだった。

音が空気の振動と関係していることは、一五世紀末にレオナルド・ダ・ヴィンチ（Leonardo daVinci）によって発見されていたので、その空気の振動をフォノトグラフのように波形として記録し、さらにその波形から音を再生する装置を考案した。それは、錫箔を巻いた円筒を回転させ、そこに音が発する空気の振動を針で刻んで記録していく。そして、フォノトグラフではできなかった、錫箔に記録された溝の凹凸を針先で拾って音として再生する装置であった。エジソンは、この装置を「錫箔式フォノグラフ（The Phonograph）」と名付けた。世界で初めて録音され再生された声は、エジソン自身が歌う「メリーさんのひつじ」だったというエピソードは、先出のAFP記事にも登場するほど世界的に有名な話だ。しかし、山川正光『世界のレコードプレーヤー百年史』によれば、その真意は定かではないようだ。その代わりに、実際に行われた蓄音機の再生／実験の様子が紹介されている（図7-5）。

一八七七年一二月六日に、エジソンの蓄音機「フォノグラフ」は、ニューヨークにあった科学雑誌『サイエンティフィック』の編集室に持ち込まれ、当時の編集長が機械に付属したハンドルを回すと、エジソンの声で「お早よう！この機械をどう思いますか」と機械が叫んだのだ。その驚きはあまりに大きく、「翌朝の新聞紙上に大きく扱われると同時に、全世界に電信によって知らされ」ることになった（山川 一九九六：一二～一三）。それほど、当時の人々や社会にとって、声が録音され、なおかつ再生されるという出来事は衝撃的であったということを意味している。その結果、エジソンが開発した蓄音機は瞬く間に社会の話題となり、当時の大統領ラザフォード・バーチャード・ヘイズ（Rutherford Birchard Hayes）は、エジソンをホワイトハウスに招いたほどであった。しかし、世間の評判ほど技術は完成しておらず、エジソンの興味関心は白熱電球の開発に移っていたため、実用化はまだまだ先の状態だった。その後、一八八八年にグラハム・ベルが錫箔の代わりに蝋を染みこませたボール紙の円筒を使った蓄音機を実用化させた。錫箔に代わり蝋を染み込ませたボール紙の円筒（ワックス・シリンダー）を用い、録音と

図7－5　エジソンとフォノグラフ
（Wikimedia Commons より）

再生で針を別にするなど音質の向上を図った。さらに、ゴム管のイヤホンをつけて聴きやすくするなどの工夫も行っていた。エジソンはベルが開発したこの蓄音機の存在を知って激怒し、同じように蝋管を用いる改良機をすぐさま開発した。どうやら、熱しやすい性格だったらしい。

さて、エジソン自身は、蓄音機の用途をあまりはっきりとはイメージしていなかったようだ。エジソンが提出した特許書類には一〇の用途が記されており、一番目に書かれているのが「速記者を使わないで手紙を書いたり、各種の口述に使える」であり、「音楽の吹き込み」は四番目。最後の一〇番目に「電話器につないで録音・再生する」となっている。用途の順番は重要性に比例すると考えるのが妥当なので、ビジネスでの議事録的な使い方を最もイメージしていたと言ってよいだろう。音楽を録音して複製し、盛り場や駅の待合室、あるいは家庭で再生して楽しむディスクオルゴールのような用途は、特許出願時点では重要視されていなかったのである。それを実現させたのが、ディスク型の蓄音機を開発したベルリナーであり、ディスクオルゴールはディスクレコードに置き換わっていくことになる。

そして、エジソンが考えていた声を記録するもう一つの利用方法が、「死者の声を聴く」ことであった。エジソンが考案していていたさまざまなアイデアは、手記『Diary and Sundry Observations』として一九四八年に出版されている。この手記は最初フランス語版として出版され、後に英語版が出版されたが、フランス語版にはあった最終章が英語版ではなぜか削除されていた。そこに書かれていた内容が、死者の声を聴くというアイデアだった。二〇一五年三月六日付ＡＦＰオンラインに「死者の声聞く「失われた」発明、エジソン著書再版で明るみに」という記事が掲載された。

【三月六日　ＡＦＰ】米国人発明家トーマス・エジソン（Thomas Edison）は、死者の声を聞く機器を制作する構想を練っていた――この野心的な構想について記した著書が今週、フランスで出版される。没後に出版された同原著では、最終章にこの構想についての記載があったが、後に削除されたために失われかけていた。

エジソンが自身の取り組みを詳細に記した手記は、『Diary and Sundry Observations』の最終章として刊行された。ここに記されていた内容からは、エジソンが、死者の声を録音する「スピリットフォン」を開発したいと考えていたことが見て取れる。

「スピリットフォン」と名付けられたこの装置は、エジソンが開発した円筒型蓄音機に記録された声を増幅して死者との会話を試みようとしたようだ。写真はそれを撮影した瞬間を残しているので、写っている人物の死後にその写真を見たとき、あたかも生きているように感じられただろう。その意味で、蓄音機に残された声は、たしかに死者の声ということもできる。しかし、エジソンはたんに人間の声を残して死後に聴くという機械ではなく、死者との会話を試みようとしていたようだ。エジソンは有名な幽霊実在論者で、蓄音機に残された声を増幅することで、死者の声を聴くだけでなく、死者との会話が実現できると信じていたと思われるのだ。エジソンの発明は現在でもさまざまなインフラにつながっている上に、きわめて実用的なものだった。そのなかで、現実味のないと思われる死者との会話装置のアイデアは現在でも実現されていないが、死者との会話を求める気持ちは変わらず存在し続けている。

このように、現在のわれわれにとって、オルゴールはたんにアンティークな音の出る機械や癒しの音を届けてくれる装置としての認識しかないであろう。しかし、その歴史を音声メディアとして紐解いていくと、教会が祈りの時を知らせるベルから、音楽を擬似的に記録して人々に音楽を届ける装置として発展していった。そして、シリンダー形式からディスク形式へと変わっていったことで、社会の幅広い階層や場面に音楽文化を届ける装置としても活用されてきた事実が分かる。レコードのような実際の音や声を録音する装置とは異なるが、擬似的ではあれ、当時の人々にとってオルゴールの音色は音楽そのものだったのである。

注

（1）セイコーミュージアム銀座（https://museum.seiko.co.jp/knowledge/MechanicalTimepieces02/）。

（2）場所に関しては、大型のオルゴールがおける場所という制約は依然として残っていた。

参考文献

ＡＦＰオンライン記事「世界最古の録音音声、最新技術でよみがえる」二〇〇四年三月二八日（https://www.afpbb.com/articles/-/2370877?pid=2782722）。

ＡＦＰオンライン「死者の声聞く「失われた」発明、エジソン著書再版で明るみに」二〇一五年三月六日（https://www.afpbb.com/articles/-/3041655）。

上島正・永島ともえ『オルゴールのすべて』オーム社（テクノライフ選書）、一九九七年。

桜井結佳・鈴木朋子「オルゴール調音楽による「癒し」効果の検討」『教育デザイン研究』一一、横浜国立大学大学院教育学研究科、二〇二〇年。

ファーストサウンズ（http://www.firstsounds.org/sounds/index.php）。

山川正光『世界のレコードプレーヤー百年史』誠文堂新光社、一九九六年。

Edison, Thomas Alva, *The Diary and Sundry Observations of Thomas Alva Edison*, New York: Philosophical Library, 1948.

第8章　閉じた空間での音声メディアの存在
――ナロウキャストラジオの存在と意味――

本章では、一般的な広範囲に向けた放送を表す「ブロードキャスト（Bradcast）」ではなく、限定された空間や社会的な意味空間、地域社会やコミュニティなどに向けた「ナロウキャスト（Narrowcast）」について考えてみたい。そもそも、通信や放送の歴史を紐解いていくと、その技術を表す名称には、遠い状態を表す「Tele」が付属している。たとえば、電信は「Telegraph」であり、電話は「Telephone」である。テレビは「Television」であり、遠隔地との通信は「Tele-comunication」である。しかし、ラジオだけは「Tele」が付かずに、種をまく「Bradcast」や一カ所からあらゆる方向に拡がる放射を表す「Radiation」が使われている。つまり、ラジオは遠隔地を結ぶことが目的ではなく、一カ所（放送局）から広い範囲にいる不特定多数の受信者（リスナー）に対して、一斉に同じ情報を発信する「Mass-communication」が最初から求められていたのだ。

日本にラジオが登場した当初は、「無線電話」という呼び方をしていた。つまり、電話から線がなくなった機械という認識だったのだ。しかし、実際に実験放送が始まってみると、電話のような一対一の通話ではなく、広い場所にいる多くの人々に情報を伝える演説や講演に近いことが分かってきた。その結果、「ラジオ（ラヂオ）」という呼び方に変わっていったのだ。その一方で、ラジオは狭い範囲や限られた空間でのみ利用することも可能であり、実際に後述するような有線での放送や刑務所などの閉ざされた空間でも利用されている。われわれは「ブロードキャスト」としての放送を自明なこととしているが、「ナロウキャスト」という存在があることを改めて知ることで、放送と声の関係を問い直していきたい。

遠隔地同士を結ぶシステム

一九世紀に有線電信が登場した時、当時の人々はコミュニケーションにおける距離と時間の壁を打ち破った。それ以前に郵便制度は出来上がっていたが、時間短縮と信頼性向上の面で電信の登場は画期的であった。郵便制度としては、一三世紀からイタリアで行われていた飛脚制度があり、一六世紀に神聖ローマ皇帝マクシミリアン一世（Maximilian I）により飛脚制度はイタリア全土に拡充された。その後、オランダの独立戦争によって一時衰退したが、同じく神聖ローマ皇帝ルドルフ二世によって「帝国郵便」として再建された。侵略と戦争による領土拡大に伴って、領地との情報伝達と収集の方法として、郵便網という情報インフラが作られたのだ。また帝国と植民地の地理的な関係が拡がるにつれて、郵便網も世界に拡がっていった。

近代的な郵便制度は、一九世紀半ばの一八四〇年にイギリスで誕生した。それ以前の一八世紀にも手紙や書類を送る郵便事業は各国の制度として始まっていたが、現在のような原則差出人が料金を前払いして、郵便が相手に届くというシステムではなかった。逆に受取人が料金を払うなど、一部の富裕層しか使えないものだった。イギリス人のローランド・ヒル（Rowland Hill）は、一八三七年に「郵便制度改革——その重要性と実用性」（"Post Office Reform: its Importance and Practicability"）という論文を発表し、郵便制度改革の必要性を訴えた。この中でヒルは、手紙の便箋枚数と距離に応じた料金体系だったものを、イギリス国内の場合は手紙の重量が〇・五オンスまでは一ペニーで送れる均一料金制を導入するべきだと主張した。また、受取人払いだった料金を差出人払いに切り替え、より庶民にも使いやすい制度への転換が必要だと訴えたのだ。

この論文が大きな注目を集め、一八四〇年にイギリスの近代郵便制度が誕生することになった。料金の前払い制度に対応するため世界初の郵便切手が発行され、これを購入して手紙に貼り付けることで郵便が送れる現在の姿ができあがったのである。同時に、料額印面付官製封筒（マルレディー封筒）も考案され、切手を買うよりも安い料金でポストを利用した手紙の発送ができるようになった。しかし、距離の遠さと到着時間の長さという壁は依然として存在していたので、その壁を打ち破る方法に多くの人たちが挑戦をしていた。その結果として、一九世紀に電気技術を利用した電信が登場することになる。

まず、電信の「電」である「電気」の発見から確認しておこう。電気の存在は、紀元前六〇〇年頃にギリシャの哲学者でギリシャ七賢人の一人であるターレス（Thalēs）が、コハク布でこすると糸くずなどを吸い寄せることを発見したところから始まったと言われている。小学生の頃に、下敷きを脇の下でこすって髪の毛を逆立てて遊んだのと同じ原理だ。これは静電気と呼ばれる電気の一種で、われわれには最も身近な電気の存在かもしれない。冬になると、指先が金属に触れたり、他人との間でバチンと静電気が発生するので困っている人も多いだろう。次に、教科書にも載っているベンジャミン・フランクリン（Benjamin Franklin）の逸話である。激しい雷雨の中で針金をつけた凧を揚げ、雷が電気であることを発見した。一八四〇年、イギリス人のウィリアム・ジョージ・アームストロング（William George Armstrong）が水力発電機を発明、そして一八七九年には、これまで何度も登場した発明王トーマス・エジソンが、竹をフィラメントにした白熱電球を発明している。

一九世紀に入ると電気の存在が確認され、電気を使ったさまざまな実用的な機器が発明されていく。電信も、このような電気をめぐる一連の流れの中で生み出された情報通信メディアだったのである。電信に関する開発は、当時の電気に関する知識を元にして、高速な通信が可能になるのではないかという発想から始まっている。たとえば、一七四六年にフランスの科学者ジャン・アントワン・ノレー（Jean Antoine Nollet）は、二〇〇人以上の修道士を使って電気が高速で伝送されることを確かめた。一八〇九年には、ドイツ人物理学者サミュエル・トマス・フォン・ソンメリング（Samuel Thomas von Sömmerring）が電気式電信機の実験を行っている。イギリス人物理学者のウィリアム・スタージャン（William Sturgeon）は、一八二五年に電磁石を発明した。一八三二年にロシア人外交官のパヴェル・シリング（Paul Schilling）が、電磁石を利用した電信機を完成させた。このシリングが完成させた電信機は、送信局側でオペレーターがキーを押すと、受信局側に設置された受信機の対応するポインターが動く仕組みであり、同年一〇月には短距離の電信を成功させている。

このように、電信の基礎となる技術開発は電気の特性を基礎としながら発展を続けた。そして、一八三九年にイギリス人発明家のウィリアム・フォザーギル・クック（William Fothergill Cooke）とイギリス人物理学者チャール

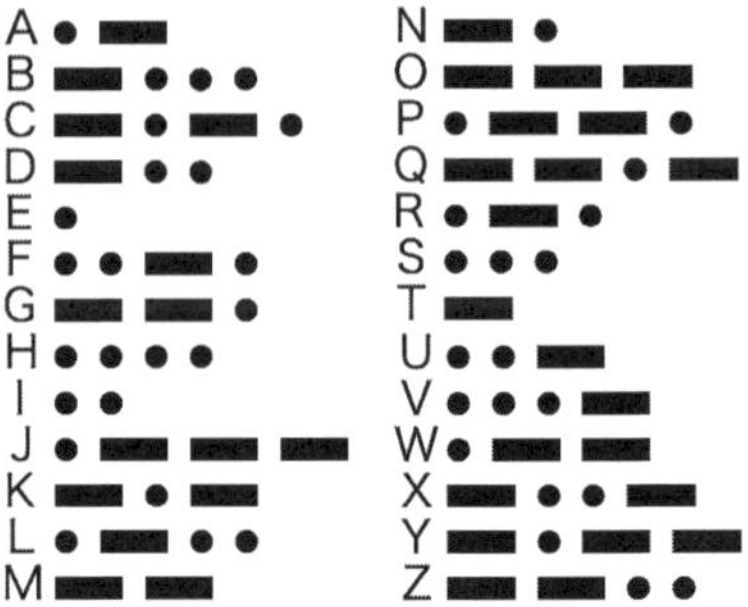

図8－1　モールス信号表（Wikimedia Commons より）

ズ・ホイートストン（Charles Wheatstone）によって、電信は商業化されることになる。グレート・ウェスタン鉄道の線路を利用して約二一キロにわたって電信線が敷設され、パディントン駅からウェスト・ドレイトン駅までの間で商業用電信として利用された。電信は鉄道網発展とともに各地へ拡がっていったが、これは鉄道線路が電信利用者が集まる街をつなぐ動線の役割を果たしているからであり、初期の電信の商業利用にとって鉄道は不可欠な存在であったのだ。そして、電信普及に最も大きな力を発揮したのが、アメリカ人発明家のサミュエル・モールス（Samuel Finley Breese Morse）であった。モールスは、一八三六年に独自の電信システムを考案し、低品質な導線でも長距離の伝送を可能にした。くわえて、同じくアメリカ人の発明家であり助手のアルフレッド・ヴェイル（Alfred Lewis Vail）の協力の下に、信号の長短とアルファベットを組み合わせた「モールス信号」を考案した。このモールス信号は現在に至るまで世界共通の信号言語として利用されており、電信の世界規模での広がりに大きく貢献した（図8－1）。

このモールス式電信は一八四四年にワシントンDCとアナポリス間で開通し、その後急速に全米へと拡大していった。この拡大にも同時期に拡がった鉄道網が大きく関係していて、電信が人々の生活や商業に深く入り込むきっかけとなった。一八六一年には初の大陸横断電信システムが開通し、一八六六年には大西洋を横断してアメリカ大陸とヨーロッパ大陸を結ぶ海底電信ケーブルが開通した。アメリカにおける電信線の総マイル数は一八四六年には四〇マイル、一八五〇年には一万二〇〇〇マイル、一八五二年には二万三〇〇〇マイルと急拡大したことが分かる。電信は海底ケーブルの開通によってヨーロッパにも広がり、一八四九年に二〇〇〇マイルだったのが一八六九年には一一万マイルにまで拡大した（図8－2）。

日本に初めて電信機が登場したのは一八五四（嘉永七）年、黒船として有名なペリー艦隊が二度目の来日時に米

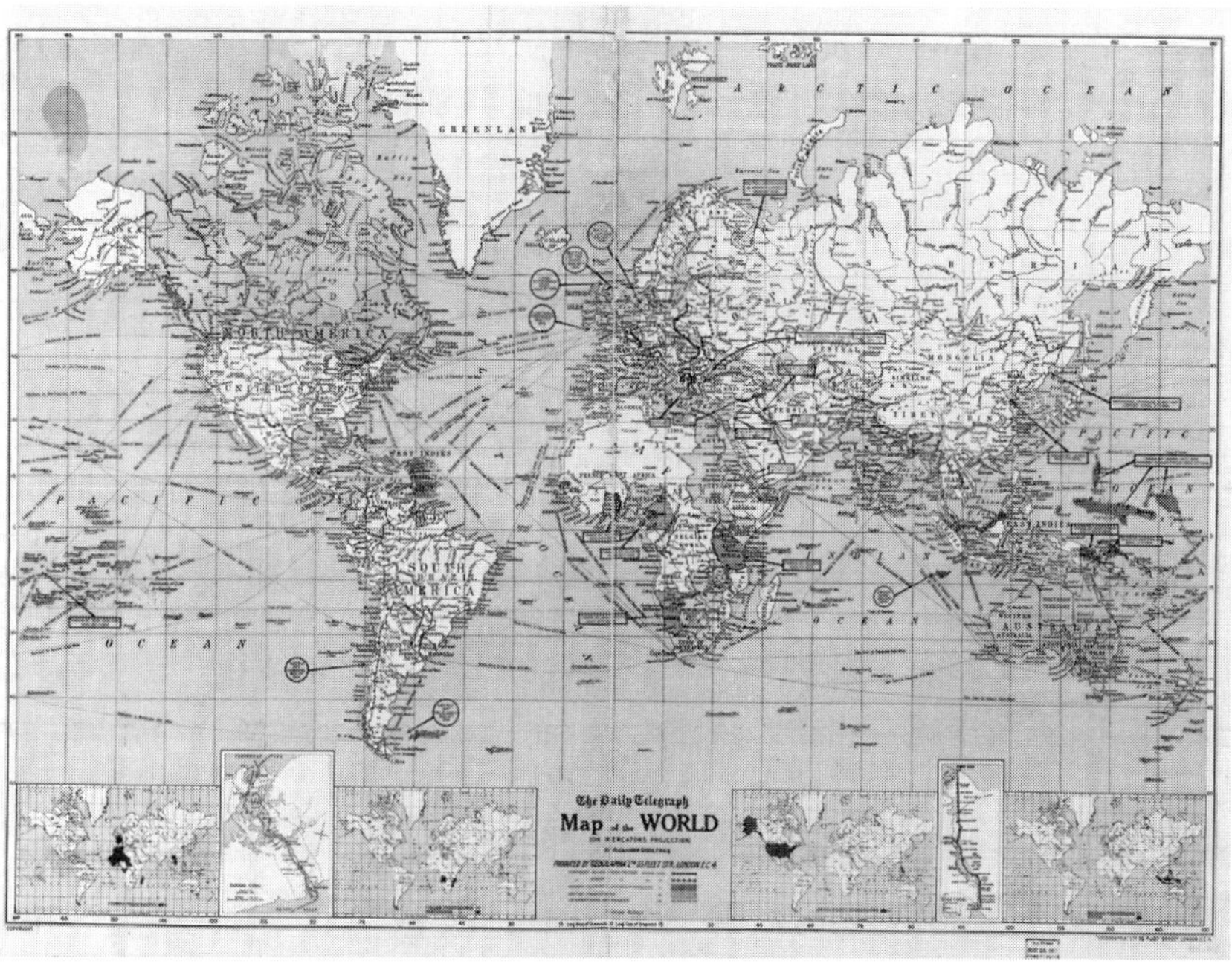

図８－２　世界に張り巡らされた電信網地図（Wikimedia Commons より）

国大統領フィルモアから徳川幕府への献上品として持参されたものだ。この電信機は「エンボッシング・モールス電信機」というタイプで、受信側の電信機の紙テープにエンボス（凹凸の傷がつく）されて信号を読み取ることができた。ちなみに、献上品として持ち込まれたのは、小型の蒸気機関車と客車およびレールであった。電信機も蒸気機関車も当時のアメリカを含む西洋諸国がもつ科学力を誇示するものであり、鎖国によって科学技術に後れを取っていた日本を屈服させるための道具でもあった。

まず電気技術が確立し、その技術を用いた電信がコミュニケーションにおける距離と速度を拡張する欲望を実現させた。郵便は船や馬車、人間などによってコミュニケーションの距離も速度も拡張はしたが、特に速度に関しては満足できる状態ではなかった。その後電気が利用可能となり、電信が登場したことで社会においては電信を中心とした新しい商業システムが構築され、いよいよ距離と時間の壁を越える実感を得られたのであった。しかし、その技術利用はまだ商業面に特化されており、社会の中で一般化されるには至っていなかった。それを実現させたのが、同じく電気技術を基礎とした電話だったのである。

閉じたコミュニティと電話

電信の発達と同時期の一八六〇年、ドイツ人科学者のフィリップ・ライス（Johann Philipp Reis）は、振動膜によって電流を断続させ、離れた地点にまで送信する装置を考案し「テレフォン（Telephone）」と命名した。グラハム・ベルよりも早く、電話の原型を作ったのである。しかし、この装置と理論は学会で評価されることはなく、社会の中で陽の目を見ることもなかった。やがて、第7章で説明したように、トーマス・エジソン、グラハム・ベル、イライシャ・グレイによる激しい電話の開発競争の結果、一八七八年にベルの特許が認められたことで、ようやく音声によって距離と時間の壁を克服することが可能となった。電信と比べて、初期の電話は通信品質（声に関する音質）が悪く、紙で残すこともできなかったために、商業利用には向かないと判断されていた。当時の社会は電信が最も優れた通信インフラであり、将来の社会を明るく照らす技術でもあった。そのまっただ中に登場した電話は、さまざまな課題を抱えていた。第4章で紹介したハンガリーの都市ブダペストにあった電信会社「テレフォン・ヒルモンド」は、加入者同士の音声通話ではなく、加入者に対して声による放送的な情報提供や生演奏による音楽の娯楽や劇場からの中継などによる娯楽を配信するサービスなどを行っていた。ラジオよりも早く、距離と時間を克服する利用方法として電話が使われていた一例であるが、加入者という閉じた人々と空間にのみ提供されたサービスであった。

やがて、通話品質が次第に向上したことによって、通話的な利用も次第に増えていった。電話網は、電信とは異なる拡がりを見せた。それは、鉄道線路に沿って電信網を構築し、遠距離を結ぶのではなく、地域コミュニティ単位での利用がまず行われた。先のテレフォン・ヒルモンドもそうだが、電信が広い地域を結ぶ商業利用を基礎としていたのに対して、電話はあくまでも狭いローカルな地域コミュニティを対象としていた。その大きな理由は、既に電信が遠隔地を結ぶインフラとして確立されていたことと、まだ地域コミュニティ単位での利用が行われていなかったことにある。一九世紀末のニューヨークの街並みを描いた絵や写真には、無数の電柱とそこに架けられた何本もの電線が見える。これは、電信が回線ごとに電線を必要としていたからで、需要の高まりとともに使用する回線数と電線数が増えていった結果なのである。そして、電話はそんな電信社会の隙間を縫うように、地方の地域コミュニティ単位で使われるようになっていった。つまり、閉じた空間での利用である。

地方の地域的コミュニティの場合、距離の克服はそれほど重要ではなく、情報の伝達も大きな必要性をもたなかった。このようなコミュニティ内で求められた電話の利用は、そのコミュニティ内で暮らす住人同士のコミュニケーションであり、それは通常対面の会話という形で成立していたものであった。電話はその会話をより簡単に、便利に行える道具として捉えられ、受け入れられていった。通話はコミュニティ内部だけで完結し、コミュニティの外部へ拡がることは求められていなかった。その結果、きわめてローカルで閉じたコミュニティの電話網が構築されていったのである。それまで直接対面で会話していた人々が、コミュニティ内に電話が登場したことによって非対面で会話するようになり、ちょっとした用件であっても電話を使うようになった。また、自動交換システムが登場する以前の初期の電話の場合は、電話を使うためにはまず交換台を呼び出し、交換手と会話をする必要があった。そのため、交換台は電話を使うコミュニティ内の人々の結節点となり、情報は交換台を通じてやりとりされた。もちろん交換手が通話内容を聴いているわけではなく、通話相手の関係の深さや通話頻度などは自ずと認識するようになった。また、警察や消防、病院などへの緊急通話も交換台を通さなければならず、図らずもコミュニティ内で行われるコミュニケーションの中心に位置づけされてしまったのだ。また、交換手は結果的にコミュニティのさまざまな情報を集約する立場となり、またコミュニティの人々の多様なニーズに応えるコンパニオン的な存在となることもあった。人々は交換台にいる交換手を頼りにするようになり、交換手はさまざまな依頼をさばくディスパッチ（司令室）的な存在となった。

アメリカの社会学者クロード・S・フィッシャー（Claude S. Fischer）は、『電話するアメリカ』の中で、アメリカの社会に電話がどのように普及し組み込まれていったのかを詳細に分析している。電話登場以前のメッセージ伝達（商業および個人の手紙など）には、郵便かメッセンジャーボーイの利用、あるいは電信を使う以外にはなかった。

電信はたしかに社会に広く浸透しつつあったが、まだ一部を除いて個人的な利用までには至っていなかった。フィッシャーは、アメリカ・コネチカット州ブリッジポートの電信会社が家庭間を結ぶ電信網を構築していたことを指摘している。つまり、先述のような個人的な用件、たとえば医者を呼ぶ、警察に連絡する、馬や場所を呼ぶなどに電信が活用されていた。もちろん、これらを利用できる社会階層はきわめて限られていたが、電話が登場したことによって早々に電信と置き換わっていったのだ（Fischer 1992：47-48）。そして、一八七八年にオンタリオ州ダンダスで「地域内電信」というサービスが存在したが、九年後には電話に置き換わった例を示している。

この地域内電信は、生活圏という一定の範域に閉じた地域的なコミュニティであり、物理的な通信設備（電柱や電線）で結ばれたワイヤード・コミュニティ（Wired Communituy）だったのだ。一九世紀末の社会を考えた時、日常生活の移動手段は徒歩か馬、馬車であり、遠距離の移動には鉄道が使われた。鉄道利用は現在のような通勤や通学利用のような手軽なものではなく、旅行のような特別なイベントに用いられるものだった。また、そもそも鉄道の駅がある街への移動や、鉄道で行ける街にも制限があり、鉄道でも移動自体にもまだまだ相当の時間と日数が必要であった。このような状況のなかでは、生活圏が世界のすべてであることも珍しくはなく、情報インフラもまずは生活圏である地域的コミュニティを中心に構築されていったのはある意味で理に適っているのだった。メディアは、突然社会や街頭に現れるのではなく、まずは生活圏や地域的コミュニティの重要施設である役場や警察などを結ぶローカルな形で登場し、必要性の増大から次第に拡がりをみせていく。あるいは、コミュニティ内部という閉じた空間で利用が進み、しばらくはそこからの拡がりはない。まず、生活圏の拡がりがあり、複数の地域的コミュニティ同士が結ばれ、その先に全国化という到達点があるのだ。

日本における閉じた音声放送と電話網（有線放送電話）

日本の電話は、先述のように一八六九（明治二）年に東京─横浜間が開通したのが最初だ。その後は、国が管理する官製メディアとして普及が進んでいく。明治維新以降、まず電信が明治政府の国策として急速に全国へと拡がっていった。それは、吉見俊哉が指摘しているように、明治天皇の全国行幸の道筋と重なっている（吉見 一九九五：一六六～一七〇）。まだ国の体制が大きく転換し、「お上」が将軍から天皇に代わるという大改革を進めるためには、お上そのものの存在を国内に知らしめる必要があった。そのため、明治天皇をはじめ、政府の主要閣僚たちが随行して、国内の主な場所を行幸したのだ。その際に、首都東京に政府要人が不在となり、不穏分子がなんらかの活動を起こした場合に備えた、行幸先へのいち早い連絡手段が必要だったのだ。それが、当時最も高速で情報伝達が行えた電信だったのである。そのため、電信網の全国への敷設が急がれたのである。

電話は、電信網が出来上がった後に新たな通信網として導入・構築されることになり、電信との棲み分けと新たな利用方法が模索された。しかし、電信が政府の保安政策にとって重要な意味を持っていたのと同じように、電話も権力との強い関係を前提として導入されていった。初期の電話は、警察署間の連絡や刑務所と囚人を使った建設現場の連絡などに活用された。もちろん、一八六九年の開通当時に電話利用者名簿には個人名もあるが、すべて政府要人か知事、貿易商などの要職に就く人々だけであった。個人が電話を利用できるようになるのは、一九〇〇（明治三三）年に公衆電話ボックスが上野・新橋の両駅構内に設置されて以降だ。屋外型の電話ボックスは東京・京橋のたもとに建てられたのが最初で、「自働電話」と呼ばれていた。個人家庭に電話が引かれるようになるのはもっと先の話で、戦後になってようやく電話の存在が身近になってきた。そして、後述するように、敗戦後の日本の電話は急速に需要を伸ばしたが、その需要に設置が追いつかない状態が長らく続いたことで、閉じたコミュニティ向けの電話網が独自に構築されたのである。

一方、ラジオは一九二五（大正一四）年に放送が開始されたが、全国放送網構築は全ての国民に国家の声（意思）を伝えるためのインフラとして重要な意味を持っていた。しかし、実際には地形の関係や戦争の勃発によって電波出力を弱くし、敵に傍受されるのを防ぐ電波管制などによって、都市部から離れた地域ではラジオ受信が困難であった。戦局の悪化による国内各地への空襲によって放送施設や家庭の受信機も破壊されたが、一九四五年八月一五日のいわゆる「玉音放送」が行われるまで全国民に向けて国家の声を伝え続けた。このような全国的な国家による放送と個別の受信という関係以外に、じつはさまざまなラジオ放送受信が行われていた。一つは、各地にその痕跡を残している「ラジオ塔」による集団聴取である。公園や校庭などの広い場所にラジオ受信機を設置し、それを集団で聴く方法だ。現在で言えば、ラジオ体操にその形が残っている。もう一つが、本章後半で考察する、閉じた地域的なコミュニティにおける、有線を使ったラジオ放送の再送信であった。一台の高性能受信機で受信したラジオ放送の音声を増幅し、地域コミュニティ内の各家庭内に設置したスピーカーまで、有線を使って届ける方法だ。このようなラジオ放送受信を「共同聴取」というが、受信環境の良くない農山間部で生み出され、戦後に大きな発展を遂げることになる。

さて、敗戦によって新しい放送制度が誕生して以降、現在の公共放送ＮＨＫ（特殊法人日本放送協会）と商業放送である民間放送局の二元体制で多様な放送が行われた。ラジオは無線電波を使っているので、明確にエリアを固定することができない。地形や地球の電離層の影響によって離れた放送局の電波が受信できることもあれば、近くに放送局があっても受信状態が悪いこともある。リスナーたちの生活に密着した情報を伝えることはラジオの使命だが、対象とする範囲が拡がれば拡がるほど潜在的リスナー数は増え、必要とされる情報の種類は多種多様に増えていく。では、加入者と放送局を有線によって結び、エリアを地域的コミュニティ単位で固定すれば、そのコミュニティが必要とする情報に特化した放送が実現できるのではないだろうか。先述のように、英語で放送を表す「ブロードキャスト（Broadcast）」は「種をまく」という意味だが、種まきを広い農地ではなく、植木鉢のような閉じた狭い場所だけで行うことも可能であろう。「ブロードキャスト（Broadcast）」ラジオに対する、「ナロウキャスト（Narrowcast）」ラジオだ。戦後日本においては有線による閉じたコミュニティを対象とした、新たな放送が各地で独自に行われていた。そして、その放送システムは、同時に電話としても利用され、日本独自の閉じた地域的コミュニティを対象とした音声メディアとして生み出されたのである。

日本初の閉じた地域的コミュニティを対象としたラジオ共同聴取

戦前の日本は、国家が声を管理し、声を届ける電話やラジオは国家の管理下にあった。国家の声を隅々まで届けるラジオの重要性はますます大きくなり、受け取る側の国民もその声を漏らさず聴き取ろうと必死であった。しかし、ラジオ放送が困難な地域は存在し、それを解消する方法としてラジオの「共同聴取」という方法が生み出された。その経緯を、拙著『「声」の有線メディア史』からまとめてみたい。一九三七（昭和一二）年に新潟県東頸城郡牧村原（現在の新潟県上越市牧区原）にある明願寺《みょうがんじ》住職池永《いけなが》隆勝《りゅうしょう》は、住職であると同時にラジオ好きないちリスナーでもあった。しかし、山深い牧村ではなかなかラジオの電波が受信できず、また山間の農村地帯である牧村の人々にとって、高性能のラジオ受信機購入は困難であった。大事な国家の声を聴くための手段が手に入らなかったのだ。

ある日、寺の門前にある床屋で髪を切っていた時に、床屋の主人が野球中継の良いところで客が来るとぼやいていた。当時のラジオは居間にあり、店先では聴くことができなかった。かといって店に持ってくれれば閉店時には聴くことができず、二台の受信機を購入する金銭的な余裕はなかった。そこで隆勝は、自宅にあるラジオと床屋を有線で結び、店先に置いたスピーカーにラジオの音を流せば、仕事中でも聴くことができるのではないかと考えた。これを村中に拡げればラジオ受信はずっと容易になる。しかし、山間地の牧村は、家庭が密集しているわけではない。また、ラジオ放送の音を多数の家庭に配信するためには、音を増幅して送信する装置が必要であった。なにより、最初から牧村全体に送信できたわけではない。第一に、音声を乗せるケーブルを各家庭まで届かせるために必要な架線をする電柱が必要であった。それがないと、重力によってケーブルは垂れ下がってしまう。一定間隔で電柱を設置し、そこにケーブルを架設して各家庭に引き込んだ上で、居間の壁につけられた四角いスピーカーに接続しなければならない。そのための費用や木材の切り出し作業、その他の資材や工事の労務などをどのように賄ったのだろうか。隆勝の発案は牧村の人々に歓迎され、村内の山林から木を切り出し、それを村内を通る道沿いに設置し、ケーブルを架設して各家庭に配線するなどの作業は、村民たちによって分担された。そして、隆勝は高性能のラジオ受信機と大型の増幅器を調達し、明願寺の庫裏《くり》に設置して準備を整えた。その結果、牧村のほぼすべての家庭で、ラジオ放送を聴くことが可能となったのである。

牧村の共同聴取が持っていたもう一つの重要な特徴は、マイクを使った自主的な放送が行われていたことにある。ラジオで受診した音声を増幅して各家庭に配信するために、隆勝は工場で使う大型の増幅設備を調達してきたが、そこには工場内に一斉放送を行う設備が付属していた。たとえば、作業員全体に知らせなければならない情報があった場合などに行われる一斉放送には、マイクが必要だった。増幅器には、そのマイクも最初から付属していたのだ。そのマイクを使うと、そのままラジオ共同聴取設備にも声を送ることができた。隆勝はその設備を使って、自らの声でお知らせ等の情報を牧村の各家庭に配信していたのだ。国家による言論統制がいっそう厳しくなっていった時代に、内容が公的なお知らせであったとしても、マイクを使った自主的な放送が行われていたことに驚く。もちろん自由な内容が放送されていたことはなく、まさに国家の代弁者としてのラジオ放送を地域住民に届け、さらに公的なお知らせ情報の伝達も手助けしていたと言える。回覧板などの情報は一家の大人たちにしか伝わらなかったが、居間に設置されたスピーカーからの声は家族全員で共有される。また、子どもたちにとっても、難しい言葉は分からなかったかもしれないが、大本営が発表する戦禍に大人が一喜一憂する様を見て、その内容を推測していたと考えられるのだ（坂田 二〇〇五：八一〜一四六）。それにしても、工場で使うような大型増幅機械をどのように手に入れ、牧村まで運び込んだのかは、残念ながら未だに謎のままである。

このような一般市民による受信機購入以外の自主的なラジオ聴取の試みは、牧村以外でも行われていた。たとえば、北海道喜茂別《きもべつ》村や富良野町などにもその記録が残っているが、牧村以外はどこも当局の許可がなかなか下りずに、実際に共同聴取が可能になるまでにかなりの時間を要している。地域によってなぜ差が生まれているのかに関しては明らかとなっていないが、たとえば北海道の場合は対ソビエト連邦という地政学的な課題があったのかもしれない。いずれにしろ、戦時中のラジオを聴くことに対する人々の関心は非常に強く、そのことによって国家の意思は国民全体に浸透したし、国民を欺き、大きな犠牲へとつながっていったことは間違いない。ラジオは、国家の戦略としてだけでなく、それを受け取る国民自身によっても進んで聴取環境が作られていたのだ。戦争とラジオの関係については、第10章で改めて考察することにする。

戦後に勃興した閉じた空間の音声メディア　牧村の共同聴取システムには当初からマイクが接続され、国家や自治体、村内の重要な情報を池永隆勝自身が声で伝えていた。もちろん、ラジオを通じた重要な情報は共同聴取によって各家庭に届けられていたが、先述のように、たとえば回覧板のような村内で共有すべき情報も、共同聴取システムによって各家庭に伝達されていたのである。このマイクを使った音声情報伝達は、戦前においては国家の代弁と手助けにだけ利用されていたが、敗戦を経たことで、新たなまったく異なる利用が行われるようになった。それが、閉じた地域的コミュニティを対象とした「有線放送」である。当初はラジオを共同で聴くという目的が重要だったので「共同聴取」と呼ばれていたが、後述するように一九五〇年の電波三法成立と同時に、放送法の準用を受ける「有線放送」という「ナロウキャスト」として認められることになった。ここからは、一九五〇年以前は「共同聴取」、以後は「有線放送」という呼び方を使っていく。

この共同聴取施設は、戦後日本各地で独自に誕生していた。敗戦後の混乱のなかで、ラジオは戦前とは異なる意味で国民に情報を伝えるための最重要なメディアであった。進駐軍の指令や政府の施策だけでなく、厳しい状況を生きる市井の人々の声、そしてすさんだ人々の心を癒す音楽という娯楽を提供していたからだ。しかし、受信環境は、空襲による放送設備への被害や電力不足、そして受信機不足などによって依然として厳しい状況が続いていた。戦後の共同聴取施設も全国向けラジオの再送信が主であったが、自主放送も盛んに行われていた。戦後のラジオ放送は、ＧＨＱ（占領軍）によって戦前の放送体制が解体され、一九五一年の民間放送局開局までＮＨＫ（一九五〇年発足の特殊法人日本放送協会）のみが放送を行っていた。しかし、実際には各共同聴取施設がマイクを使った自主放送を行っていたので、きわめて限定された地域的コミュニティを対象とした民間放送に近い独自放送が行われていたのだ。

この自主放送に関しては、運用に関する規則や規制はいっさいなかったので、そのコミュニティの事情や状況に特化した、独自の使い方がなされていた。その結果、「共同聴取」を導入した主に地方農村に対して大きな恩恵をもたらしたが、その反面、さまざまな問題も起こっていた。恩恵面では、たとえばマイクを使った自主放送によって、そろばんの授業を家にいながら学ぶことができる、一種の通信教育のような使い方も行われていた。また、農村で必要な農事情報（天候の注意、農産物価格など）などを、自らの地域に特化した情報として音声で伝えていたのだ。一方、問題としては、マイクを使った自主放送をめぐる不公平感である。先述の恩恵面は、地域的コミュニティ全体を対象とするが、中には立場を利用してマイクと自主放送を私物化するような事態も起こっていた。最も大きな問題は、選挙期間中にマイクと自主放送を使って選挙運動を行うことであった。各家庭に対して強制的に情報を伝えるので、使える候補者と使えない候補者の間での不公平感は大きかったと考えられる。

『日本統計年鑑』の資料を基に筆者がまとめた資料によれば、共同聴取施設数は敗戦の年の一九四五年時点で全国に七施設であったのが、一九四八年に四一施設と六倍になり、翌四九年には一三九施設、敗戦から一〇年経過した一九五五年には一三五一施設と爆発的な勢いで増加していたことが分かる（坂田 二〇〇五：一〇八）。施設増加の背景は先述の通りだが、そもそも共同聴取に関する情報がどのように拡がっていったのかは明らかになっていない。情報通信網がそもそもなかった時代において、共同聴取に関する情報は口コミを中心に広まっていったと考えられる。あるいは、発想自体は特別なものではないので、多くの発案者とそれを支えるコミュニティ同士のつながりによって、全国で一斉に芽吹いたとも考えられる。いずれにしろ、メディアは個人やコミュニティの欲求と欲望によって生み出され、拡大していくのである。

さて、これらのマイクを備えた共同聴取施設は、基本的にＮＨＫラジオを受信して各家庭に再送信し、当時のラジオ放送にあった休止時間帯を使って独自の放送を行っていた。放送を担当するのはそのコミュニティの住人から選ばれ、ほとんどは若い女性であったが、男性が担当する場合もあった。一九五〇年に電波三法（電波法、放送法、電波管理委員会設置法）が成立・施行されるのに伴って、ラジオ共同聴取施設は一括して「有線放送」という名称で放送法が準用される公式な放送施設となったのは、既に記した通りである。また、同時に有線放送を規制する法律「有線放送の規制に関する法律」が施行され、有線放送の設置は郵政大臣（当時）の許可制となった。そのため、施設管理者が明確化され、番組制作やアナウンス技術に関してはＮＨＫの全面的な支援が行われた。特に、アナウンス技術についてはＮＨＫのアナウンサーと同じ内容の研修が実施され、既存のアナウンサーに近い技術を持つようになった。このことは、コミュニティの人々にとっても有線放送施設に対する自前の「放送局」としてのアイデンティティと意識を持つことにつながり、放送内容の充実にもつながっていった。

全国各地の閉じた地域的コミュニティに点在していた有線放送は「全国有線放送協会」という組織で互いにつながり、年に一度の全国コンクール（番組内容、アナウンス技術）が行われるようになった。地域ブロックごとに予選会が行われ、選出された地域ブロック代表が東京で行われる本選に出場してその技術を競う大会は、ＮＨＫや放送関係者が審査員として参加するなど本格的なものであった。そして、その結果がさらに各有線放送の自主放送に好影響を与える結果となった。これらの有線放送施設の設置と運営は自治体（役場）か、あるいは農業協同組合が行っており、敗戦直後の一部の例外を除いて個人施設はきわめて少なかった。その理由は、地域的コミュニティ全体に対してサービスを提供するだけの資金力、労働力、収益力、そして協力を得ることが、経営上きわめて難しかったことにある。コミュニティに対するインセンティブを与え、コンセンサスを得る作業は、やはりコミュニティの中心的な役割を担う自治体か、農村が主であったことから農業協同組合が適していたのである。

閉じた地域的コミュニティを対象とする放送と電話のハイブリッド音声メディア

さて、やがて放送の中心はラジオからテレビへと移り、敗戦の混乱も落ち着いて有線放送の役割も自主的に制作する番組内容の充実へと移行した。くわえて新しい欲求が現れてきた。それは電話であった。電話は国家事業として日本電信電話公社（以下、電電公社）がその普及を担当していた。電電公社は国営企業であり、国家政策としての全国への電話網構築と維持管理、サービスの提供を、一九八五の郵政民営化による解体と東西ＮＴＴへの移行まで行っていた。しかし、経済面での成長が急速に進む一九六〇年代以降の高度成長期に入るにしたがって、電話の需要も高まっていった。そのため需要に対する供給が追いつかず、また都市部を中心として電話網構築が進められたこともあって、農村部への電話普及は遅々として進まなかった。電話は役場や警察、郵便局、大規模商店など限られた場所にしか設置されておらず、一般家庭にはほとんど存在しなかった。電話加入を電電公社に申し込んでも電話が家庭に設置されない件数を「積滞数」と呼ぶが、『通信白書　昭和48年版』では昭和四七年度（一九七二年度）末の積滞数を二二七万件と報告している（郵政省編 一九七四：一三八）。積滞数のピークは昭和四六年度の二五二万件であり、積滞が解消されたのは一九七八年三月まで待たねばならなかった。しかし、当時電話の存在はもはや通信インフラとして社会に定着しつつあり、地方の農村を中心とするコミュニティにとっては終戦直後のラジオ聴取と同じか、それ以上に必要なものであった。

その結果、千葉県松岡村（現在の君津市）の住人が、有線放送を改良して放送と電話（通話）両方の機能を持った施設を作り上げた。一九世紀の初期電話が放送的な使われ方をしていたのとは逆に、放送設備を電話としても使おうという発想であった。基本的な技術は、音声を電気信号に変換して有線を使って伝送し、受け手側のスピーカーで再度音声に戻すので、放送として使っていた設備はそのまま利用できる。これに、電話として必要な「交換」という仕組みを加えることによって電話としても使えるのである。「交換」とは、発信者と受信者の回線を交換機内で接続することを意味し、複数の発信者と受信者同士を相互に、しかもランダムに結びつける電話の場合は、必要不可欠な仕組みである。有線放送の場合は、一カ所の送信所から多数のスピーカーに接続すればよかったが、電話の場合には発信者と受信者のペアを基本単位としての相互会話を実現する必要があった。

一九五一年当時、松岡村の消防団長であった四宮《しのみや》喜八郎《きはちろう》が有線放送を電話として使う方法を発案して、村の有線放送設備に交換機が設置された。初期の電話が交換手を必要としたのと同様に、このシステムにも交換手が必要であった。その役割は、有線放送のアナウンサーが兼務した。四宮は消防団長だったこともあって、目的は一刻も早い火災の通報と、村内への周知であった。消防署に電話で通報する一一九番という仕組みは既にあったが、肝心の電話がなかった。そのため、ひとたび火事が発生すると、場合によっては村全体を巻き込むような大火になる可能性もあった。そこで、前記のような緊急通報用の通話システムを考案したのだ。

最初のシステムはきわめて簡易な相互通話システムだったので、通話内容が有線放送加入者すべてのスピーカーから流れていたが、その後改良を重ねて数軒の加入者だけで共有できるようになった。全加入者同士を相互に結ぶだけの回線数を確保することができなかったことが原因であり、もともと放送を前提とした設備だったので、致し方なかったであろう。そして、火事のような緊急の内容ばかりでなく、日常的な会話にも利用されるようになった。

現在では考えられないような、会話の内容が誰かに聴かれているかもしれない状態であったとしても、当時の人々にとって、電話という音声メディアは重要かつ必要なものだったのだ。

問題は、放送と電話の棲み分けであった。電話と放送は同じ有線（回線）を共有しているので、放送と電話を同時に使うことはできなかった。そこで、農村の生活リズムに合わせて、早朝の農作業の間は放送（電話の相手も農作業中で不在）、朝食からしばらくは電話機能（電話の相手が在宅）のように利用時間が決められていた。後に「有線放送電話」と呼ばれるシステムは瞬く間に近隣の地域へと拡がり、全国につながる電電公社電話よりも、地域的コミュニティ内の関係を中心とした日常的な会話が優先されていた。そのため、地域的コミュニティを対象とした、閉じた電話網として全国へと拡大していった。そこで起こったのが電電公社電話との競合であった。電話網構築は国家事業なので、小規模な閉じた電話網であっても電電公社にとってそのエリアは既設になってしまう。それでも当初は閉じた地域的コミュニティの有線放送電話と全国へとつながる電電公社電話との接続試験が試みられたが、手作りの有線放送電話の施設品質と資金を投入した最新式の電電公社設備の品質では圧倒的な差があった。そのため、実験は一部でしか成功しなかった。そして、電電公社側は「地域集団電話」あるいは「農村集団電話」という、簡易な地域的コミュニティを対象とした電話設備を競合する地域へ導入し始め、有線放送電話潰しにかかったのであった。

閉じた地域的コミュニティの電話網だけで当初はコミュニケーションが完結していたが、交通網発達による生活圏拡大や、高度経済成長によって若者たちが都市部へと働きに出るようになると、電話の必要性は外へと拡がっていった。そうなると閉じた地域的コミュニティに特化した有線放送電話よりも、全国につながる電電公社の電話網が有利になる。その一方で、放送に関しては閉じた地域的コミュニティにおける重要性は依然として健在だったので、各地では有線放送電話の存続、廃止、あるいは電電公社電話との共存などの議論が行われ、施設の老朽化や情報通信技術の進歩などの要因も重なって、閉じた地域的コミュニティを対象とした放送と電話のハイブリッドメディアは次第に日本国内から消えていったのである。

塀に囲まれた閉じた空間でしか聴けない刑務所ラジオ

他に閉じた空間として思い浮かぶのは、高い塀に囲まれた刑務所ではないか。農村のように地理的に閉じたコミュニティであっても、物理的な形で閉ざされているわけではない。道路はつながり、人々は交流し、コミュニティの外への移動も自由だ。しかし、刑務所の場合は、一定期間あるいは生涯そこから出ることは許されず、許されたとしても一時的で、外では過酷な労働が待ち受けていた時代もあった。たとえ脱走に成功したとしても、その後の人生は決して安泰とは言えず、常に追っ手を意識しながら逃亡生活を続けなければならない。刑務所内には自由はなく、規律と規則正しいリズムで刻まれる生活があるだけだ。そんな閉じた空間の典型とも言える刑務所と音声メディアであるラジオは、意外な結びつきをしているのだ。

まず、ラジオが最初に誕生したアメリカの刑務所では、受刑者がラジオ出演するという形で結びついていた。一九二〇年にKDKAが最初の商業ラジオとして放送を開始して以降、全米中に数百のラジオ局が開局した。人々はラジオから流れる音楽に夢中になり、DJの軽快なトークに魅了された。そして、新しく魅力的で、刺激的な番組を求めていた。一九三八年三月二三日、アメリカ・テキサス州のラジオ局WBAPから「The thirty minutes behind the wall（塀の向こうの三〇分）」と題されたラジオ番組が放送された。番組の内容はバンド形式による音楽の生演奏を中心としたパフォーマンスショーだったが、この番組の最大の特徴は出演者全員が刑務所の受刑者たちだったことにある。番組名の「Wall（塀）」は刑務所と外界を仕切る高い塀で、その内部には受刑者にならなければ入ることはできず、様子を知ることもできない。そして、この刑務所内部の様子や受刑者生活、受刑者本人たちへの好奇のまなざしは、現在でもテレビ番組などの取材番組が放送されることからも、失われていないのが分かる。刑務所の存在は目に見えても、内部は秘密のベールに包まれている刑務所は、それが建つコミュニティにとっても避けては通れない存在だったのである。地元ラジオ局WBAPは、そんな刑務所と受刑者たちが出演する番組を制作し、放送したのである。

番組の目的は、リスナーへの娯楽提供や好奇心を満足させることではなく、出演する受刑者たちの更生プログラムの一環としてであった。キャロライン・ナギー（Caroline Gnagy）『Texas Jailhouse Music』によれば、受刑者自身が発信するラジオ番組としては、一九三七年七月にアメリカ・オクラホマ連邦刑務所から地元ラジオ局ＷＫＹを通じて放送された記録がある。そして、当時のラジオ雑誌に掲載された「この番組が予想外に刑務所受刑者や刑務所関係者に志気の向上効果（morale building effect）をもたらした」という記事を引用しながら、翌年の「The thirty minutes behind the wall」放送へとつながったと記している（Gnagy 2016）。受刑者は刑務所内での作業や遵法意識の醸成などの更正プログラムを受けるが、もっと能動的で肯定感を得られるプログラムとして考え出された。受刑者達から選ばれた者だけが演奏者としてバンドを組み、ラジオ番組での生演奏を許される。もちろん、受刑者たち全員が音楽経験者ではないし、犯罪の種類もさまざまだ。そのため、まずは楽器演奏の技術習得から始まり、一定の技術を修得したものがパフォーマンスを行った。単調な刑務所内での作業だけではなく、新たな挑戦や目標に対する能動的な関わりが、受刑者や刑務所関係者たちの意識向上につながったと考えられる。

「The thirty minutes behind the wall」は、毎週水曜夜にハンツビル（Huntsville／アラバマ州北部）連邦刑務所内で行われる受刑者たちの生演奏を生中継する三〇分番組だ。その音楽パフォーマンス力は高く、多くのリスナーに受け入れられた。番組は全米各地のラジオ局を通じて中継され、約五〇〇万人ものリスナーが放送を聴いていたと推計されている。そして、放送後には毎週数千通に及ぶファンレターやリクエストカードが受刑者たちに届き、このことも受刑者をはじめとする関係者の意識を高めた。放送開始一周年記念の際に、リスナーに向けて一時間番組への拡大を求める手紙を書いてほしいとアナウンスしたところ、約二二万通に及ぶ手紙を受け取ったという。放送前には、別のステージ・パフォーマンスも行われていて、毎週数百人の一般市民たちが刑務所の塀の外から受刑者達のパフォーマンスを観にやって来ていたという。

「The thirty minutes behind the wall」は男性受刑者だけでなく、女性受刑者たちもパフォーマンスを披露していた。同じくハンツビル連邦刑務所の女性受刑者で構成された「The Goree Girls（ザ・ゴーリー・ガールズ）」と名付けられたバンドは、塀の外にまで活動範囲を広げていた。メンバーは仮釈放されるごとに入れ替えられ、なかにはバンド活動によって刑期が短くなると考えて参加したメンバーもいたようだ。「The Goree Girls」は南部のロデオ大会などに出演し、大変な人気を得た。彼女たちは塀の外に出ていたので閉じたコミュニティとは若干異なる面もあるが、基本的には塀の中である刑務所という閉じた空間が生活の基本であり、彼女たちのパフォーマンスはラジオという音声メディアによって塀の外とつながっていたのである。

閉じた空間で完結する日本の刑務所ラジオ

では、日本の刑務所はどうだったのであろうか。日本の刑務所の場合は、アメリカの「The thirty minutes behind wall」のような塀の外に向けた形でラジオは関わっていないが、閉じた空間である刑務所内で音声放送は利用されていた。司法省行政局が一九三〇（昭和五）年一二月に出した「〈訓令通牒〉ラジオ受信機及附属設備に関する件」と題する通牒（通達）に関して、一九三二（昭和七）年一月一二日に鹿児島刑務所長安東福男から送られた実践報告によると、一般のラジオ放送を受刑者に聴かせるのではなく、教化教育や所長訓示などを放送で行うことで、効率が良くなったとされている。この実践報告では刑務所管理に独自の放送利用が行われ、「刑務所放送局」という名称も使われている点が注目される。その一方で、娯楽要素として受刑者に一般のラジオ放送を聴かせている刑務所も散見されている。一般大衆を対象とした娯楽を、刑罰の対象として刑務所に収監され、教化教育を受けている受刑者にそのまま聴かせるのは、趣旨が異なるという議論が盛んに行われていた。

このように、国家が一元的に放送を管理していた戦前日本の刑務所では、アメリカのように刑務所単位で受刑者への教化教育や社会復帰プログラムを作成することはきわめて困難であった、受刑者がラジオ出演するなどということは、そもそも考えられてもいなかったであろう。それが、敗戦後の日本国内刑務所においては、受刑者が発信する「刑務所内ラジオ放送」が存在していたのだ。所内における教誨などの更正業務の一環として放送設備を利用する発想として誕生し、その背景にあったのが敗戦後の日本社会に急速に押し寄せてきた「マスコミ」という存在であった。一九五〇年に雑誌『刑政』第六一巻第五号に奈良少年刑務所刑務官松下喜信が書いた「當所に於ける掲示放送教育の實際」と題された記事は、少年刑務所という特殊性から収容されている「少年」たちの更正には五感に訴える環境が重要だと主張している。そして、彼らに訴えかける方法のなかでも、特に聴覚（放送）と視覚（掲示）の活用実践を報告している（松下 一九五〇：八五）。奈良少年刑務所では、「放送掲示教育」という新たな試みを行っていた。従来からある古い放送設備と一般的な廊下などに張り出される掲示板を使った試みで、まず所内中央に置かれた掲示板を使って、⑴修養に関する言葉を親しみやすい断罪を短詩調に変えて三日に一度の割合で掲示する。⑵時事に関する事柄を毎日掲示し、それを所内管区ごとに許可された一名の「独歩者」が書き写して、各管区の掲示板および工場自治委員に口頭で伝える。さらに所内各組織に細かく伝えられるとともに、この内容を元にした質疑や討論などが行われる。

これらの掲示板を用いた活動と内容は、同時並行して放送教育にも活かされた。所内放送室ではいっそう親切な解釈と共に自治委員の座談会、収容者の話、自治総会の実況中継、釈放者の体験を綴った手紙の朗読、解罰者だけの更正座談会などが連日放送されていたのである。放送教育は、昼食時を利用した音楽鑑賞の定時放送の形で行われ、昼食後には新語解説や歌の練習、その日のニュースの要約などの形で行われる。その後に、先述の放送室内で行われる各種のプログラムが放送される。そして、放送内容が収容者たちにどう受け取られているかを、工場別小委員会日誌、工場別放送聴取感想録、個人の感想録、輿論調査（収容者全体への調査）を通じて「絶え間なき反省と検討が加えられ」ている。

奈良少年刑務所の試みのあと、一九五二年には『矯正教育』第六八巻第九号誌上に「矯正教育とマス・コミュニケーション」と題する特集記事が掲載されている。記事は二部構成になっていて、坂東知之「矯正教育に於けるマス・コミュニケーション」および武田義郎（奈良少年刑務所）「矯正教育施設に於ける放送教育の重要性」である（坂東・武田 一九五二：五五〜六五）。放送法を含む電波三法が施行されたのが一九五〇年六月であり、同時に特殊法人日本放送協会が設立された。一九五一年九月一日には日本初の民間放送が誕生し、五三年二月にはテレビ放送が始まっている。この記事が書かれた時期は、まさに日本に新たな電波メディアが登場し、法律が定める一定の制限のなかでさまざまな活用方法が模索されていた時期でもある。巨大な拡がりをもつマス・コミュニケーションと完全に閉じた空間である矯正施設（刑務所）を、どのように組み合わせるのか。その二つを組み合わせるためには、

「監獄法に対する因習的解釈」という閉じた考え方を正す必要があり、具体的にはラジオという音声メディアを用いて⑴社会とのつながり、⑵言語教育、⑶耳を働かせることでの生活態度養成という総合教育を目指していた。

この刑務所内ラジオは、刑務官が勤務時間外に自主制作して行われ、昼休みの時間帯に放送されていた。そして、この試みは他の矯正施設へと拡がり、一九五九年には「全国矯正施設自主放送番組コンクール」が行われている（『刑政』、一九五九：八四～八五）。また、先出の奈良少年刑務所では受刑者自らが制作するラジオ番組やテレビ番組の実践も行われていて、視聴覚教育の一種として受刑者の更生に寄与していた。しかし、刑務官本来の業務とは異なっており、勤務時間外のボランティア活動的な位置づけだったため、これ以上の拡がりは生み出せなかっただけでなく、次第に消えていくことになった。その代替手段としてだったのかははっきりしないが、新しい形の刑務所内ラジオが登場する。富山刑務所で一九七九年一二月二一日から始まったこの新しい形の「所内ラジオ」は、富山県教誨師であり北日本放送でラジオパーソナリティ経験のある川越恒豊と、同じく同局でラジオパーソナリティを一緒に行っていた金丸典子が、所内の放送設備を使って受刑者向けに行った「所内のみで聴けるラジオ番組」であった。

「七三〇ナイトアワー」と題されたこの所内ラジオは、それまでの刑務官が時間外に行っていた自主制作や受刑者自身が制作するものではなく、無償ではあったが刑務所外のラジオ番組制作経験者に委託したのである。そして、通常のラジオ番組のように音楽が流れ、受刑者からのメッセージを受け取り、それに対するコメントをパーソナリティの二人が返すという、いわゆる「DJスタイル」で行われている点が最大の特徴であった。また、受刑者からの楽曲リクエストも受けているため、「所内放送」ではなく「所内ラジオ」と呼ばれていた。「七三〇ナイトアワー」は、刑務所内自動放送設備の導入を機に、「所内ラジオ」を通じて「教養と情操の向上を計る目的」で始まった。川越は教誨師でもあり、また放送の経験者でもあったので、「放送を通じて受刑者の教化に務め、また、リクエストカードに書かれた受刑者個々の苦しみ、悩みの訴えには、適切に答え指導するなど効果が上がって」いた。放送は、不定期に月一回平日午後七時三〇分（七三〇）から九時までの九〇分間の生放送で、受刑者がカードに記す内容には制限が設けられていない。また、「年一回長期間の無事故者を夜間スタジオに集め、オープンスタジオ方式で放送を実施」している。つまり、ゲストとして優良な受刑者が出演しているのである（『刑政』、一九八四：七五〜七六）

　このような閉じた空間へ発信され、その空間でしか聴くことができないラジオである刑務所ラジオは、この「七三〇ナイトアワー」をきっかけに各地の刑務所で行われるようになった。それは、地元の県域ラジオ局やコミュニティＦＭ局の協力、アナウンス経験者によるボランティア活動などによって支えられている。本章執筆時点（二〇二三年一二月）では、札幌刑務所、帯広刑務所、富山刑務所、府中刑務所、和歌山刑務所、山口刑務所、福岡刑務所などで行われている（筆者調べ）。番組には受刑者からのメッセージだけでなく、元受刑者が登場することもある。このうち、札幌刑務所の所内ラジオに関しては、地元札幌市西区のコミュニティＦＭ局「さっぽろにしエフエムほうそう（ステーションネーム「三角山放送局」。以下同表記）」が全面的に支援しており、例外的に「苗穂ラジオステーション」という番組名で、三角山放送局の番組として刑務所外へ配信され、誰でも聴くことができる[1]。もちろん、個人が特定されるような内容は含まれず、またトラブルもいっさい無いと三角山放送局社長の杉澤洋輝は断言している。その反面、一部の刑務所でしか実施されていないことや、あくまでもボランティア活動としてさまざまな協力者の下で行われているという現実もある。刑務所内でのメディア接触はわれわれが考えているよりも自由で、テレビを観たり新聞を読んだりすることに制限はない。しかし、刑務所ラジオをうるさいと感じる受刑者も少なくはなく、受刑者自身が何を期待しているのかも分かりにくい。

　刑務所ラジオのような閉じた空間で完結するラジオは、完全に内部空間で循環するメディアとして誕生し、存在している。受刑者個人が発信したメッセージ＝声が、ＤＪという他者の声を通じて所内放送として「閉じた」空間に拡散する。そして、そのマス・コミュニケーション的手法を通じて受刑者から解放されたメッセージ＝声は、「こだま」のように自分へ戻ってくる「反響的（reflective）」なメディアなのである。つまり、刑務所という「閉じた」空間の中で用いられた音声メディアの「声」は、その物理的、制度的「壁」によって反響し、受刑者個人のメッセージはＤＪが読み上げる声を通じて自己へと還る「自己再帰化」が行われるのである。受刑者たちのメッセージ内容は、犯した罪に対する「贖罪」ではなく、そのほとんどが壁の向こう側にある社会とのつながりである。残してきた家族への想い、社会復帰への不安や希望、そして思い出深い音楽を聴いて社会とのつながりを維持しようとする欲求である。このような欲求を、壁の中に閉ざされたラジオは満たしてくれる。そして、その際に壁の外から来るスタッフの存在自身もまた、壁の外との関係性を維持するために役立っていると考えられるのである。

閉じた音声メディア（病院ラジオ）

最後に、病院という閉ざされた場所におけるラジオを考えてみよう。病院には、大きく分けて外来診療と入院治療という二種類の関わり方がある。外来診療は、カゼや腹痛などの身体的、あるいは精神的な不調の際に、開業医や大型の総合病院、大学病院などの医療機関を訪れて診察・検査・治療を行ってもらう方法だ。最も身近な病気、病院との関わり方になる。もう一方の入院治療は、長期の治療や手術などの処置を伴う場合に、病院内の入院施設に一定期間滞在して検査。治療を受ける方法だ。入院施設には有料のテレビやインターネットのWi-Fi環境が用意され、入院患者はプリペイド型のカードを購入することで利用できる。入院中は決められた時間帯に面会が許され、外部との接触が完全に断たれることは基本的にはない。ただ、病気の種類や状態によっては、面会が制限されることもある。とはいえ、入院での治療は肉体的だけでなく精神的にもダメージが大きいので、外部との関係性を維持することは重要であるが、完全にオープンにはなっていない。言い換えれば、病院という閉じた空間での生活を余儀なくされているのである。ちなみに、筆者は二〇二二年八月に腰の手術のため入院したが、その際に新型コロナウイルスに感染し、入院期間の後半は隔離病棟の個室で過ごすことになった。もちろん面会は許されず、言葉を交わすのは防護服を着た看護師たちだけであった。スマホは使えたので外界との接触が完全に断たれたわけではないが、社会からの隔絶感は大きかった。

この病院という閉じた空間にもラジオが存在している。特にイギリスでは、病院が独自のラジオ局を持っていて、病院のスタッフや医師などが入院患者向けの「病院ラジオ（Hospital Broadcasting）」として放送を行っている。そして、その病院ラジオが「The Hospital Broadcastiong Association」という組織を作っているのだ。ただ、刑務所ラジオのように完全に閉じた空間だけで完結しているのではなく、電波やインターネットを使って外部の人間も聴くことができる。病院というテーマ性をもったラジオ局といった方が正しいであろう。日本の場合は電波法の制限もあって自由な放送を行うことはできない。しかし、後述するような病院内でのラジオ放送の実践や病院というテーマ性を持った番組が制作されている（図8－3）。

図8－3　「The Hospital Broadcastiong Association」のホームページ

まず、病院とラジオの歴史的な関係を確認しておこう。アメリカＫＤＫＡが商業ラジオ放送を開始した一九二五年よりも前の、一九一九年にアメリカ・ワシントンＤＣの「ウォルター・リード総合病院（The Walter Reed General Hospital）」で始まったとされているが、確実な証拠が残っていない。公式には、イギリス・ヨーク州の州立病院で一九二六年に始まったのが最初である。医師のトーマス・ハンストック（Thomas Hanstock）が、患者のためにサッカー解説や教会のミサ中継、音楽配信などを行いたいという希望から生み出された。一九七〇年代までに、事実上すべての病院に規模に合ったサイズのラジオ局があったと、「The Hospital Broadcastiong Association」のＨＰに記載されている[2]。本章執筆時点（二〇二三年一二月末）において、イギリス全土で一七〇以上の病院で独立した放送が行われており、一〇〇〇以上の番組が提供されている。目的は患者の治癒と癒しであり、豊かな人生を生きられるようにと、この放送を通じて応援している。放送に使われるメディアはラジオが中心で、患者の状態によってはテレビを観ることが困難であり、また番組を作る側もマイクに向かって話すだけなので、負担が少ない。そして、何よりも制作が簡単なのである。

The Hospital Broadcastiong Association は一九九二年に発足し、各病院ラジオを連携させて番組の質の向上や番組制作の手助けを行っている。年に一度各病院ラジオ番組を審査してアワードを決定するなど、病院ラジオの普及、向上、啓発活動などを行っている（Fleming 2010：34-35）。イギリスのラジオ放送は、一九二〇年一月に当時の英国郵政庁が初の放送免許を与え、同年二月二三日から定時放送を始めた。しかし、空軍の無線と混信するために二年間封印され、一九二二年二月に改めて別の放送局に放送免許が付与された。同年一〇月一八日に、イギリス国内の無線機産業を守ることを主な目的として「英国放送会社（British Broadcasting Company）」が設立され、一九二七年一月に、英国放送会社は国王の特許状にその存立の根拠を置く現在の公共放送ＢＢＣである「英国放送協会（British Broadcasting Corporation／以下ＢＢＣ）」に改組された。

第二次世界大戦終結後もＢＢＣは放送を続けて現在に至るが、一九六〇年代のＢＢＣはポピュラーミュージック（ロック・ミュージック）に対して否定的な考えを持った番組編成を行っており、若者たちが求めていた音楽が放送されなかった。また、放送免許は国が管理しているため若者たちが求める内容の放送が自由に行えず、海上に浮かべた船の上から国家の免許を受けない違法電波によるラジオ放送（海賊放送）が行われていた歴史もある(3)。そんなイギリスでの病院ラジオは、どのように運営されていたのであろうか。まず、第一次世界大戦による傷病人の増加が挙げられる。そのために、ラジオによるサービスを行う必要性が増したと考えられる。また、病院という公共的なサービスを社会に提供する施設に特化したラジオであったために、その運営も寄付によって賄われていた。一九七三年に民間放送が認可されるまでは公共放送ＢＢＣのみが放送を行っており、病院ラジオはまさに「公共的」放送メディアとして存在していた。そのため、現在に至るまでイギリスの病院ラジオは維持・継続しているのである。

では、日本には病院ラジオは存在するのだろうか。結論から言えば、イギリスのような形で病院ごとに放送を行える放送制度は存在しない。国家が電波を管理しているのは他国と変わりがないが、日本の場合は電波利用に関する規制が強い。まず、放送に用いる電波は、「国家がこれを管掌する」と明記されており、自由に使うことは基本的にできない。そして、電波利用の種類としての放送免許は、大きく分けて公共放送と民間放送の二種類であり、民間放送にはコミュニティＦＭ（放送）、外国語放送が含まれている。現実的には、現在新しい放送免許はコミュニティＦＭに限られており、全国で三三九局（総務省令和四年一二月一日時点）が放送を行っている。コミュニティＦＭは地域密着のラジオ局なので、地域全体の福祉に資する放送を行う必要がある。したがって、病院という単一の施設に免許が付与されることはなく、コミュニティＦＭがカバーする地域のなかにある対象の一つということになる。

そのため、コミュニティＦＭの番組として病院と連携している事例や病院が法律の範囲内で行う小規模なラジオ放送を実施している事例、あるいはＮＨＫがテレビ番組として行っている事例に限られている。愛知県豊明市にある藤田医科大学病院では、二〇一九年一二月一八日に日本初となる病院内ラジオ「フジタイム」の放送を開始した。フジタイムは藤田病院のスタッフが運営する病院ラジオで、電波ではなくインターネットを使った番組配信を行っている。番組は「ドクター紹介や朗読コーナー、最新医療情報、院内イベントの様子などを用意し、二週間ごとに内容を更新」され、月に一回行われている院内コンサートや患者からのメッセージ、リクエストも受け付けている。イギリスのホスピタルラジオに比べれば規模は小さいが、日本国内には他に類のない試みである。また、ＮＨＫのテレビ番組「病院ラジオ」は、お笑い芸人のサンドウィッチマンの二人がパーソナリティになって日本全国各地の病院を訪問し、ロビー等に設置した仮設ブースで患者や元患者、病院スタッフなどが思いを語る番組である。院内各所に設置されたラジオ受信機を使って生放送の形で語りが聴け、視聴者の共感を呼んでいる。

閉じた空間では、なぜ音声のラジオが使われるのか

このように、音声放送は広く拡散するものだけでなく、閉じたコミュニティや空間を対象として行われてもいる。刑務所のように、犯罪を犯し、刑務所に収監されることでしか聴けないラジオ放送もある。また、病院ラジオのように、病気治療や入院という特殊な環境下にある人たちに向けたラジオ放送もある。このような閉じた空間への放送は、なぜ音声のみを使ったラジオというメディアが使われるのかを考えたとき、そこにはまず放送を行う簡易さが挙げられる。イギリスのホスピタルラジオの場合は、日本のコミュニティFMレベルの施設を持っている場合もあるが、マイク一本とパーソナリティ一人、そして音楽をかけるプレイヤーと音をミックスルミキサー、最後に放送を電波やインターネットに配信する装置さえあれば作ることができる。受診する側は、アナログの小型受信機かネットに接続したスマートフォンなどで聴くことができる。最近の動画配信も簡単に行えるようになってはいるが、画面上に登場する人物がメインであって、ラジオのように耳だけで聴くことが想定されていない。反対に、ラジオは耳だけで聴くことを想定しているので、そこには語るストーリーがあり、感情があり、共感がある。ラジオという音声メディアがもつ、メディアとしての特徴が閉じたコミュニティとの親和性を持ち、つながりを強く作り出しているのだ。

閉じた空間と音声の組み合わせだからこそ可能な情報の発信があり、マスメディアとは異なる情報の伝え方が可能となる。音声メディアには、多様な可能性が含まれているのである。

注

（1）「苗穂ラジオステーション」は、二〇一三年度札幌弁護士会人権賞を受賞している（https://www.sankakuyama.co.jp/contents/2013/12/25/004006.php）。

（2）The Hospital Broadcasting Association　（https://www.hbauk.com/about-hba）

（3）イギリスの海賊放送については、原崎恵三『海賊放送の遺産』（近代文芸社、一九九五年）や、二〇〇九年公開のイギリス映画『パイレーツ・ロック（原題：The Boat That Rocked）』で描かれている。

参考文献

NHK「病院ラジオ」（https://www.nhk.jp/p/hospital-radio/ts/4LP7MJWPN9/）。

小川明子「英国に息づくホスピタルラジオ」放送レポート編集委員会編『放送レポート』二七二、二〇一八年。

坂田謙司『「声」の有線メディア史――共同聴取から有線放送電話を巡る〈メディアの生涯〉』世界思想社、二〇〇五年。

原崎恵三『海賊放送の遺産』近代文芸社、一九九五年。

藤田医科大学病院「日本初〔＊〕のホスピタルラジオ「フジタイム」開局」（https://www.atpress.ne.jp/news/201341）。

松下喜信「當所に於ける掲示放送教育の實際」『刑政』第六一巻第五号、一九五〇年。

郵政省編『通信白書　昭和48年版』大蔵省印刷局、一九七四年。

吉見俊哉『「声」の資本主義――電話・ラジオ・蓄音機の社会史』講談社（講談社選書メチエ）、一九九五年。

「矯正教育とマス・コミュニケーション」『矯正教育』第六八巻第九号、一九五二年。

　坂東知之「矯正教育に於けるコミュニケーション」。

　武田義郎「矯正教育施設に於ける放送教育の重要性」。

「全国矯正施設自主放送番組コンクール」『刑政』第七〇巻第一一号、一九五九年。

「自主制作ラジオ番組『七三〇ナイトアワー』」『刑政』第九五巻一〇号、一九八四年。

The Hospital Broadcastiong Association（https://www.hbauk.com/）.

Fleming, Carole, *The radio handbook*, Routledge, 2010.

Fischer, Claude S., *America Calling: A Social History of the Telephone to 1940*, Berkeley: University of California Press. 1992.（＝吉見俊哉・松田美佐・片岡みい子訳『電話するアメリカ――テレフォンネットワークの社会史』ＮＴＴ出版、二〇〇〇年）。

Gnagy, Caroline, *Texas Jailhouse Music: A Prison Band History*, History Press Library Editions, 2016.

リチャード・カーティス監督『パイレーツ・ロック（原題：*The Pairets Rock*）』二〇〇九年公開。［映画］

第Ⅲ部　人を助け、人を苦しめる音声メディア

第9章　騒音と静寂
――音と声をめぐる環境と社会――

早朝にしか聴くことのない音、日中に聴こえる声、夜に消える音や声、深夜に訪れる音のない世界。聴こえてくる音や声には、時間帯や場所によって違いがある。あるいは、勉強や仕事に集中したいときに聴きたい音や声があり、その逆に遮断したい音や声もある。音楽ライブや自動車レースのような、特定の（特別な）音を聴きたい場合もある。そして、森の中や山の頂など、人工的な音が極力遮られている場所を求め、その静寂に心を癒されることも多い。本章では、音が生み出す「騒」と「静」について考えてみたい。

音や声の存在と感覚

最近、ASMR（Autonomous Sensory Meridian Response）という言葉を聴くことがある。『朝日新聞』という記事によれば、二〇二〇年一一月一九日付記事「聴くとゾクゾク…ASMRの不思議　絶頂に飢えた私たち」といい、「耳かきの音や咀嚼《そしゃく》音、キーボードのタイピング音――。聴くと思わず体がゾクゾクするような音を紹介する『ASMR（エー・エス・エム・アール）』動画が若者を中心に人気だ」とある。ASMRについて、「訳すると『自律的な感覚の絶頂反応』。聴覚への刺激で引き起こされる皮膚感覚のことを指す。一般的には、聴く人の追体験を誘うような音声がASMRと呼ばれている」と説明されている。たとえば、黒板を爪でひっかくと出る音を聴くと、われわれはきわめて不快な感覚に陥るだけでなく、鳥肌が立つような肌感覚も感じる。そして、その音がたとえ初めて聴いた音であったとしても、われわれには不快な音として認知される。逆に、喉を鳴らしながら何かを飲む音を聴くと、冷たい水や冷えたビールを思い起こして爽やかな気分になり、一瞬肌にまとわりついた汗が引いたような感覚をもつ。

ＡＳＭＲは、そんな音と皮膚感覚の関係性が、個人からネットを通じた共感へと拡がっていった例であろう。ＡＳＭＲは造語だが、この言葉を作ったのはアメリカ人のジェニファー・アレン（Jennifer Allen）で、二〇一〇年にFacebook上に「ASMR Group」を立ち上げ、「ASMR University（https://asmruniversity.com/）」というウェブサイトも主催している。日本語でＡＳＭＲを紹介しているウェブサイト「ASMRweb（http://asmr.jp/）」によると、ＡＳＭＲに必要な心地よさを生み出すためには「トリガー（引き金）」が必要で、仕草や表情、雰囲気などの「視覚的要素（動作）」と、実際に聴こえてくる音である「聴覚的要素（音）」の二種類がある。音から感覚が生み出されるＡＳＭＲであるが、実際には視覚的な要素も重要な意味を持っている。そのため、ユーチューブのような動画共有サイトに、音のＡＳＭＲ動画が数多くアップロードされているのだ。ＡＳＭＲ動画は日々アップロードされるので、数え切れないほどのＡＳＭＲ動画が世界中の各種動画投稿サイトに存在しており、音声配信サイトも含めると途方もない数のＡＳＭＲ関連動画や音声データが存在していることになる。

また、ＡＳＭＲという言葉を新聞データベースで検索すると、二〇一八年五月一五日付『日本経済新聞』「トーストの音、山本貴光」という記事が最も古い。「ザリッ、ザリッ、ザリッ。表面をかりかりに焼いたトーストにナイフでバターを塗る。私はあるとき、この感触がたまらなく好きであることに気がついた」という書き出しで始まるこの記事は、ゲーム作家の山本貴光が書いたコラムである。このコラムのなかで、さまざまな音を好む人々の存在とユーチューブ上にあるＡＳＭＲ動画を紹介している。次に登場するのは、二〇一八年一〇月三一日付『読売新聞』「[週刊ニコニコ動画]［音フェチ］　苺のレアチーズケーキ」である。こちらも、ニコニコ動画に投稿されているお菓子の製作工程動画を、映像と音で紹介している。先のユーチューブ動画とは違ってＡＳＭＲだけではないが、音が食感や匂いや味までも想像させてくれている。

この後も同種のＡＳＭＲ動画を紹介した記事が二〇一八年一二月一五日付『日本経済新聞』「快感…音が癒やし、氷『ゴリゴリ』、耳かき『ぞわぞわ』……――うつ病や睡眠障害、治療効果、期待の声」、二〇一九年五月一三日付『日経ＭＪ』「『音フェチ動画』で食欲三倍!!（今っぽ二〇代女子）」、二〇一九年五月三一日付『日経ＭＪ』「『バキッ』

『バリッ』で売り上げUP、脳気持ちよい『ASMR』で音マーケ、森永製菓、二・六倍、日本KFC、想定の五割増」、二〇一九年七月一七日付『日経MJ』「脳に快感、ASMR動画…、あえて消音、癒やしの手触り、妄想でリアル、頭からっぽ気分リセット」と続いている。『日本経済新聞』や『日経MJ』（日経流通新聞）に記事が多いのは、ASMRがマーケティング戦略として使われているからだ。逆に言えば、ASMR効果が商品の売り上げと強く結びついているのである。

音の有無と日本の音文化

ASMRという言葉がわれわれの社会に動画や文字として登場したのは、新聞記事の登場時期からみて二〇一八年頃からだと思われるが、それ以前から物や動作と音の関係性自体は社会のなかに存在していた。たとえば、衣擦れ、ストーブの上の沸騰したヤカン、餅が焼き上がって破裂する音、潮騒、湧き水がしたたる雫《しずく》など、日本の音の文化にはたくさんのASMRが組み込まれている。その一方で、音を立てない文化も同時に存在していて、典型的なのは「食事時に咀嚼音を出してはいけない」、「障子や扉の開け閉め」、「廊下を歩く際の足音」などだ。なぜASMRのような音の存在とそれが生み出す感覚が注目を集めたのかは分からないが、はっきりと音の存在を意識したのは二〇二〇年一月以降に拡大した新型コロナウイルス感染症による外出自粛であることは、これまでにも述べてきたように間違いない。外出自粛によって街から音が消え、会話による飛沫が新型コロナウイルス感染を引き起こす恐怖と同時に、人々は音のない生活にも恐怖を感じたからだ。この音のない生活は自ら求める「静寂」とは異なり、生活を作り上げていた要素としての音が消えてしまったことによって、人々の日常を構成する重要な要素である音が欠けてしまったのだ。

先述のように、音は無意識に情報として取り込まれ、脳内で処理されている。必要な音はデータベースに保存され、記憶として使われる。たとえば、毎朝通る道で同じ時間に店のシャッターが開く、ラジオ体操の音楽が流れる、アナウンスが聞こえるなど、日常には音が生み出す記憶のリズムがある。その音が急に聴こえなくなった時、記憶のリズムから音が抜け落ち、欠落した音を探し求めてしまう。つまり、何かがおかしいと感じるのだ。音の記憶もおかしいと感じるが、どんな音がその場所で聴こえていたのかを思い出せない。思い出せないが、リズムは狂ったままだ。そして、何日もリズムが狂ったままの状態が続くと、それが日常生活に必要な音であったことに気がつく。

一番欠けてしまった音は何だったのだろうか。それは、他者と会話する声である。同居する家族以外の友人や同僚との会話がなくなり、雑談が消えた。雑談は明確な目的やテーマがない会話であるが、われわれは日々雑談を行っている。雑談の方が回数が多いかもしれない。オンラインでも雑談はもちろんできるのだが、パソコンの画面越しの会話には、「会話以外の音」がない。たとえば、カフェでの雑談にはBGMや他の客たちの会話が重なって聴こえてくる。自分たちだけの声がマイクを通して相手のスピーカーへ届き、発話のタイミングも相づちのタイミングも、対面での会話のようにはできない。オンライン会議用のアプリを使ったオンライン飲み会も一時期流行ったが、これも発話が一人単位なので、飲み会のような「無秩序」で「カオス」な状態の楽しさがない、われわれには、さまざまな場面での声による雑談が必要だったのだ。それが無くなってしまった結果、たとえばオフィスの雑然とした音を提供するASMR的な音への渇望が生まれ、人の声と音楽が聴こえてくるラジオへの関心が高まったりしたのである。

ところで、学生にASMR動画を観るかを尋ねたところ、よく観ると答えが返ってきた。さらに、観る理由をきいたところ、夜寝付けないからという答えだった。OECD（経済協力開発機構）の二〇二一年度調査によると、日本人の睡眠時間は七時間二二分で加盟三〇カ国中最下位であった（OECD「Gender Data Portal 2021」）。外遊びの時間が減って体力が余っていたり、塾や学校の課題に夜遅くまで取り組んでいたりと、寝る時間が後ろ倒しになっている。くわえて、眠れないこともあってスマホを深夜まで見続けていることで、睡眠の妨げになっているとの指摘もある（稲嶋・堀尾 二〇一九：一〜一〇）。大学生の場合も授業後にアルバイトを深夜まで行い、帰宅後の時間を勉強やインターネットでの動画閲覧、スマホ利用などにあてることで、就寝時間が遅くなるだけでなく、寝付けないことが多くあるようだ。その結果、睡眠導入を促すASMR動画を観ているのではないかと推測される。しかし、結局スマホの明かりが刺激になって、あまり効果はないのではないかと疑問に思ってしまう。

このように、われわれにとって音や声は、その有無にかかわらず、きわめて重要な意味を持っている。音の有無を「騒音」と「静寂」という二つに分けたとき、メディアとの関係に何が見えるだろうか。

騒音はいつから発生していたのか

夜、眠ろうとしたときに耳障りな音や声が聴こえてくると、せっかくの穏やかな気分が台無しになる。隣で寝ている家族のいびきや安いビジネスホテルの隣室から聴こえてくるテレビの音、電話の会話など、眠りを妨げる音は数多い。そもそも、なぜわれわれは眠るときに静寂を求めるのだろうか。おそらく、睡眠は脳の休憩でもあるので、耳から聴こえてくる音の処理を中断したいのであろう。医学的には、自律神経系が交感神経優位から副交感神経優位に切り替わる作業によって眠りに入ることができる。緊張したり刺激を受けていると、この切り替えがうまくいかない。物音は、まさに脳への刺激なのだ。眠れない時に自然音や１／ｆゆらぎのような、ゆるやかな音を聴くと神経系の切り替えがうまく進む。日中の仕事や勉強、人間関係などで多くの刺激を受けた脳が癒されるのだ。

近年は、夏の暑さが夜になっても下がらない「熱帯夜」が続き、冷房は生きていくために必須な道具となっている。そのため窓を閉め切っていることが多いが、近所の道路で爆音を出しながら走るオートバイの音は、締め切った窓越しにも聴こえてくる。そして、ようやく神経系の切り替えが進みそうな時に、新たな刺激として突き刺さってくる。人間は、眠るようにできている。眠らせない拷問や仕事で何日も眠っていないと、人間は次第に壊れていく。最近では、質の良い眠りを提供するサプリメントの広告もよく見かけるし、先述のＡＳＭＲなども神経系の交換に役立つことが人気の原因にもなっている。日中の音がさほど気にならないのは、神経系の問題の他に、数多くの音が同時に存在しているなかで生活していることが大きい。音は何重にも重なり、小さな音はかき消され、音の識別が難しい。たくさんの音が重なり合っている状態を「騒音」と表現するが、特別に大きな音だけでなく、聴く側にとって不快な音が長く、あるいは断続的に聴こえる状態も騒音と感じる。

人間が集団で生活するようになり、その結果として「社会」が生み出された。社会には集団が秩序ある生活を営むうえでのルールが生み出され、規律や寛容、あるいは不寛容と罰がそこに組み込まれた。音は社会生活を営む上で重要な役割を果たしており、音をめぐる受容と拒絶が繰り返されてきた。最も古い音の拒絶は、おそらくまだ人類に進化していない時代に、自分たちの命を脅かす音だったのではないだろうか。密かに忍び寄る狩猟者の立てるかすかな音を聴き分けることが命を守ることにつながり、夜通し続く物音に怯える感情が騒音の最初だったと考えられる。つまり騒音とは、われわれにとって感情の不快さだけでなく、命にも関わる音だったのである。それが、やがて人類誕生とともに集団生活が営まれ、人々の関係性と秩序、階層などから「社会」が成立するようになるにつれ、より快適な生活を営むために「不要な音」が登場し、「不快な音」を他者への攻撃に用いるようになった。

第1章で、洞窟における音と骨で作られた古代の楽器の話をした。人類は自ら音を作るようになり、音との共生を始めた。だが、それは人類が作る音をめぐる闘いの始まりでもあった。マイク・ゴールドスミス（Mike Goldsmith）の『騒音の歴史』によれば、紀元前二〇〇〇年頃の「ギルガメッシュ叙事詩」の中に、これより七〇〇年ほど前の話として「半神ギルガメッシュ」の物語が書かれている。人間が立てる騒音で夜も眠れぬと怒った神が、人間の心から全ての神が立ち去るようにしたとある（ゴールドスミス 二〇一五：三二）。同書には、世界最初の騒音に関する医療記録や地震が襲った後に二体の石像から奇妙な音がすることに、人々が神秘的な感情を抱いた話なども記されている。いずれも、古代の昔から音が人類にとって重要な意味を持っていたことを表している。

そのため、ピタゴラス（Pythagoras）は音の研究を行い、心地良い音（和音）と不快な音（不協和音）の仕組みを理論的に解明した。古代ギリシャの数学者であり哲学者でもあったピタゴラスは、この世の万物には数が内在していると考え、音の組み合わせである音階と音程の関係にも数を応用した。ピタゴラスは、オクターブを2：1、完全五度を3：2、完全四度を4：3、完全五度と完全四度の差としての全音を9：8という数値で定義した。和音はこれらの比率に基づいて作られる音の組み合わせだが、ピタゴラスの定理に基づくと調和のとれない音の組み合わせが生じてしまう。これが不協和音だ。われわれは、心地よいハーモニーとイライラする不協和音を感じ取ることができる。騒音は、いわば社会の不協和音とも言える。

騒音は、人類の営みが複雑化するにつれて、その種類も音の大きさも多様になった。たとえば、一三世紀には法律によって初めて騒音が公害として定められた。火薬の発明による爆発事故や鍛冶屋の作業音に対する苦情などがあったと、『騒音の歴史』には記されている。また、オルゴール（第7章参照）の原型である教会の鐘の音は、その音が聴こえる範囲が一つのコミュニティと見なされていたが、当然ながら教会に近い場所と遠い場所では音の大きさが異なる。カリヨンのような時計塔の場合は、時を知らせることが大事だったのだが、教会に近い場所では騒音のひとつだったのかもしれない。時代が下るにつれ、さまざまな音を人々は利用するようになった。そして、騒音の種類も大きさも劇的に変化したのが、一八世紀後半から一九世紀にかけてイギリスを中心として起こった「産業革命」であった。産業革命の中心は機械化であり、このことによって社会、経済、生活様式までもが大きく変わった。騒音に関して言えば、機械化によってそれまでとは異なる音が発生し、人々の日常生活に加わった。その音は人々の生活を新しく豊かにした一方で、音による精神的な苦痛も生み出していた(1)。

たとえば、一七七六年にジェームズ・ワットが発明した蒸気機関は、鉄道という新たな移動手段をもたらした。今では蒸気機関車の音はどこか懐かしい響きを生み出し、さまざまな機械が組み合わさって駆動する音のハーモニーを生み出していると感じる。蒸気が吐き出す音、動輪が回る音、煙突から吐き出される石炭が燃える煙の音、連結器がぶつかる音、レールのつなぎ目を通過する音。そして汽笛も加わって、ノスタルジーを感じさせてくれる。しかし、初期の蒸気機関車は各パーツのつなぎもスムーズではなく、ギシギシと大きな音を立てながら走っていた。また、機械化はさまざまな分野で進み、これまでの個別の音ではなく、音と音が重なり合って響く「騒音から唱操へ」（ゴールドスミス 二〇一五：九九）と変わっていった。もちろん、騒音への対策は行われていたが、社会全体の「騒音革命」には太刀打ちできなかった。

日本における騒音は、古代における祭祀や儀式などで発せられる楽器などから始まったと考えられ、次第に娯楽的な音や商業活動に伴う音が増えていった。ヨーロッパにおける産業革命にあたる音の変化は、明治近代に入って以降急速に進んだ。近代化は、社会における音の増加と言ってもよいかもしれない。産業の機械化はもちろん、鉄道の開通、電話サービスの開始、タイプライター、百貨店、カフェ、映画など、音を伴う新たな社会が登場した。新聞データベースで「騒音」を検索すると、一八七五（明治八）年五月五日付『読売新聞』「日蓮宗信者宅から毎晩太鼓の騒音で、近所から不眠の苦情／横浜」という記事が最も古い記事としてヒットする。おそらく、この種類の音に対する不満は、これ以前からあったものと思われる。たんに新聞という伝達するメディアがなかっただけで、日常的な音のトラブルは数多くあったのではないだろうか。また、一八七五年一二月一四日付『読売新聞』「【投書】寺のつく鐘がうるさすぎる　回向は木魚程度にして」という記事もある。現在でも、大晦日に撞かれる除夜の鐘に対する騒音苦情から、除夜の鐘を中止するお寺が増えているというニュースを目にする。社会に音の少なかった新聞記事の時代には、より大きく響いたことであろう。その他、一八八〇（明治一三）年二月二〇日付『朝日新聞』「土地変れば品変ると……（消火出動時の騒音を規制）」、一九二七（昭和二）年七月一〇日付『朝日新聞』「ラジオ聴取をやめろと珍訴訟　やかましくて学生が逃げ帰った下宿屋の女将さん」、一九三〇（昭和五）年六月一一日付『朝日新聞』「モーターセクション／殺人的な都会の騒音　電車とオートバイが主因」などが、社会の騒音として記事化されている。

街頭の音声広告

音は、人間が生活していくうえで、無くすことのできない排泄物の一種ではないだろうか。人間や家畜の出す糞尿のような物理的な排泄物と違って、本来音は発せられた瞬間に自然と消えていく。しかし、発せられた音の発生源との距離や種類、リズム、時間帯などによって、音は無害な癒やしの音にもなり、有害な騒音ともなる。そして、音はさまざまな情報をわれわれに伝えてくれる。音楽がその最たるものだが、音に声の情報を加えることで広告ともなるのだ。

一九四五年に日本が太平洋戦争に敗戦したあと、街は賑やかさを取り戻した。空襲警報や爆弾の落下する音、街が燃え、人々が叫ぶ声はなくなり、生きるために必要な食料や物資を売る闇市の売り声や買い求める人々との会話。進駐軍のジープの音や聴き慣れない英語。そして、ラジオの声も復活し始めていた。そのなかで、ひときわ目新しい音として登場したのが、先出の街頭で声による宣伝を行う「街頭宣伝放送」である。戦前も街頭での放送は行われていた。今でも各地の公園に残っている灯籠型の「ラジオ塔」は、ラジオ受信機を塔内に設置して屋外でラジオを聴くためのものであった。より多くの人たちに情報を提供するという目的はあったが、むしろ集団で同一の情報を聴くという行為そのものが、国民の意識を一つの方向に向けさせる意図を持っていたと考えられる。そして、その情報はまさに戦争遂行に伴う国家の声のみだったのである。

敗戦の年である一九四五年一二月に、東京数寄屋橋でとある声が発せられた。その声は近隣の商店に関する宣伝であり、これまでに聴いたことのない内容であった。一九二五年にラジオ放送が始まって以降、客寄せのためにラジオを店頭に置く商店はあったが、戦前のラジオはこれまで述べてきたように、国家の管理下にあるとともに戦時体制下の放送内容だったので、個人的な宣伝に使うということはなかった。それが、敗戦によって戦時体制が崩壊し、ラジオ放送とは関係のない形で、個人的な宣伝のみを行う声の放送が始まったのだ。しかし、誰が、どんな経緯で始めたのか。数寄屋橋のどの辺りで行っていて、具体的な放送内容が分かる資料は今のところ見つかっていない。街頭宣伝放送の公式な記録は、郵政省編『続逓信事業史　第六巻　電波』の中に「有線放送業務」の一部として街頭宣伝放送の始まりが以下のように記されている。

終戦後（昭和二〇年）には、各種商品等の広告宣伝にも利用されるようになり、その建設費・維持費が比較的低廉であるところから、地方自治体・農業協同組合等でも広く利用されるに至った。また、昭和二〇年頃、新しい宣伝広告の媒体として、街頭放送施設（街頭に設置した拡声器に有線で広告等を送信する施設）が出現し、戦後の世相を反映し都市のアクセサリーとして全国各地の都市に急激に普及していった。　（郵政省編 一九六一：六〇二）

この「街頭宣伝放送」と呼ばれる声の広告塔は、戦後の新しい広告媒体として各地に拡がっていった。現在ではその姿（音声）を一部地域に残すのみであるが、アーケード型商店街などで音楽が流れていたり、特殊詐欺への注意や新型コロナ感染予防のための手洗いとマスク着用の励行など、各種の啓発音声が街頭のスピーカーから流れている場合がある。これが、街頭宣伝放送の名残だと考えられる。それ以外にも、最近では日本有数の繁華街である東京渋谷のスクランブル交差点では大音量の音声広告が流されていたり、新宿歌舞伎町ではさまざまな犯罪防止の啓発音声が流れている。また、道路を走る広告のラッピングトラックから音声広告が流れていたりもする。どちらも、かなりの大音量だ。スマホを手にしながら歩く現代人に対する音声広告は、効果的に情報を伝える宣伝手段として利用されているのだ。

第5章で紹介したように、敗戦直後の場合は、音声が最も直接的、即時的に宣伝情報を伝えられる手段だったので、入手したスピーカーを空襲による被災を免れた複数の電柱等に設置し、バラックのような建物内の放送設備と接続すれば、簡易な広告宣伝に特化した有線放送が完成する。これらの設備をどのように調達したのかは不明だが、敗戦後の混乱のなかで、目利きの鋭い人が始めたのがきっかけだったのであろう。手軽にできるとなれば、真似をする人たちも出てくるし、もっとうまい商売として拡げていく人たちも出てくる。その結果、街頭宣伝放送は街の広告としての認知を高めていった。

高峰秀子主演の映画『煙突の見える場所』（五所平之助監督、一九五三年）には、街頭宣伝放送が登場する。高峰秀子の役が、街頭宣伝放送のアナウンサーなのだ。アナウンサーとして宣伝放送を行うシーンは二カ所しか登場しないが、当時の映画スターであった高峰秀子が演じる職業が街頭宣伝放送のアナウンサーということは、制作・上映された当時の社会では、街頭宣伝放送は認知度の高い存在だったと推測される。雑居ビルの一室にある小さな街頭宣伝放送の事務所では、社長と高峰秀子演じる「仙子」、そして社長と訳ありな関係の同僚女性アナウンサーが働いている。二人のアナウンサーは定時になると交替で放送開始を知らせるピンポンパンポーンという「ディナーチャイム」を鳴らし、広告原稿を生放送する。原稿は短く、数も多くはない。終わると、再度「ディナーチャイム」を逆の音程で鳴らす。場面のカットが切り替わって、街の商店街で宣伝放送が聴こえてくる様子が映っている。

最初は物珍しかった声の宣伝放送も、同業他社が乱立するようになると複数の音声が重なり、有益な広告も次第に騒音へと変わっていく。特に、繁華街は人通りが多いこともあって、いくつもの宣伝放送の声が重なるようになり、もはや聴き取ることさえ難しくなっていった。街頭宣伝放送は複数のスピーカーを街中の電柱に取り付けていて、人々が移動しても宣伝放送の網からはなかなか逃れられない。それが街頭宣伝放送の宣伝技術なのだが、通行人にとっては関係のない声がいつまでも追いかけてくることになる。その結果、街頭宣伝放送は「宣伝・広告」という本来の目的とは異なり、街の騒音を生み出すたんなる音の発生源になってしまった。そして、さまざまな騒音に関する苦情が発生するようになり、それまで法律による規制がなかった街頭宣伝放送も、ラジオの共同聴取が有線放送として法規制されたのと同時に、有線放送の一部として扱われるようになった。たとえば、昭和二五（一九五〇）年一二月一日付『読売新聞』に「騒音は軽犯罪　音の暴力街頭放送取締り　新判例に力づき業者の自粛促す」という記事がある。有線放送の規制に関する法律が施行される二年前の段階で、東京高円寺の街頭宣伝放送をめぐる騒音問題に対し、中野簡易裁判所が日本放送連盟荻窪放送所[2]が発している騒音を軽犯罪として取り締まれると判断したものだ。記事中には「音の暴力」という表現があり、現行の法律では直接取り締まることができないが、軽犯罪として成立することを裁判所が認めたことから、警察も積極的な取り締まりを行うとされている。このような街頭宣伝放送の音に関する苦情は次第に増えて社会問題化し、先述のように一九五二年の有線放送に関する法律の成立とともに自由に設置できた街頭宣伝放送も届け出制となった。

この後、街頭宣伝放送は音量の自主規制や同業他社との競争、あるいは民間ラジオやテレビという広告収入を主な収益とする新しい音声と映像メディアの登場によって、次第に数を減らしていった。しかし、原稿執筆時点でも街頭宣伝放送が稼動している場所がある。アーケード型商店街のような小規模なものではなく、一定のエリアの電柱等にスピーカーを設置して放送を行う比較的規模の大きなものだ。しかも、北海道という特定の地域に集中して稼動しているのだ（第5章参照）この地域を訪れて街を歩くと、頭上から声が降ってくる。たいていは女性の声だが、なかには男性声や男女の掛け合いなどで作られた独特の宣伝放送が聴こえてくる。朝七時頃から夜の八時くらいまでが放送時間帯で、騒音問題もあって音量や時間帯には制限が設けられている。そして、たんなる宣伝放送だけではなく、警察、役所、国からの啓発情報や地域のお祭りでの音響補助などを行っている例もある。なかには一九五〇年代から七〇年以上続く街頭宣伝放送もあり、古くから流れている地銀の宣伝放送で使われている歌を知っていることが、地域住民としてのアイデンティティを形成している。

社会に登場した音のメディアと騒音

先述のように、エジソンの円筒型蓄音機からベルリナーがディスク型レコードを誕生させ、音と声の録音と複製が容易になった。そして、社会にレコードプレイヤーが普及し、さまざまな音楽や声が録音されたレコード盤が大量に複製されて商品化することで、レコード産業と騒音が生み出された。ベルが技術を完成させた電話も、社会のなかに新たな騒音を生み出した。それは、産業革命によって機械が発する音が昼夜を分かたずに発生し、人々の生活と精神に新たな苦痛を生み出したのと同じく、それまで社会に存在しなかった音と声を生み出した。社会的な音と声に関する規範が徐々に作られてきても完全になくなることはなく、今でもそれらの音はわれわれを苦しめることがある。音と声のメディアが登場して以降。そのメディアにまつわる騒音の問題は続いているのだ。

電話が会話として利用されるようになると、電話の発信者と受信者の電話回線を物理的に接続する交換機とそれを操作する交換手という新たな職業が生まれたことは既に述べた。初期の電話は大手電信会社の一部門として運営されていたことが多かったので、交換手は電信会社で働いていた十代の男子たちが担っていた。彼らは「ボーイズ」と呼ばれ、電信という新しい技術と社会の大きなインフラに携わる仕事に就いていることに誇りを持っていた。しかし、電話交換手という仕事は彼らの期待するフロンティア的な内容でも、最新技術を駆使することでもなく、絶え間なく動く交換機の機械音と同僚たちがその音に負けないように張り上げる顧客との会話とで埋め尽くされた小部屋で、コマネズミのように動き回ることだった。ユーチューブに当時の様子を再現した映像があるが、上司らしき男性が机に座って、ボーイズたちが働く様子を監視している。ボーイズたちは交換機の前を動き回り、同僚たちと交差しながら交換作業を行っている。一〇代のボーイズたちにとっては、退屈でやかましく、気乗りのしない仕事だったようだ。少しでも暇な時間ができるとレスリングや喧嘩が始まり、それを同僚のギャラリーたちが囃し立てる。そんな時に交換台を呼び出した顧客は、運が悪いことにまともな対応を受けることができなかった。そのため、ボーイズたちの評判は悪く、顧客の多くが電話を使うのを止めると息巻いていた。しかし、ボーイズたちにとって、顧客たちの横柄な「声の態度」も、実は騒音の一部にすぎなかったのだ。

顧客のクレームに頭を悩ませていた会社は、交換手を女性に代えてみることを思いついた。と言うよりも、女性に代える以外の選択肢はなかった。それは、雇用に対する賃金がボーイズたちと同等かそれ以下であることや、顧客とのトラブルの原因である粗野な対応をしない「躾《しつけ》」が行われていることという条件があったからだ。その結果、当時の中産階級の一〇代の女性が選ばれた。最初の女性交換手は、一八七八年九月一日にボストン電話通信会社に雇われたエマ・ナット（Emma Nutt）であった。エマは、会社が期待した以上の働きをし、顧客の評判も上々であった。なんと言っても、顧客が求める丁寧な対応、社会的地位をもつ男性や社会階級が上の男性に対する扱い。彼らが社会の中で求めていたすべてを、エマは提供できたのだ。電話は非対面の音声コミュニケーションメディアであったが、顧客は対面と同じ振る舞いを行い、扱いを求めていたのだ。そのため、非対面で起こるさまざまな問題に戸惑い、困惑し、怒りを覚えた。顧客にとっても粗野な口調での対応は騒音だったのだ。人間は怒りを声で表現するので怒鳴り声を出したりするが、ボーイズには騒音に聴こえ、エマにとっては特別なことではなかったのかもしれない。一九世紀末はビクトリア朝の規範意識が社会の根底にあり、女性は男性に従属することが当たり前であった。特に、エマのような中産階級に属する家庭においては、男性は女性を補助役として扱い、女性は男性の補助役として社会に存在していた。電話交換手は、まさにそのような社会のジェンダー役割を声だけで務める仕事だったのだ。

エマを雇用したことで、若い女性が賃金や礼節の面で電話交換業務に適していることが分かり、次第に各地の電話交換手として女性が雇われるようになった。ボーイズが交換機の前でコマネズミのように動き回っていたのとは異なり、女性交換手たちを写した写真はみな同じデザインのドレスに身を包み、整然と並べられた交換機の前に座っている。女性交換手は次第にボーイズと入れ替わり、二〇世紀に入ると完全に置き換わった。その結果、電話交換手と言えば女性の職業というイメージができあがり、非対面での接客における騒音はひとまず解消された。

さて、われわれは社会のなかで、どの程度の音量であれば許容できるかという指標を持っているのだろうか。物理的に耳の鼓膜が破けてしまう大音量を聴いた経験はないが、そもそも身体の一部が壊れてしまうということは、かなり危険な音であることは間違いない。音には物理的な大きさと、社会的な大きさがあり、社会的な大きさの許容範囲は時代とともに変化していると言ってよいだろう。たとえば、一九七九年にＳＯＮＹ（ソニー）から発売された「ウォークマン」は、公共の場所における音の発信と許容に関する問題を浮かび上がらせた。ウォークマンは、持ち運び可能なカセットテープ再生機で、どこでも付属のヘッドホンで音楽を聴くことができた。当時のヘッドホンは音漏れが大きく、音楽の高音部分がシャカシャカという音で周りの人たちの耳に入ってきた。聴いている本人は大音量で音楽を楽しんでいるので気がつかないが、周囲の人々にはきわめて不快な音だったのだ。特に電車やバスなど、閉鎖された、普段あまり音のしない公共空間でのシャカシャカ音はとても不快だった。街中など他の音が重なっている音環境であればあまり気にならないかもしれないが、電車内など一見（一聴）騒音に感じられる場所においても、その場所の音に慣れたわれわれは、それらの音を含めた個々の音を聴き分けて許容できる音環境として認識している。そこにいわば未知の音としてシャカシャカ音が突然割り込んできたとき、その音環境は一気に許容できない状態となる。つまり、騒音化するのだ。

ウォークマンが発売されて以降の新聞記事には、ヘッドホンから漏れるシャカシャカ音をめぐるトラブルが散見される。たとえば、一九八二年三月二日付『毎日新聞』読者投稿欄「読者の目」には「ヘッドホンの音を漏らすな」という投稿がある。四二歳会社員の投稿には、ヘッドホンをつけてポップスを聴きながら歩く若者が増えているが、なかには音漏れをさせていて周りに迷惑をかけている場合がある。特に満員の通勤電車の中での音漏れは、神経をイラ立たせる。「元来、ヘッドホンやイヤホンは自分だけが、周囲に気を遣って音が外部にもれないようにして聞くものである。意識的に外部へもらして聞くなど、本末転倒である」と苦言を呈している。

一九八七年六月五日付『読売新聞』には、「ヘッドホン車内騒音　マナーなき?新人類　サーフボードまで持ち込んで…」という記事があり、ヘッドホンだけでない車内マナーの乱れを憂えている。記事は、「最近、首都圏の電車で〝新人類〟の乗車マナーの乱れがめだってきた。音がもれるほどヘッドホンステレオのボリュームを上げて聞く。手回り品扱いが認められた自転車、さらにはサーフボードまでもラッシュ時に持ち込んだりする」という書き出しで始まっている。

数年前からブームになったヘッドホンステレオ。本来、どこででも、だれにも迷惑をかけずに音楽が聞けることで人気を呼んだ商品で、電車内でも、好きな音楽の鑑賞にひたっている若いサラリーマンや学生の姿が目につく。しかし、つい調子にのってボリュームを上げると音が外にもれ、周囲の客を不快にさせる。朝晩のラッシュ時の車内では、〝被害者〟は逃げることもままならない。各社とも苦情の件数はまとめていないが、「『ボリュームを下げるよう注意してほしい』との要望が寄せられています」（JR東日本新宿車掌区、小田急電鉄本社、京浜急行本社）という。

記事中に「音が外にもれ、周囲の客を不快にさせる」という表現があり、車内アナウンスで音量を下げるようにとアナウンスもしている。

そして、不快にさせるだけでなく、車内での暴行事件まで発生してしまった。一九八九年一〇月五日付『読売新聞』には、「ヘッドホン騒音でついに傷害事件　車内、注意され殴る　都立大生逮捕」という記事があり、電車内でのヘッドホンの音漏れを注意した男性が、大学生の男に暴行を受け、全治二カ月の大けがをしたという内容だ。この記事に関して、同年一〇月一三日付『毎日新聞』に「勇気は、マナーは　ヘッドステレオ電車内暴行事件」という記事がある。主な趣旨は、電車内の暴行を乗客の誰も止めなかったことに関する都会人の無関心さにあるが、そもそもの原因としてヘッドホンからの「シャカシャカ」音の問題を取り上げている。営団地下鉄（当時）の広報室によれば、「ヘッドホンステレオ騒音が問題になり始めたのは六、七年前から。このため営団では『ヘッドホンは何ホン?』とのコピーでマナーを呼びかけるポスターを作成。東急、都営地下鉄、JRも同種のポスター作戦を展開したが、これといった効果がないのが実情」とシャカシャカ音に関する苦情がウォークマン発売後に増加したと説明している。

電車内での啓発アナウンスは、時代と音の関係を映す鏡でもある。一九八〇年代から九〇年代あたりまでは、ヘッドホンからの音漏れに関するアナウンスが流され、携帯電話が出始めた二〇〇〇年代以降は電車内での携帯電話による会話や声の大きさに関する内容がアナウンスされるようになった。さらに普及してくると、心臓ペースメーカーへの影響から（優先席付近では）電源を切るように促す内容が加わり、最近では電車内での死傷事件や痴漢被害が多発していることもあって、非常警報ボタンやスマホ利用に関する啓発が多い。現在では、むしろ車内の多くの人たちがスマホの画面を見ているので、静かになっている印象がある。ヘッドホンも高性能化して、音漏れがないだけでなく、外部の音を遮断する「ノイズキャンセリング機能」付きも増えてきている。

学生たちからは、ヘッドホンをつけている若者たちは何かを聴いているわけではなく、外部からの干渉を拒否して自分一人の世界に入り込むことを目的としている場合もあると教えてもらった。ヘッドホンは、社会のなかにあって自分の殻に閉じこもり、安心して過ごせる繭のような存在なのだ。

さて、シャカシャカ音がまだ社会問題化する前の一九八〇年二月二六日付『毎日新聞』「余録」に、電車内で互いにヘッドホンをつけたカップルの様子について、ヘッドホンから流れる音楽に気を取られて会話が成立しないのではないか。「一緒にいても関心はバラバラ。何となく二人のこれからの人生の戯画みたいな気がした」と記されている。主な趣旨は、逮捕されたKDD前社長室長に対して、イエスマンだったことと外からの声に耳を貸さない、つまりヘッドホンで耳を塞ぐことで批判を受け付けなかったという内容で、若者のヘッドホン文化を直接批判しているわけではない。また、一九八〇年二月二九日付『毎日新聞』「読者の声」には、若者のヘッドホン利用に対する社会からの厳しい目に対する、若者側からの反論が出ている。最近話題になっているヘッドホン問題は若者の長髪に対する年長者からの苦言と同じく、「新しい風俗に対する嫌悪である」と断じている。ヘッドホンは他人に迷惑をかけていないし、足を投げ出して座っている人や足を組んでいる人、荷物で二人分の席を占拠している人などの方が問題である。そして、「ヘッドホンは他人に迷惑をかけない点で、むしろ好ましい。『うさぎ小屋』に不つり合いの大出力ステレオや音声多重テレビで、近隣に騒音をまきちらすよりもはるかにましである」と、当時の騒音問題と比較しながら擁護している。ウォークマン発売初期には、シャカシャカ音よりもヘッドホンという若者文化に対する奇異感が強かったのだ。

一方、メーカー側もシャカシャカ音が社会的な騒音を引き起こしていることに気がつき、次第に音漏れしにくいヘッドホンを開発・販売するようになった。たとえば一九九〇年二月二二日付『朝日新聞』の新商品を紹介するコーナーでは、「シャカシャカ音なしのヘッドフォン」という見出しで、「電車やバスの中でヘッドホンからシャカシャカした音が周囲に不快感を与え、身近な公害にまでなっている」として、新製品のヘッドホンに「音漏れがしにくく本人もバランスのよい音が聴ける、一石二鳥の『電車ポジション』を開発」したとある。「電車ポジション」という機能は初耳だが、それほど車内でのシャカシャカ音は公害レベルにまで社会問題化していたことを表している。

このような、新しい音の機械と騒音の問題は、実は蓄音機が普及し始めた大正期から起こっていた。音の許容範囲は、その社会がどのような音環境を持っているかによって変わってくる。それまで社会になかった音や音の大きさが、人々を苦しめる騒音として認識される。作家の永井荷風が、近隣の家から聴こえてくる蓄音機とラジオの音に悩まされていたのは有名な話だ。その様子は吉見俊哉『「声」の資本主義』の冒頭にも記されている。永井荷風は社会のあらゆる音を拒否していたわけではなく、むしろ音に対する鋭い感覚をもっていた。吉見は永井荷風の音に対する感覚は場所に対する鋭敏さと深く関係しており、「荷風にとって、都市の音は、一つひとつ都市の場所的な広がりのなかに置かれ、触れられるものでなければならなかった」とし、そのことが永井荷風の「音という存在に対する秩序感覚の根幹であり、前提」だと指摘している（吉見 二〇一二：一七〜一八）。永井荷風は都市のさまざまな音を敏感に感じ取り、その一つひとつを切り分け、愛でていた。そこには、音の重なりに関する秩序があった。しかし、蓄音機やラジオの音はその秩序を壊し、無理矢理耳から脳へ、感情へと侵入する音の暴力、すなわち「騒音」であったのだ。

このように、騒音と社会の関係は人間が社会生活を営むようになって以来、姿や種類を変えながら常に存在し続けてきた。では、最後に騒音の対極にある沈黙について考えてみよう。

静寂は音のない世界か

一九六六年に発表された遠藤周作の小説『沈黙』は、江戸時代のキリシタン禁教期に行われた激しいキリシタン弾圧を描いている。布教のために日本にやってきたイエズス会神父が、苛烈を極める日本人信徒たちへの拷問を前に、キリスト教への信仰を捨てる「棄教」をした実話を元にした小説だ。タイトルの「沈黙」は、神に助けを求める神父に対して神は何も語らない状態を表している。しかし、最後に神の声を聴いた神父は棄教をするが、そのことは神を信じないことではなかったのだ。

騒音の問題を考えるとき、その対極にあるのは静寂だ。静寂とはいっさいの物音がしない状態、寂しい状態を表す。では、なぜ音がしないと寂しく感じるのだろうか。真の静寂が訪れるのは、宇宙空間だけだ。真空の宇宙では、そもそも「音」が存在しない。この場合の音は、空気の振動をわれわれの脳が音として認識することを指す。しかし、宇宙にはわれわれの耳が直接聴くことのできない「音」が存在する。それは、宇宙で起こっているあらゆる現象が発する波動であり、エネルギーの蠢きである。二〇二二年八月二一日にアメリカ航空宇宙局（NASA）は、ブラックホールが発する圧力波が銀河に波紋を拡げていく際の「音」をツイッターで公開した。その音はひどく不気味で、われわれの日常にはない音だ(3)。あえて喩えるならば、真っ暗な夜に吹きすさぶ冬の嵐のような音だ。NASAが捉えた圧力波を五七オクターブ高くしてわれわれの可聴域に変換し、その不気味な音を聴こえるようにしている。この情報を載せている「ビジネスインサイダー」の記事によれば、NASAのツイートには「宇宙には音がないという誤解は、宇宙のほとんどが真空で、音波の伝わるものがないことからきている。（だが）銀河団はガスが多いため、（それを媒体として）実際の音を拾うことができた」というコメントを伝えている。つまり、圧力波（震動）を媒介するものがあれば、「音」は発生することを示している。

では、本当の静寂はどこかにあるのだろうか。静寂は、音だけでなく「声」もない世界を指す。声のない世界とは、すなわち人々が沈黙している、あるいは沈黙を強いられている世界である。われわれは、あらゆる場所、場面で自由に声を出すことができる。その声は、時に大きなうねりとなり、社会に大きな変革をもたらす原動力となることがある。それは武器と暴力による変革ではなく、人々の心に宿る怒りと不満、そして悲しみが声となり、大きな波動となって壁を突き動かす。その壁とは権力であり、権力をもつ者たちでもある。権力者たちは声を嫌う。権力者たちは、直接民衆一人一人の声を聴くことをしないが、声の波動は権力者たちにさまざまな形で届く。そして、その声を封じ込めようとあらゆる手段を講じる。権力者たちにとって、静寂はなによりも欲するものであり、静寂こそが権力者たちに真の安らぎを与える。その静寂は人々が沈黙することによって生み出されるが、沈黙は決して権力の承認を意味しない。沈黙は、「沈黙することによってのみ得られる声」だからだ。そして、沈黙という声は静寂を作らず、新たな声なき声を生み出すのだ。

沈黙と静寂は、互いに補完し合っている。沈黙だけでは静寂は作れず、静寂は必ずしも沈黙を意味しない。静寂は孤独を意味し、孤独は沈黙と背中合わせだ。一九六四年に発表されたサイモン&ガーファンクル（Simon & Garfunkel）の「The Sound of Silence」は、直訳すれば「沈黙という音」になるが、このタイトルには一九六〇年代という時代背景と深い関わりがある。当時のアメリカでは、黒人差別に対するさまざまな抵抗運動が起こり、一九六三年に行われた「ワシントン大行進」では、指導的立場にあったマーチン・ルーサー・キング（Martin Luther King Jr.）牧師の「私には夢がある」で始まる有名な演説が行われた。「The Sound of Silence」が発売された一九六四年には公民権法が採決されるなど、これまでの社会を形作っていた古い秩序や法律への若者を中心とした抵抗が大きなうねりとなっていた時期であった。しかし、抵抗の声は巨大な権力との闘いでもあり、抵抗の声はさらなる大きな声によって押しつぶされつつあった。一九六四年はアメリカがベトナム戦争への直接介入を加速させた年であり、多くの若者が戦地に駆り出され、同じく多くの若者が反戦運動を繰り広げていた。「The Sound of Silence」は、静寂という声なき世界を憂い、声を出さないことで訪れる静寂に対する「抵抗」の歌であった。

フランスの歴史学者アラン・コルバン（Alain Corbin）は、『静寂と沈黙の歴史』の中で「静寂とは、単に音のない状態ではない。そのことを私たちはほとんど忘れてしまった。聴覚という指標は変質し、衰え、神聖さを失った、静寂がかきたてる不安、さらに激しい恐怖はいっそう強まった」と記している（コルバン 二〇一八：一一）。音があることが当たり前であり、音が無くなることを拒否する。声は力を失い、静寂はたんに静かな状態と感じている。なぜ人々は静寂を恐れるようになったのだろうか。コルバンが言うように、聴覚器官が衰えてしまった現代人には音の神聖さが伝わらず、そのために音を識別し、本当に必要な音を聴き分ける能力を失ってしまったのかもしれない。現代人にとっての静寂とは、誰ともつながっていないことを示していて、つながりが切れないように音を探し求め、句読点を打たない文章を書く。句読点はつながりの分断と終了を意味し、若者たちは「つながり」が断たれることを恐れて、句読点のない文章を作る。同様に、声や音のない静寂は、たんなる無音の世界ではなく、誰ともつながっていない孤独な世界なのだ。このようなつながっていない世界を、現在の若者たちも密かに作り出しているのではないかと筆者は考えている。

世界保健機関（WHO）と国際電気通信連合（ITU）は二〇一九年二月一二日に、音楽再生機器の使用に関する国際基準を公表した(4)。この中でWHOは、世界の一二～三五歳人口の約半数にあたる一一億人に難聴のリスクがあると指摘して、大きな話題となった。筆者の体感では、日本の大学生はほぼ半数以上の確率でヘッドホンやイヤホンを利用していると推測している。MMD研究所が二〇二三年三月一七～二〇日の期間、一八～六九歳の男女七〇〇〇人を対象に「イヤホン・ヘッドホンに関する調査」を実施した。イヤホン・ヘッドホンの所持とデバイス接続についての調査では、「イヤホン・ヘッドホンを持っていて、デバイスに接続させている」が五九・一％、「イヤホン・ヘッドホンを持っているが、デバイスに接続させていない」が八・五％となり、合わせてイヤホン・ヘッドホンの所持率は六七・六％となった(5)。

大学構内を一人で歩いている学生の耳にはワイヤレスのイヤホンが装着されており、なかには男女にかかわらず大型のヘッドホンで耳を覆っている場合もある。先述のように、彼らは何かを聴くことで自分一人の世界に入るだけはなく、静寂が他者からの干渉を拒否するバリアのような役割を果たしているのだ。常時接続の世界で暮らす若者たちにとって、誰ともつながっていない一人の時間や場所はないと言える。常に他者とのつながりの中にいるので、自ら一人の世界を作る必要があるが、スマートフォンの電源を切るなどの完全な切断には踏み切れず、少なくとも他者からは一人であるという状況を作り出し、くわえて静寂という世界と遮断によって一人の世界はより強固になるのだ。別の言い方をすれば、若者たちは常時接続の人間関係に疲れており、外界の音を遮断することでしか自分だけの時間や世界を作ることが難しいということになる。

同様のことは、深夜ラジオの聴取にも言えるのではないか。かつての深夜ラジオは孤独を紛らわせるために、見えないパーソナリティやリスナーとの共感を求めて聴いていた。しかし、今やその共感はＳＮＳ等で得ることができるので、深夜ラジオには別の目的がある。それが、あえて深夜という時間帯に、共感を得にくい（聴いている人が少ない）ラジオを聴くというものだ。調査を行ったわけではないので正確な裏付けがあるわけではないが、若者たちの常時接続というつながり状態を音声メディアとの関連で考えると、そのような穿った見方も可能となるのだ。つまり、ラジオは孤独を生み出すメディアとして存在しているのである。

話が静寂から逸れてしまったが、人間にとって静寂は恐怖の対象であったものが、静寂は現在を生きる人間にとっては求めなければ得られないものになっている。静寂を求める最大の理由は、多種多様な音が多重かつ多層に組み合わさっている騒音社会への疲弊であり、常時接続のつながり疲れからの逃避なのである。とはいえ、やはり静寂の世界にわれわれは恐怖を覚える。静寂は音や声のないだけではなく、自身の息づかいや心臓の鼓動しか聴こえない世界でもある。無人島で一人生きることは可能かもしれないが、静寂の世界で一人生きることは困難であろう。ギネスブックに認定されているアメリカ・ミネソタ州南部にあるオーフィールド研究所（Orfield Laboratories）は、九九・九九％の音を遮断・吸収するほぼ無音の世界だ。そこではまさに自分自身の音しか存在せず、多くの人が三〇分程度しか滞在できない(6)。体験ツアーの説明によると、最長でも一時間の滞在しかできない。これまでの最長滞在時間は四五分だそうで、多くはその半分程度で脱落する。

つまり、音は人間にとって必要かつ不可欠な存在であり、音の存在自体が人間を生かしていると言っても過言ではないだろう。宇宙飛行士は音のない宇宙空間に長期間滞在するために、無音状態に耐えられる訓練を行っている。

しかし、われわれ一般人にとっては、音がない世界で生きることはできない。そして、その音や人間の声は、社会状況によって許容度が変わり、生きるのに必要以上の音は、騒音として排除されてしまう。このように、音や声は人間にとってきわめてわがままな存在だが、その反面癒してもくれるきわめて「ツンデレ」な存在と言えるだろう。

注

(1) 産業革命と騒音の関係については、マリー・シェーファーも『音の調律』の中で指摘している。
(2) 日本放送連盟という街頭宣伝放送会社の荻窪営業所と思われる。
(3) 「NASA、ブラックホールの音を公開…そのままだと聞こえないため、57オクターブ高く調整」『ビジネス インサイダー ジャパン』二〇二二年八月二二日（https://www.businessinsider.jp/post-258229）
(4) 『朝日新聞デジタル』二〇一九年二月一三日「若者一一億人に難聴リスク　WHOが音楽機器使用に基準」（https://digital.asahi.com/articles/ASM2F2FCBM2FUHBI008.html）
(5) MMD研究所は、予備調査では一八～六九歳の男女七〇〇〇人、本調査では完全ワイヤレスイヤホンメイン利用者五三二人を対象に二〇二三年三月一七～二〇日の期間で「イヤホン・ヘッドホンに関する調査」を実施。イヤホン・ヘッドホンの所持率は六七・六%、デバイス接続までしているのは五九・一%、メインで利用しているのは「完全ワイヤレスイヤホン」が三四・二%（https://mmdlabo.jp/investigation/detail_2193.html）。
(6) Orfield Laboratories（https://www.orfieldlabs.com）

参考文献

稲嶋修一郎・堀尾良弘「大学生のスマートフォン使用におけるインターネット依存傾向と生活習慣との関係」『人間発達学研究』第一〇号、愛知県立大学大学院人間発達学研究科、二〇一九年。

遠藤周作『沈黙』新潮社、一九六六年。

郵政省編『続逓信事業史　第六巻　電波』前島会、一九六一年。

吉見俊哉『「声」の資本主義――電話・ラジオ・蓄音機の社会史』河出書房新社（河出文庫）、二〇一二年。

『朝日新聞』一八八〇（明治一三）年二月二〇日「土地変れば品変ると……（消火出動時の騒音を規制）」。

『朝日新聞』一九二七（昭和二）年七月一〇日「ラジオ聴取をやめろと珍訴訟　やかましくて学生が逃げ帰った下宿屋の女将さん」。

『朝日新聞』一九三〇（昭和五）年六月一一日「モーターセクション／殺人的な都会の騒音　電車とオートバイが主因」。

『朝日新聞』一九九〇年二月二二日「シャカシャカ音なしのヘッドフォン」。

『朝日新聞』二〇二〇年一一月一九日「聴くとゾクゾク…ＡＳＭＲの不思議　絶頂に飢えた私たち」。

『日経ＭＪ』二〇一九年五月一三日「『音フェチ動画』で食欲三倍！！（今っぽ二〇代女子）」。

『日経ＭＪ』二〇一九年五月三一日「『バキッ』『バリッ』で売り上げＵＰ、脳気持ちよい「ＡＳＭＲ」てで音マーケ、森永製菓、二・六倍、日本ＫＦＣ、想定の五割増」。

『日経ＭＪ』二〇一九年七月一七日「脳に快感、ＡＳＭＲ動画…、あえて消音、癒やしの手触り、妄想でリアル、頭からっぽ気分リセット」。

『日本経済新聞』二〇一八年一二月一五日「快感…音が癒やし、氷『ゴリゴリ』、耳かき『ぞわぞわ』…――うつ病や睡眠障害、治療効果、期待の声」。

『日本経済新聞』二〇一八年五月一五日「トーストの音、山本貴光」。

『毎日新聞』一九八九年一〇月一三日「勇気は、マナーは　ヘッドステレオ電車内暴行事件」。

『毎日新聞』一九八〇年二月二六日「余録」。

『毎日新聞』一九八〇年二月二九日「読者の声」。

『毎日新聞』一九八二年三月二日「ヘッドホンの音を漏らすな」。

『読売新聞』一八七五（明治八）年五月五日「日蓮宗信者宅から毎晩太鼓の騒音で、近所から不眠の苦情／横浜」。

『読売新聞』一八七五（明治八）年一二月一四日「【投書】寺のつく鐘がうるさすぎる　回向は木魚程度にして」。

『読売新聞』一九五〇（昭和二五）年一二月一日「騒音は軽犯罪　音の暴力街頭放送取締り　新判例に力づき業者の自粛促す」

『読売新聞』一九八七年六月五日「ヘッドホン車内騒音　マナーなき?新人類　サーフボードまで持ち込んで…」。

『読売新聞』一九八九年一〇月五日「ヘッドホン騒音でついに傷害事件　車内、注意され殴る　都立大生逮捕」。

『読売新聞』二〇一八年一〇月三一日「[週刊ニコニコ動画]［音フェチ］　苺のレアチーズケーキ」。

ASMR University（https://asmruniversity.com/）.
ASMRweb（http://asmr.jp/）.
Corbin, Alain, *Histoire du silence: de la Renaissance à nos jours*, Albin Michel, 2016.（＝小倉孝誠・中川真知子訳『静寂と沈黙の歴史——ルネサンスから現代まで』藤原書店、二〇一八年）
Goldsmith, Mike, *Discord: the story of noise*, Oxford: Oxford Univesity Press, 2012.（＝泉流星・府川由美恵訳『騒音の歴史』東京書籍、二〇一五年）
NASA" Data Sonification: Black Hole at the Center of the Perseus Galaxy Cluster（X-ray）"（https://www.youtube.com/watch?v=ioR5np1fmEc）.
OECD, OECD Gender Data Portal 2021（https://www.oecd.org/gender/data/）.
五所平之助監督『煙突の見える場所』一九五三年。［映画］

第10章　声のダークサイド

——声が命を奪う　戦争と声のプロパガンダ——

声に対する印象は、一般的にポジティブだ。もちろん、第6章で示した声と自己肯定感の低さの問題はある。しかし、励ます声は人の気持ちを高めるし、命を救う。その声が持つ力への期待は大きい。だが、声は感情を表現するので、怒りや悲しみも声には表れる。そして、残念ながら声は人の命を奪い、人を惑わす力としても使われている。本章では、そんな声のネガティブな面について触れてみたい。

第一次大戦と無線通信　電気通信の歴史を大雑把に時系列化すると、有線電信→無線電信→電話→無線電話→ラジオという流れを持っている。もちろん、技術は日々研究・開発され、時代的に重なる部分はある。それでも、有線から無線へという人間の欲望とその実現への順番は、いまでも大きくは変わっていない。

そんな電気通信が初めて戦争という出来事に組み込まれたのは、一九一四年に勃発した第一次世界大戦からだった。一九世紀末の世界は、モールス信号を使った有線電信網が張り巡らされ、海底ケーブルを使って世界中を結んでいた。社会の重要な通信インフラとして、有線電信は家庭での利用までも模索されていた。ただ、大きな弱点は有線であることで、電信線を敷設することができない場所、特に海上での利用は不可能であった。そこで、有線電信の弱点を補完することを目的に、グリエルモ・マルコーニ（Guglielmo Giovanni Maria Marconi）が一八九四年に無線電信を開発した。マルコーニは公開実験を繰り返して技術を向上させ、一八九九年にはイギリス海峡横断実験、一八九九年にはアメリカの新聞社ニューヨーク・ヘラルド紙と組んで、世界規模のヨットレースであるアメリカズ・カップの実況を、レースに参加しているヨットと伴走する船の上から行った。この実況は陸地の無線局との間で通信され、その後は有線電信網を使ってニューヨーク・ヘラルド紙の本社まで送られた。そして、各地の支局へと有線電信で送られ、どこよりも早くレースの結果を知らせたのだ。その後、マルコーニの無線技術は主に海上の船舶と陸地との通信に使われたが、無線技術の存在を世界中に知らしめたのが、一九一二年四月一四日に発生した客船タイタニック号の沈没事故だった。沈みゆくタイタニック号からの救援要請は無線電信で行われ、近くを航行中の客船「カルパチア」が受信した。その後の顚末は、映画などで幾度も描かれているように、一五〇〇人を超える犠牲者を出した大事故となった。このタイタニック号の遭難によってアメリカでは船舶への無線電信機設置が義務づけられ、無線通信の普及に大きく貢献した。

その後、無線電信技術に音声を乗せる技術が開発され、レジナルド・オーブリー・フェッセンデン（Reginald Aubrey Fessenden）によって、初めて無線通信に音声を乗せて発信することに成功した。一九〇六年一二月二四日のクリスマスイブの夜に、フェッセンデンは大西洋に向かって自身が演奏するヴァイオリンと聖書の朗読を送信し、三一日にも同様の音声無線通信の実験を行った。この通信は洋上を航行中の船舶で受信され、通常はモールス信号しか聞こえない通信機から音楽や人の声が聴こえたことで、無線技士たちは驚いたという。その後、リー・ド・フォレスト（Lee De Forest）が一九〇七年にパリのエッフェル塔から音声無線通信の実験を行ったが、技術的な問題もあってあまり進展しなかった。そして、第一次世界大戦が勃発し、音声無線通信の開発は戦場での通信網確保に重点が置かれることになった。戦争は兵器以外にも多くの関連する技術開発を進展させ、無線通信も例外ではなかった。前線と司令部との連絡や部隊同士の連絡、気球に無線機を乗せて空中から敵の様子を偵察して地上に連絡するなど、数多くの用途で無線技術は利用された。より性能の良い無線機の開発が戦況を左右するために、国家をあげての開発競争が行われた。第一次大戦以前のアメリカ国内には無線機を使ったアマチュア無線家たちが数多く存在し、大戦中は多くのアマチュア無線家が無線技術者として戦地に赴いた。その結果、最新の無線技術を修得したアマチュア無線家たちが、戦争終結後に払い下げの最新無線機と共に帰国し、新たに音声無線の発信を各地で行い始めたのだ。

フランク・コンラッド（Frank Conrad）は戦場には行かなかったが、無線技術に関心が高く、勤めていたウェスティングハウス電気製造会社がアメリカ陸軍に真空管を納入していたこともあって、無線機に不可欠な真空管に関する知識をマスターしていた。そして、アマチュア無線家として、定時的に音声発信を行っていた。「8XK」という無線局名で行われた音声発信の特徴は、内容もさることながら、「定時」に発信されることにあった。アマチュア無線家たちは自由に発信を行っていたので、常に無線を受信できる状態にしておかなければ、いつ始まるのか分からない無線電波を受信できなかった。言い方を変えれば、無線機のスイッチを入れた時に受信できる無線局の電波しか、聴くことができなかったのだ。それは、きわめて偶然に左右されていた。その点、コンラッドの8XKは決まった時間に発信されるので、受信する側には都合がよかったのだ。

当時の受信者は、同じくアマチュア無線家たちだったが、8XKの電波を受信したことをコンラッドに知らせる受信報告や発信に使うレコードのリクエストなどが届くようになり、レコードを調達するために地元のレコード店と交渉の末、レコードのタイトルと共にレコード店名を読み上げることで無償提供してもらうことに成功する。その結果、発信に使ったレコードの売れ行きが伸び、宣伝効果があることが次第に分かってきた。やがて、地元の百貨店が取り扱っている無線機の販売促進のために、8XKの情報と共に地元紙へ発信スケジュールと受信機購入を促す広告を出した。それを観たウェスティングハウス社の副社長が、無線と宣伝によって無線機の売り上げが伸びることを知り、良質なコンテンツを提供すればさらに無線機の販売促進につながると考えた。その結果、一九二〇年一一月二日のアメリカ大統領選挙の日にあわせてピッツバーグにスタジオを作り、大統領選挙の開票速報を発信した。開票速報の間にはレコードを流すスタイルで行われたこの音声無線通信は真夜中まで続き、教会や関係者の自宅などに設置された無線機を通じて多くの人たちが耳にすることになった。

KDKAと名付けられたこの無線局は世界初の商業放送局となり、ラジオ（Radio）と呼ばれる音声メディアを生み出した。ラジオは音声無線技術を用いて番組というコンテンツを発信し、聴く側は無料で享受できる代わりにさまざまな種類の宣伝（コマーシャル）を聴くという形式であった。無線局は広告主と宣伝に関する契約（たとえば、単価や放送回数、放送時間など）を行い、コンテンツの一部として発信することで利益を得るというビジネスモデルを構築した。当初、受信する側は無線機を使っていたが、無線機には受信機能と発信機能が搭載されており、多くの聴くことしかしない、もっぱら「聴く専」の人たちに発信機能は不要だった。そこで、発信機能を取り除いて単価を低く抑えた受信専用機が発売され、聴くことだけに専念する「リスナー」たちが登場したのである。

このように、ラジオは第一次世界大戦という多くの犠牲者を伴った戦争による技術開発をきっかけとして生み出された。医療技術に代表されるような現在の生活インフラは、なんらかの形で戦争による技術開発と関係している。インターネットは直接戦争には関係していないが、戦争による通信網断絶に対応するために、代替的な通信経路を自動的に作り出す技術がその出発点になっている。われわれの生活は、見えない形で戦争という事態に関連しているのである。次に、第二次世界大戦における二つの演説から、声と戦争の関係を考えてみたい。

第二次大戦と二つの演説——ヒットラーとルーズベルト

第二次世界大戦では、声がさらに大きな力をもつことになった。ＫＤＫＡから始まったラジオというマスメディアをプロパガンダ（大衆宣伝戦略）の道具として使うことで国民を煽動し、あるいは鼓舞することで、戦争への批判を抑えるだけでなく、積極的な支持を得てきた。その結果、世界中で五〇〇〇万から八五〇〇〇万人を超える人々が被害を受けたと言われている。なぜ、声はこれほどの力を持つのだろうか。そして、たんなる声だけではなく、声の使い方や声を使った演説の手法を工夫することで、人々の心を動かす方法が研究され、声がマイナスの力として働くことになったのだ。

第一次世界大戦は、近代戦争への先駆けとなった。無線以外に、戦車、潜水艦、飛行機、毒ガスなど、今では当たり前になっている兵器によって大きな犠牲者を生み出した。そして、無線はその後も進化を続けて重要性を増し、無線を使った音声メディアであるラジオは、人々に娯楽や情報を伝えるというポジティブな面だけでなく、大量の人々に対して意図した情報を一斉に伝える道具という、権力者たちにとって魔法のメディアと映ったのだった。第二次大戦中には多くの権力者たちがラジオを使って人々に「語りかけ」た。イギリスの首相ウィンストン・チャーチル（Winston L Churchill）は、ドイツからの執拗な空爆によって大きな犠牲を強いられている国民に向けたラジオ演説を続けた（図10－1）。イギリスのラジオ放送の歴史に関しては第8章で紹介したが、第二次世界大戦中は国内へのプロパガンダだけでなく、国外への外国語（たとえばドイツ語）によるメッセージ送信にも利用された（津田 二〇一八、二〇二一）。

また、ナチスドイツの総統アドルフ・ヒトラー（Adolf Hitler）は、ラジオをプロパガンダの道具として最も有効に活用した権力者であった（図10－2）。ドイツのラジオ放送は一九二一年に開始され、ドイツの九つの地方でそれぞれ独自の放送が行われていた。一九三三年に国家社会主義ドイツ労働者党（ナチ党）が政権を獲得するまでは、一九二五年に開設された国家放送協会（Reichs-Rundfunk-Gesellschaft）が統括していたが、政権獲得後に国民啓蒙・宣伝大臣ヨーゼフ・ゲッベルス（Paul Joseph Goebbels）によって国営化され、ドイツ国民向けのプロパガンダ放送を開始した。ゲッペルスは国民全体に対してラジオ放送を受信させるための安価なラジオ受信機生産を奨励し、国民ラジオ（Volksempfänger）として販売した。その結果、一九三九年にはドイツ世帯の約七〇％がラジオ受信機を所有するまでになり、当時としては世界で最も高い普及率を誇っていた。また、ゲッベルスの「ラジオ放送は最も近代的で最も重要な大衆感化の手段」という考えの下、国内のプロパガンダ番組は受信できたが、イギリスの海外向け宣伝放送は受信できないような仕様になっていた。

そして、ラジオ放送発祥の地であるアメリカでは、一九二〇年のＫＤＫＡ開局以降急速にラジオ局の開局が進んだ。多くの人々がラジオという新しい音の娯楽と情報の速報性に魅了され、ＤＪのトークという声のメッセージに

図10－1　ウィンストン・チャーチル（Wikimedia Commons より）

図10－2　アドルフ・ヒットラー（Wikimedia Commons より）

図10－3　フランクリン・ルーズベルト（Wikimedia Commons より）

耳を傾けた。ラジオ局の数は一九二〇年から一年あまりで三〇〇局を超え、一九二四年末には五三〇局に達したといわれている。それに伴って受信機販売額も増加の一途を辿り、一九二二年に約六〇〇〇万ドルだったのが二年後には約三億六〇〇〇万ドルにまで膨らんだ。一気にラジオ番組というソフトと受信機というハードが組み合わさって、巨大な音と声の産業ができあがったことになる。そして、ラジオから届けられる声のメッセージに、これまでにないほどの多くの人々が同じ意識を持つようになっていった。アメリカ合衆国第三二代大統領フランクリン・ルーズベルト（Franklin Delano Roosevelt）は、一九四〇年一二月からラジオ演説を開始した（図10－3）。「炉辺《ろへん》談話（fireside chat）」と呼ばれるこのラジオ演説は、暖炉のそばでリスナーである国民に語りかける形で行われ、多くの国民の心に親しみやすいメッセージを届けた。また、人気女性ラジオDJを起用して戦時国債購入キャンペーン放送が行われ、マスメディアとしてのラジオを効果的に使った例として歴史に記憶されている。

さて、このように、第二次世界大戦中にラジオは技術的な進歩だけでなく、声を伝えるメディアとして存在感を発揮していった。では、どのように声は使われたのだろうか。ここでは、ドイツのヒトラーとアメリカのルーズベルトの演説を取り上げて、それぞれの声の使い方を比較・検討してみたい。

ヒトラーは、演説の名手として知られている。著書『わが闘争』のなかにも、自分の演説力に関する記述がある。ヒトラーの演説に多くのドイツ国民が熱狂し、その結果として数多くの人命が失われたことになった。ヒトラーの演説の特徴については、これまでに多くの研究者が分析を行っている。まず、言葉遣いの面で、教養のない一般の人々にも分かる言葉である「ペテン師」「高利貸し」「まんまと信じ込ませる」などの俗語調の言い回しが使われている（高田 二〇一四：二八）。また、同時にスローガンの巧みさや声の調子、ジェスチャーなどの内容に直接関係しない部分での効果も指摘されている（高田 二〇一四：二九）。われわれがテレビの映像などで観る（聴く）ヒトラーの演説は、拳を上下に動かし、力強い声で聴衆に向かって叫んでいる印象がある。もちろん、そのような部分を切り取ってヒトラーの独裁性を強調する制作者側の編集意図はあるだろう。しかし、実際の演説では、大群衆を前に演壇で原稿をチェックしながら演説をなかなか始めず、聴衆が次第に静まるのを待っている。演説はいつ始まるのだろかとじりじりして来るのを巧みに誘導し、ようやく静かに演説を始めるのだ。最初から絶叫するのではなく、徐々にヒートアップしていくことで、聴衆の気持ちを最高潮へと導いていく。音楽ライブで一曲目から全開のパフォーマンスを展開するのではなく、徐々に頂点へと登っていくスタイルだ。

ヒトラーの声と語り方は、ラジオ向きではないと判断されていた。ラジオで行われた一九三三年の施政方針演説は原稿の棒読みで、失敗に終わった。そして、以後のラジオ演説はマイクに向かって行うのではなく、演説会場の中継の形で行うことになった。また、聴衆を前にして演説するヒトラーの声の印象は甲高く響く声だが、日常会話での声はそれほど高くないことが分かっている。高田博行は映像に残されたヒトラーの演説を使用して、声の高さの変化やジェスチャーの様子を時間経過とともにどのように変化しているかを分析している（高田 二〇一四：一四〇～一五〇）。そこに現れるのは、すべての点において計算され、聴衆を引きつけて離さない巧みな演説術であった。このヒトラーの声とジェスチャーを組み合わせた演説によって操られた人たちが、最終的に自ら犠牲となることを厭わなかっただけでなく、ユダヤ人をはじめとする世界中の多くの人々を死に追いやり、恐怖のどん底へと追いやったことは紛れもない事実である。

一方、アメリカ大統領ルーズベルトの声はどうだろうか。炉辺談話は、その名の通り演説と言うよりは談話と言った方がよいかもしれない。静かな夜にリビングにある火の入った暖炉脇のソファーで、隣に座る友人に語りかけるように話すその声は、ラジオというメディアがもつ声の親密性を十分に理解して行われた。それは、第一声に「Dear Friends」という言葉が使われたことからもうかがえる。全米の人々がラジオ受信機の前で、おのおの自由なスタイルで語りかける隣人の声に耳を傾けた。ヒトラーが国民を一つの聴衆として捉えて演説を行ったのに対して、ルーズベルトは国民一人一人に向かって語りかけていた。ヒトラーはマスメディアとしてのラジオを意識し、ルーズベルトは声だけのラジオがもつ親密性を利用したと考えられる。言い換えれば、ヒトラーはラジオをテレビ的な使い方で活用し、ルーズベルトは声のメディアである電話的な使い方で活用したのである。

ルーズベルトが大統領になった一九三三年のアメリカは、一九二九年一〇月二四日に起こったニューヨーク証券取引所での株価大暴落に始まる世界恐慌のまっただ中であった。四年の間に経済状況は悪化の一途を辿り、街は失業者で溢れていた。人々の気持ちは沈み込み、明日への希望などどこにも存在していなかった。そんな時代背景のなかで、ルーズベルトが大統領として最初に行ったのが、三月四日の大統領就任演説だった。この演説の中でルーズベルトは、国民に対して経済恐慌を脱する強い決意を表明し、国民に大きな希望を抱かせた。その要因は何だったのだろうか。川上徹也『あの演説はなぜ人を動かしたのか』の中に、ルーズベルトの就任演説の分析がある。就任演説は、直接会場で聴いた人たちとラジオを通じて聴いた人たちがいた。そして、演説後に五〇万通を超える国民からの手紙がホワイトハウスに届くほど、ルーズベルトの就任演説は国民に受け入れられた。その要因として、二人の主人公を据えた巧みなストーリー構成を挙げている。まず、アメリカ国民が経済再生という目標に向かって絶望を乗り越えて進んでいく再生のストーリーであり、次に大統領が経済再生という目標に向かって絶望を乗り越えて進んでいく再生のストーリーである。この二つの主人公が登場することで、国民は自分自身の問題だという感情をもち、それを叶えてくれる力強い大統領へのシンパシーを感じたのだ。こうして、ルーズベルトの演説は、国民の多数からアメリカ大統領としての信任を得ることに成功したのである（川上 二〇〇九：一七一〜一七五）。

しかし、ヨーロッパで戦争が始まり、アメリカにも戦争の影が忍び寄るようになると、次第に話のスタイルが談話調から演説調へと変わっていった。そして、一九四一年一二月九日、ハワイを日本軍が急襲したことを受けて、ルーズベルトは日本へ宣戦布告を行ったことを炉辺談話を通じて国民に伝えた。炉辺談話は、ルーズベルトが亡くなる前年の一九四四年六月まで計三〇回行われ、国民に大きな安心感を与え、強いリーダーとしての意思を伝えた。そして、ヨーロッパだけでなく、アメリカ人をも巻き込む大きな戦争に突入していったのである。

防諜壕と視覚障害者の戦争

日本は、一九四一年一二月八日（日本時間）に、ハワイ・オアフ島のアメリカ軍基地を奇襲攻撃した。それは、太平洋戦争という大きな悲劇の始まりであった。日本のラジオ放送は、あの有名なラジオニュース「臨時ニュースを申し上げます、臨時ニュースを申し上げます、大本営陸海軍部一二月八日午前六時発表、帝国陸海軍は本八日未明西太平洋においてアメリカ・イギリス軍と戦闘状態に入れり」を流した。日本人

図10－4　花巻市の聴音壕（筆者撮影）

たちは、このラジオの音声を聴いて戦争を知り、ラジオの音声によって戦争の終わりも知ったのである。そして、約四年の間に、軍人や民間人あわせて約三一〇万人を超える命が犠牲となった。ラジオは戦争の始まりと終わりを伝えただけでなく、戦争が行われている間に国家の意思を代弁し、捏造された情報を国民に伝え、戦争に加担する罪の意識や日ごとに激しくなる空襲の苦しみ、悲しみを押し殺していった。

戦争にはすべての国民が義務として参加し、そこに例外はなかった。もちろん、兵士になるための「徴兵検査」で不合格となることはあったが、その場合でも国内でのさまざまな戦争遂行に関わる作業が待っていた。その一つに、敵機襲来を音で探知していち早く空襲警報を発する「防聴・防音」があった。現在から考えるとなんとも非科学的で非効率な作業であるが、当時の日本は竹槍で敵機を打ち落とすことを本気で考えていたのと同じく、はるか上空を飛ぶ飛行機のエンジン音を耳で聴いて敵味方を判断し、敵機の場合は警報を発するという無意味なことが本気で行われていたのである。そして、この作業には健常者だけでなく、目の不自由な視覚障がいをもつ人たちも、お国の戦争に少しでも役立てと強制的に参加させられていたのである。

岩手県花巻市には、「聴音壕《ちょうおんごう》」と呼ばれる建物が現存している。筆者は、二〇一九年八月にこの聴音壕を訪れたが、住宅街にある小さなスペースにレンガ造りの円筒形の建物があり、説明書きの看板が立っている（図10－4）。この聴音壕はレンガ造りで、二〇一八年八月一〇日付『日本経済新聞』に「戦争伝える『聴音壕』、敵機の音聞き分け　岩手・花巻」という記事で詳しく紹介されている。記事によれば、聴音壕は高さ約三メートル、直径約三・五メートルの円筒形をしており、外部の音が聞こえるように天井はない。記事の取材当時は内部から生えた雑草が建物上部から溢れ出ている状態であった。聴音壕は「一九四一年の防空監視隊令に基づき、敵の飛行機などを見張るために各地に造られた。主に高台がない平野部に設置され、周りの音を遮断して上空の音を集めやすいように円筒形やラッパ形のものが多い」と書かれている。

防空監視隊令は、以下のような内容であった。

航空機ノ来襲ノ監視（之ニ伴フ通信ヲ含ム以下之ニ同ジ）ニ従事セシムル為防空監視隊ヲ設置スベシ　各道府県ニ於ケル防空監視隊ノ配置及編成ハ地方長官防空計画ニ於テ之ヲ定ムベシ　防空監視隊ハ本部及監視哨（専ラ監視ニ従事セシムル防空監視船ヲ含ム以下之ニ同ジ）ヨリ成ル

レーダーのような新しい技術を用いた監視装置がまだなかった時代に、人間の視覚や聴覚という能力を用いて防空監視を行う部隊を設置するというものだ。その結果作られたのがこの聴音壕だが、内部で防空監視にあたっていたのは一六歳から一九歳の若者で、一人が内部で音を聴き、もう一人が外部で双眼鏡を使った監視を行っていた。そして、飛行機の音を録音したレコードを聴きながら飛行機の種類を聴き分ける訓練を学校で行っていたと書かれている。敵機の音が聴こえてきたり、視認したときには既に接近しているので、電話で司令部に連絡したとしても間に合わなかった可能性は高いが、敵機襲来を探知する作業を行っていること自身に意味があったのだ。

同様の防空監視を目的とした建物は各地に建設され、実際の監視任務に就いていたのは健常者だけではなかった。二〇二二年八月二一日付『読売新聞』記事「『目が見えない人は耳が優れているはず』と防空監視員に…障害者と戦争のかかわり掘り起こす」という記事には、ドキュメンタリー映画監督の林雅行の著書『障害者たちの太平洋戦争』のなかで、視覚障がい者が防空監視員として戦争に参加していた話を紹介している。石川県では一九四二年に三〇人の視覚障がい者が防空監視員として採用され、夜間に警察署の屋上で防空監視の任務に就いていたとある。

なぜ、視覚に障がいをもつ人たちが防空監視員として採用されたのだろうか。第4章で瞽女を紹介した際にも記したが、さまざまな障がいをもつ人たちは古くから存在した。現在のような社会的な受け入れ体制や多様性を受け入れる意識がまだまだ薄かった時代に、障がいをもつ人たちはさまざまな差別を受けてきた。特に戦争という国家の非常時に、お国の役に立てるかどうかが人間としての評価に直結していたのだ。その結果、障がいをもつ人たちは、否応なくなんらかの形で貢献することを求められた。その一つが、視覚が使えないのであれば、使える聴覚を使って敵機襲来を聴き分ける防空監視だったのである。

それを裏付けるのが、視覚障がい者こそが防空監視には適任であるという「機能優勢論」である。戸ノ下達也・長木誠司編著『総力戦と音楽文化』は、盲学校教師が盲教育雑誌に投稿した内容を紹介している。そこには、盲人こそが国民としての責務として、積極的に自身が持つ能力を最大限に活かして総力戦に奉仕しなければならないという主張がなされている。その奉仕が、マッサージと防空監視である。これをみると、障がいをもつ人々さえも強制的に巻き込んでいく戦争の悲惨さに目が行くが、同時に視覚障がい者自身が積極的に防空監視任務に採用されるよう嘆願していた事実も記されている。一九四二年二月一四日に、岐阜県立盲学校校長が東条英機首相に宛てた「全国十万人の盲人を聴音兵として志願従軍の嘆願書」を提出した。その中で、先の「機能優勢論」として、晴眼者（視覚に問題がない人）よりも視覚障がい者の方がより的確に敵機接近の音を感知できると主張されている。もちろん、これは当時の社会が障がい者に対して眼差していた差別的な考えの裏返しであり、嘆願書の形で視覚障がい者でも国家の非常時には役立てることをアピールする狙いがあったと考えられるのだ（戸ノ下・長木編著 二〇〇八：一八二〜一九〇）。

NHKハートネット「戦争が聴こえる　盲学校の生徒たちが経験した戦争」では、岐阜県立岐阜盲学校図書室で見つかったカセットテープに残された、障がいを持ちながらも、戦争に貢献することを求められた生徒たちの苦悩の声を特集している。

二〇二〇年に岐阜県立盲学校の図書室から、永久保存版と書かれたカセットテープが発見された。そこには、終戦から二五年経った時点で録音された、戦時中にこの盲学校で学んでいた生徒たちの肉声であった。そこには、視覚に障害があることで社会から差別の眼差しで見られていたことの苦悩や、食料を浪費しているだけの「穀潰し（ごくつぶし）」と呼ばれていた悲しみと共に、嘆願書提出によって少しでも国家に役立てる希望をもてたことなどが語られている。戦争の犠牲者は肉体的な死や傷だけでなく、多くの障害を持つ人たちの精神的な傷としても存在していたのである。(1)

戦争は、障がいを持つ人たちも巻き込み、そして多くの傷病兵として新たな障がいをもつ人々を生み出していた。死者数だけがクローズアップされがちだが、その何倍もの傷を負った人たちの存在とその人たちが語ることのない声が存在しているのだ。

太平洋戦争中のラジオと声

ラジオは、さまざまな意味で太平洋戦争中の日本国内ではきわめて重要な情報メディアであった。当時は、新聞、雑誌、ラジオの三つが情報を伝えるメディアであったが、どれも国家の統制下にあった。国家による検閲強化や新聞社統合によって新聞・雑誌は言論の自由を封殺された。ラジオは、一九二五年に東京、大阪、名古屋の各放送局が放送を開始したわずか一年後の一九二六年八月に、突然すべての放送局は強制的に解散させられ、社団法人日本放送協会に統合された。その後の全国放送網完成以降、各地方局は東京中央放送局からの番組を中継する役割が増え、日本全国に国家の意思を声で伝えるメディアとなった。その結果、固定された価値観に基づく情報と真実を隠蔽するフェイクニュースだけが国民に届くことになり、日本という国を戦争から敗戦へという大きな悲劇へと導いたのである。

しかし、その声を伝える放送側の仕組みと準備はできあがったが、聴く側の準備は追いついていなかった。つまり、放送を受信するための環境が整っていなかったのだ。われわれがテレビや映画で観る戦時中のシーンには、必ず居間にあるタンスの上などに置かれたラジオから大本営発表を伝える男性アナウンサーの声や、サイレンと共に空襲警報を伝える声が登場する。しかし、実際には日本中すべての家庭にラジオ受信機があったわけではない。共同聴取の説明にも記したように、電波出力を抑える電波管制が行われた以降、放送局から離れた地方や地形的に電波が入りにくい山間地ではラジオが受信しにくくなった。また、電気のない無電灯地域、経済的に貧しい農山村などではラジオを購入する余裕すらなく、必要であっても聴くことができない状況であった。空襲の対象になるのは都市部や軍需工場、工業地帯などが中心で、農山村は対象にならなかったかもしれない。しかし、国民として国家の発する情報を得ることは必須のことであり、国家が進めるさまざまな施策を間違いなく実行し、国民としての義務を果たすためにはラジオからの情報が不可欠であった。

国は、「挙《こぞ》って国防　挙ってラジオ」というスローガンを掲げて国民にラジオからの情報を積極的に得られるように努力することを求めた。ラジオによって国民全体が同じ方向へと進み、そして多大な犠牲の末に敗戦という結果を招いた。ラジオは太平洋戦争の開始と終結を伝え、その間は国民に真実を伝えることはなかった。一九四五年八月一五日の正午に放送されたいわゆる「玉音放送」は、天皇自身が直接国民に語りかける最初の放送となった。この天皇の声によって国民は戦争に負けたことを知り、これ以上の犠牲を払う必要がないことに安堵した。だが、なぜこの天皇の声が伝える敗戦を国民の大多数が受け入れたのだろうか。そこには、「天皇の声」という非日常の存在が作り出す大きな力が働いていたのである。

一九二五（大正一四）年三月二二日に始まった日本のラジオ放送で天皇の声が流れたのは、この玉音放送以外には一回しかない。しかも、それは手違いで天皇の声をマイクが拾ってしまったのであって、天皇の声は完全に封印されていたと言ってよい。初めて天皇の声をマイクが拾ったのは、一九二八（昭和三）年一二月二日に行われた代々木練兵場での陸軍観兵式中継の中であった。この年は昭和天皇の即位の礼が一一月一〇日に京都で行われており、昭和天皇の即位に伴う御大典を祝って行われたこの観兵式には三万五〇〇〇人の兵士が参加し、大量の軍馬、飛行機、戦車、高射砲なども動員され、なおかつ天皇が直に閲兵する陸軍始まって以来の一大イベントであった。二年前に発足した社団法人日本放送協会東京中央放送局は、当日三時間にわたってイベントの模様を全国に生中継した。会場に三個のマイクを設置して中継していたが、最終盤に思わぬハプニングが発生した。イベントの最後に、天皇が参列している兵士たちに向かって直接言葉をかける「勅語」を、マイクが拾ってしまったのだ。そもそも、この天皇の勅語は放送されない予定だったので、演台に立つ天皇の前にはマイクがなかった。しかし、中継用に設置していたマイクが、兵士に向けて語る天皇の声を拾ってしまったのだ。

まったく予定外の出来事で、放送関係者は慌てふためいた。放送史研究者の竹山昭子によれば、当時中継を担っていた技術者は、マイクが天皇の声を拾ってしまったので、思わず中継用のボリュームを上げて天皇の声を大きくしたという逸話を紹介している（竹山 二〇〇二：一三九～一六二）。天皇の声を、広く国民に伝えようとしたのだ。しかし、その裏側では、天地をひっくり返すような騒ぎになっていた。東京中央放送局をはじめ関係各部署は、予定されていない天皇の声が放送されてしまったことで大騒ぎとなっていたのだ。陸軍観兵式二日後の『読売新聞』には「勅語の放送で責任者恐縮」と題された記事が載っている。

去る二日代々木原頭において行はれた大禮大觀兵式に賜はつた勅語のラヂオ放送は一般市民にとつて非常な喜びであつたが計らずも當日の勅語放送は豫め計畫設備したものではなく全く陛下の玉音朗々として御高聲であつたのと一つは風の加減で偶然ラヂオに入つで了つたことが判明し當の放送局を始め陸軍省逓信省では非常に恐縮し三日それぞれ責任者が宮内省に出頭して釋明する所があつた

この記事にも書かれているように、天皇の声が放送されたのはあくまでも偶然であったと理解されている。東京放送局と陸軍省、逓信省から宮内省に詫びが入れられているが、記事の後半部分では宮内省側も国民（一般市民）が好感をもって受け取っている状況を鑑みて、「これを問題にして責任者を出すやうなことは無いらしい」と記している。ただし、その国民側が今後も天皇の声が聴けると期待されても困るので、「勅語を賜ふ瞬間だけスヰッチを切ることになった」と伝えている。この結果、天皇の声は以後一九四五年八月一五日まで完全に封印されることになったのである。

天皇は現人神《あらひとがみ》とされていたので、その姿を直に見たり、声を聴いたりすることは不敬だとされていた。飾られたご真影を観ることはできても、行幸などの際には最敬礼をしているので実際に観ることはできなかった。それと同じように、声を聴くことも許されることはなかったわけで、長年にわたってその声は直接国民に届くことはなく、国家の主導者によって天皇の意思とされる言葉が国民に伝えられることになった。その意思を国民に直接伝えていたのが、他でもないラジオだったのである。

こうして封印された天皇の声が、広島と長崎に原子爆弾が投下され、国内各地が激しい空襲を受けて被害が甚大となった一九四五年八月一五日に、突然国民の耳に届いた。われわれは、その天皇の声を、テレビや映画などを通じて幾度となく聴いてきた。しかし、われわれが聴いているのは長い玉音放送のごく一部であり、「耐え難きを耐え、忍び難きを忍び」というあの有名なフレーズが中心である。なぜ玉音放送のこの部分だけが切り出されて、戦後の国民に刷り込んでいるのであろうか。それは、太平洋戦争という無謀な戦いの中で、まさに「耐え難きを耐え、忍び難きを忍ぶ」ことを実践していたからにほかならない。そして、敗戦後の日本を復興させるために奮起する、絶好の合言葉でもあったと考えられる。現在においては、記憶に刷り込まれた天皇の声とこのフレーズによって、あたかもその場にいたような擬似的体験感覚を感じる。玉音放送が放送された八月一五日は終戦の日としてさまざまな記念行事が行われ、多くの犠牲者への鎮魂の日として認識されている。しかし、この日がなぜ「終戦記念日」とされたのかについては、玉音放送が行われたからだという認識でしかないであろう。そして、なぜ「敗戦」ではなく「終戦」なのかについても、深く議論されることはない。カレンダーに書かれることのない、心のなかにしか刻まれない記念日として、われわれは玉音放送の声を聴くたびに思い出すのだ。

そして、もう一つの理由は、玉音放送の正式名称である「大東亜戦争終結ノ詔書」の内容にある。一九四五年七月二六日にアメリカ、イギリス、中華民国（当時）による「日本への降伏要求の最終宣言」、いわゆる「ポツダム宣言」が発せられ、八月一四日に日本政府はそれを正式に受諾した。その詔《みことのり》を天皇の臣民である国民に知らせるため、天皇自らがそれを朗読し、ラジオ放送を通じて伝えることになった。われわれが知っている玉音放送の一部でも分かるように、勅書の文言は文語体であり、なおかつ天皇自身が読み上げたので、決して聴き取りやすいものではなかった。現在われわれが聴いている声は、原盤からの音に修正を加えて聴きやすくしたものだ。一九四五年当時のラジオ受信機から聴こえてきた声は雑音の中に埋もれていたために、多くの国民にはほとんど理解されなかったのが実情であった。

勅書は八月一四日深夜に宮内庁で録音され、原盤は二種類作成された。勅書の放送を阻止しようとする反乱軍たちの妨害もあったが、最終的に八月一五日正午から放送されることになった。この放送音源とともに、われわれの記憶に刷り込まれているのは、放送を聴きながら土下座する人々の姿だ。この写真もあいまって、われわれは八月一五日を特別な日として記憶している。佐藤卓己『八月十五日の神話』によれば、この土下座をしている写真は八月一五日正午の様子を撮影したものではなく、事前に撮影された写真があたかも当日の様子として使われたことを指摘している。

では、なぜ当時の日本国民たちは、玉音放送を聴いて戦争が終わったことを知り、戦争の遂行を止めたのだろうか。そこには、長年封印されていた天皇の声という存在があったのだ。一九二八年の陸軍観兵式における天皇の声を聴いた人たちは、ごく限られた人たちであった。まず、受信機を持っている人たちで、ラジオ年鑑によれば、一九二六（昭和元）年の社団法人日本放送協会設立時のラジオ受信施設許可数は六万六二六件であった。当時は受信契約が必要だったので、受信機の許可数がほぼ聴取者数の基礎となる。一九二八（昭和三）年度の許可数は一二万八〇七五件だったことから、全受信機で最低一人聴いていたとしても一三万人弱しか天皇の声を聴いていないことになる。その後一七年にわたって封印されていたことを考えると、日本国民のほとんどが天皇の声を知らなかったことになる。その結果、八月一五日の玉音放送はほぼ初めて聴く天皇の声となり、それまでの皇国教育のなかで埋め込まれた天皇に対する畏怖の念によって、天皇自身が自分たちに語りかけているという事実と、そのことが意味する非常事態、現人神の声を聴くというきわめて尊い体験が、戦争終結（敗戦）を人々に受け入れさせた大きな要因になっていたと考えられるのである。

その後、天皇は現人神から人間になり、その声はラジオやテレビを通じて国民に届けられるようになった。日本人の大半が戦争の終わりと敗戦をスムーズに受け入れた背景には、このような天皇の声の存在があったからなのである。

ルワンダの大虐殺と声の煽動

ルワンダ共和国（Republic of Rwanda）はアフリカ大陸東部の国で、人口は一二六三万人（二〇一九年、世界銀行調べ）、フツ族（多数派）、ツチ族（少数派）、トゥワ族（少数派）で構成されている。ルワンダでは多数派フツ族が政権を握り、少数派ツチ族を支配する社会構図となっていた。しかし、一九九四年四月六日に発生したフツ族出身のルワンダ大統領と隣国ブルンジ共和国の大統領が乗った飛行機が何者かに撃墜され、暗殺された事件に端を発して、フツ族によるツチ族に対する大虐殺が起こった。殺害された正確な人数は未だに分かっていないが、五〇万から一〇〇万人の人々が約一〇〇日間の間に殺害されたとみられている。そして、この大虐殺（ジェノサイド＝Genocide／国家あるいは民族・人種集団を計画的に破壊する行為）を先導・煽動したのが、ルワンダの若者たちの間で人気のあったラジオから発せられた声であった。これまで「声」は人の命を救う役割を多く果たしてきたはずなのに、なぜルワンダではラジオからの「声」がこのような大虐殺を煽動することになったのだろうか。

ルワンダは、コンゴ民主共和国、ウガンダ共和国、タンザニア連合共和国、ブルンジ共和国と隣接していて、一五世紀に西欧人が到達し、牧畜民系のツチ族の王が農耕民系のフツ族を支配するルワンダ王国が誕生した。一九世紀末にはドイツによる植民地となり、一九一六年に第一次世界大戦を経てベルギー領となった。そのため、ルワンダの公用語はフランス語となっている。ベルギーはルワンダを支配するにあたって「ハム仮説」というイデオロギーを用い、後から移動してきた少数派ツチ族はアフリカに文明をもたらした「ハム人種」であり、もともとこの地で暮らしていたフツ族は下等な「アフリカ土着人種」として明確に区別（差別）した。しかし、第二次世界大戦後にベルギーはこの政策を一八〇度転換し、これまで優遇されてきたツチ族との間に溝が生まれ、ツチ族が担ってきた要職をフツ族が奪った。そして、ベルギーはフツ族を支援するようになり、ツチ族を迫害する側に回ってしまった。その結果、多くのツチ族は難民となって国外に避難し、このツチ族難民の中から「ルワンダ愛国戦線（Front Patriotique Rwandais: FPR）」が誕生し、フツ族との間で内戦が勃発した。その後、急進的なフツ族至上主義の台東など政情の不安定さはいっそう増していたが、フツ族大統領が乗った飛行機が撃墜されると、暴徒化したフツ族とフツ族系政府による少数者ツチ族への大虐殺が始まった。

ルワンダでは、政府系の公共放送「ラジオ・ルワンダ（Radio Rwanda）が、若者たち向けのポップな選曲とＤＪの起用によって多くのリスナーを獲得していた。一方、ルワンダ愛国戦線側も独自のラジオ局「ラジオ・ムハブラ（Radio Muhabura）」を開局し、双方がプロパガンダ放送を行っていた。電力インフラが未整備の地方や農村などではラジオが唯一の情報メディアであり、教育制度が整っていないために識字率が低いこともあって、ラジオは音と声で情報と娯楽を提供する身近なメディアとして、特に若者たちには非常に人気が高かった。言い換えると、人々は二つの相反する立場にある、公平性のない偏った情報しか得ることができない状況にあった。特に、人気のラジオＤＪが語る言葉と音楽は若者たちには絶対の存在でもあったために、若者たちが好んで取り込むようなポップな音楽と刺激的なトークで魅了していた。そして、このラジオの存在が、この後に起こる大虐殺において重要な役割を果たすことになった。

一九九三年にフツ族系のラジオ局「千の丘ラジオ」が開局した。「千の丘ラジオ」は当時のフツ族大統領を支持する過激派が開局し、ツチ族に対するヘイトメッセージを軽快な音楽と共に発信し続けていた。「千の丘ラジオ」は、ツチ族への猜疑心を煽るメッセージや根拠のないウソのプロパガンダメッセージを流し続けた。そのため、「千の丘ラジオ」を主に聴くリスナーは次第にツチ族への差別意識と憎悪を持つようになり、ゴキブリや害虫などと同じ「殺して排除してもかまわい対象」として考えるようになった。饗場和彦「ルワンダにおける一九九四年のジェノサイド」によれば、「殺して排除する」論理として、以下の三点を挙げている。『①フツかツチかというアイデンティティを唯一の判断基準とする、『帰属の絶対化』、②フツとツチは敵同士であり、ツチはフツから権力を奪おうとしているとする、『対立の絶対化』、③こうしたツチに対抗するために暴力が肯定されるとする、『暴力の正当化』」である（饗場 二〇〇六：五五）。「千の丘ラジオ」を通じて発信されたメッセージによって、大虐殺はフツ族一般民衆レベルで絶対化・正当化され、一九九四年四月六日を迎えたのである。

この日、ルワンダのジュベナール・ハビャリマナ大統領と隣国ブルンジのシプリアン・ンタリャミラ大統領が乗った飛行機にミサイルが撃ち込まれ、搭乗者全員が死亡した。これをツチ族反政府組織「ルワンダ愛国戦線」が実行したと考えたフツ族過激派は、「千の丘ラジオ」を通じて人々にツチ族抹殺を指示した。たとえば、二〇〇一年チェコ・ワンワールド国際人権映画祭ハベル大統領特別賞を受賞したＮＨＫの番組「なぜ隣人を殺したか～ルワンダ虐殺と煽動ラジオ放送～」（二〇一九年九月一八日放送）では、「千の丘ラジオ」が放送した内容が翻訳されている。

こちら「千の丘ラジオ」君のあなたの俺たちのラジオだ
マリファナ吸ってもりあがろうぜゴキブリどもを血祭りにあげよう
心配いらないラジオが味方だ　だから武器を取って家を出よう！

虐殺に加担したとして刑務所に収監されている囚人は、虐殺の現場ではいつもラジオが聴こえていたと証言している。「千の丘ラジオ」は虐殺を先導・煽動し、人を殺すことの罪悪感を奪い去った。しかし、ラジオだけがこの大虐殺を主導したわけではない。それまでの歴史的・政治的・地政学的な事実が、ある一つの悲劇的な結果に結実したことを忘れてはならない。しかし、ラジオを中心とするプロパガンダ・メディアの存在を無視することはできないし、フツ族の人々も虐殺に加担するか殺されるかという究極の選択を迫られてもいた。ラジオの存在は、潜在的に埋め込まれていたフツ族対ツチ族間の感情のすれ違いをこじ開け、一気に爆発させたのだ。

ラジオからの声は耳を通じて脳で処理され、記憶の中にしまい込まれる。その記憶は、普段の生活の中で時々顔を出すが、さまざまな規範意識や社会的圧力などで大きな本体はしまわれたままだ。それが、あるきっかけで圧力が弱まるか、あるいは完全に消滅することで、しまわれていた中身全体が一気に噴き出す。ちょうど、火山が噴火してマグマが一気に流れ出すのと同じだ。そして、その吹き出す勢いを加速させているのがラジオからの声であり、煽る言葉なのだ。それは、人々を楽しませ、心を鎮め、人の命を守るはずのラジオが持つもう一つの顔なのである。

ヘイトスピーチと声のいじめ

声は、応援にも使われるし、人を助けることもできる。その反面、声は人を苦しめ、死の淵に追いやる力も持っている。ラジオのように見知らぬ大量の人々へ特定の意思を伝えることもできれば、直接特定個人や集団、民族に向けて誹謗中傷をすることもできる。声は発する人の心を代弁すると筆者は考えるが、あまりにも軽く声と言葉を使っていることに深く絶望し、強い危惧を覚える。その代表が、ヘイトスピーチである。ヘイトスピーチはスピーカーや拡声器を使って、大音量で公道などの公共空間で行われることが多い。あるいは、特定の民族が多く生活する場所で、憎悪の言葉をまき散らすこともある。それを聴かされる側は激しい恐怖を覚え、深く傷つく。直接憎悪の対象となっていない人々も、その激しい憎しみが込められた大音量を否応なく聴かされることで、あたかも自分自身が攻撃されているような気持ちになる。耳は塞ぐことができないので音の届かない場所へ移動するしかないが、その場から逃げることもできない人たちもいる。その人たちにとっては、ヘイトスピーチという声は、身体を貫く巨大な剣にしか感じられないであろう。

声を使った恫喝は、古来より行われている。声によるコミュニケーションが行われるようになると、武力ではなく声による交渉が始まってくる。そして、友好的な交渉も存在したが、声を武器の代わりとして使い、声の強さで相手を圧倒することも始まってくる。集団生活の中で力の強い者がリーダーとなり、リーダーの声は他を圧倒する力をもつ。それは身体的な強さに伴う声の力であり、声がもつ力との共同作業の結果でもあるのだ。現在社会において声の力が他者を強力に圧倒するのは、差別発言や「ヘイトスピーチ」である。差別は、身分社会が構築されて以降、社会のなかに常に存在してきた。ヘイトスピーチという言葉が新聞紙上に登場するのは、二〇一三年が最初だ。たとえば、二〇一三年三月二六日付『読売新聞』には、「反韓デモに抗議のうねり　ツイッター発、市民集う」

という記事がある。在日韓国人に対する差別的なヘイトスピーチに抗議する、市民たちの活動を取り上げたものだ。「在日特権を許さない市民会（以下、在特会）」によるヘイトスピーチは、在日韓国人たちを「殺せ」などの過激な言葉で街宣活動を行い、在日外国人だけでなく多くの日本人たちにも恐怖と絶望感を与えた。

在特会がヘイトスピーチを最初に始めたのは二〇一三年二月九日で、多くの韓国料理店や土産物屋などが集まる東京・新大久保駅近辺であった。同様のヘイトスピーチは大阪・鶴橋駅近辺でも二月二四日に行われた。この鶴橋でのヘイトスピーチには中学生の女子も参加して、激しいヘイトスピーチしたことで人々に大きな衝撃を与えた。これらのヘイトスピーチは「表現の自由」の名の下にインターネット上にアップロードされ、本書執筆時点でも依然として観ることができる。ヘイトスピーチがこの時期に活発化した背景には、二〇一二年八月に韓国の李明博大統領が日韓で領有権を争う「竹島」に上陸し、一二月には対韓国強硬派の安倍晋三政権が政権復帰したことで、韓国との歴史認識をめぐる対立が激しくなったことが原因の一つと考えられる。「戦後最悪」と言われるまでに至った両国関係は、二〇二二年に尹錫悦政権が誕生するまで続いた。それ以外にも、関東大震災時の朝鮮人虐殺を筆頭に潜在的・顕在的に存在する韓国・朝鮮の人々に関する差別的な感情も否定することはできない。

師岡康子『ヘイト・スピーチとは何か』によれば、ヘイトスピーチは「奴隷制など歴史的に形成されてきた集団間の優位―劣位の権力関係の下、職業、教育、住居、結婚など社会生活全般に及ぶ差別の構造の構成要素の一つ」である（師岡 二〇一三：三九）。ヘイトスピーチは、攻撃対象となった人々の心に大きなダメージを与えるだけでなく、「自己喪失感と無力感のために言葉を失うのみならず、被害を訴え反論することが新たな攻撃を誘引し、さらなるターゲットになることを恐れる」ために、沈黙を選択せざるを得ない状態に追い込まれる。われわれも、大きな声で叱責されたり、高圧的な言葉を投げかけたりすると、反論することを諦めてしまうことがある。たとえそれが理不尽な内容で承服できなかったとしても、大きな声はそれだけで武器となり得るのだ。そして、その声に含まれるさまざまな差別的な言葉や人格を否定するような言葉、あるいは脅迫的な言葉は、たとえ物理的でなくても十分に凶器となるのである。

ヘイトスピーチを行う側の正当化論理は、一貫して「表現の自由」である。しかし、ヘイトスピーチを浴びせかけられる側は、ヘイトスピーチを構成する「抗弁不可能な『属性』や『不均衡・不平等な力関係』」に対して沈黙せざるを得ない（安田 二〇一五：七七～七八）。実際には、表現することすら不可能なのだ。言葉は、表現するために人間が作り出したものだ。そして、言葉を伝えるために声があり、文字が使われる。ヘイトスピーチは、人間が原初的にもつ「声」というメディアを武器（表現）として使い、自己を正当化する論理（表現の自由）を振りかざして相手に反論の隙を与えないばかりか、相手が抗弁できない問題ばかりを攻め（責め）立てて反撃の力を奪う。時には、相手の人生をも奪い去ってしまうのだ。

声と言葉の組み合わせは、人類が獲得した最も重要なコミュニケーション手段であるが、同時に人類が獲得した最も強力な武器でもある。なぜなら、一撃で相手の身体にダメージを与えて倒す武器ではなく、心というきわめて柔らかく、容易に修復できない器官に大きな傷をつけ、永い苦しみを与え続けるからだ。声と言葉は人を救うことができるが、その一方で人を苦しめ希望を奪い、命を弄ぶ最終兵器ともなり得るのである。

注

（1）ＮＨＫハートネット「戦争が聴こえる　盲学校の生徒たちが経験した戦争」（https://www.nhk.or.jp/heart-net/article/676/?fbclid=IwAR3sIghSm5fZP_nY5OdFV6KAlQgnwnlmGuGwSz1f3zbDMZD2gcDWWafGYUY）。

参考文献

饗場和彦「ルワンダにおける１９９４年のジェノサイド――その経緯、構造、国内的・国際的要因」『徳島大学社会科学研究』一九、徳島大学総合科学部、二〇〇六年。

ＮＨＫ「なぜ隣人を殺したか～ルワンダ虐殺と煽動ラジオ放送～」（二〇一九年九月一八日放送）。

川上徹也『あの演説はなぜ人を動かしたのか』ＰＨＰ研究所（ＰＨＰ新書）、二〇〇九年。

佐藤卓己『八月十五日の神話――終戦記念日のメディア学』筑摩書房（ちくま新書）、二〇〇五年。

高田博行『ヒトラーの演説――熱狂の真実』中央公論新社（中公新書）、二〇一四年。

竹山昭子『ラジオの時代――ラジオは茶の間の主役だった』世界思想社、二〇〇二年。

津田正太郎「「聴く」プロパガンダ――第二次世界大戦時における英国のプロパガンダ政策（上）」『社会志林』六五（三）、法政大学社会学部学会、二〇一八年。

津田正太郎「「ノープロパガンダ」の実相――第二次世界大戦時における英国のプロパガンダ政策（下）」『社会志林』六八（二）、法政大学社会学部学会、二〇二一年。

戸ノ下達也・長木誠司編著『総力戦と音楽文化――音と声の戦争』青弓社、二〇〇八年。

師岡康子『ヘイト・スピーチとは何か』岩波書店（岩波新書）、二〇一三年。

安田浩一『ヘイトスピーチ――「愛国者」たちの憎悪と暴力』文藝春秋（文春新書）、二〇一五年。

『日本経済新聞』二〇一八年八月一〇日「戦争伝える「聴音壕」、敵機の音聞き分け　岩手・花巻」。

『読売新聞』一九二八（昭和三）年一二月四日「勅語の放送で責任者恐縮」。

『読売新聞』二〇二三年八月二一日「『目が見えない人は耳が優れているはず』と防空監視員に…障害者と戦争のかかわり掘り起こす」。

『読売新聞』二〇一三年三月二六日「反韓デモに抗議のうねり　ツイッター発、市民集う」。

第11章　非日常と日常をつなぐ声
――災害時にラジオが求められるもう一つの理由――

災害大国日本では、非常持ち出し袋の中に手回しラジオが入っている。食料や水などの生きるために必要な物資と共に、直接命を守る物資ではないラジオが入っているのはなぜだろうか。もちろん、情報を入手するために必要だからというのが理由なのだが、スマホもインターネットもある時代になぜラジオがそれほど重要なのだろうか。本章では、災害とラジオの関係を、改めて問い直していこうと思う。

災害とともに生まれた日本のラジオ

一九二五（大正一四）年三月二二日に日本でラジオ放送が始まった時、社団法人日本放送協会初代総裁後藤新平は東京放送局での挨拶で放送の役割を以下のように示した。「文化の機会均等」「家庭生活の革新」「教育の社会化」「経済機能の敏活」の四点である。これらは、ラジオという新しい音声メディアが日本社会にもたらす新しい日常であり、音と声という目には見えない情報が作り出す未体験の生活であった。

そもそも日本のラジオ放送が社団法人という公益団体で始まったのは、一九二三年九月一日に発生した関東大震災がきっかけであった。当時の日常生活で情報を提供するのは新聞の役割であり、娯楽は活動写真や芝居小屋などが中心であった。しかし、大地震の発生によって多くの家屋が倒壊し、同時に発生した火災によって大勢の人たちが亡くなった。東京や近隣にあった新聞社も大きな被害を受け、新聞を印刷して発行することが不可能となった。たちまち情報を得ることができなくなった被災者たちは、身体的、精神的な孤立状態に陥ってしまっただけでなく、情報の断絶状態にもなっていたのだ。その結果、さまざまな流言や噂が飛び交い、悲惨な朝鮮人虐殺事件などが発生する一因にもなっていたことは、既に多くの検証が行われている。

この情報の断絶は被災地やその周辺だけでなく、実は日本全国で同じ状態が起こっていた。大きな地震が起こって関東が大変なことになっていること自体は、避難してきた人たちの話などから少しずつ分かってきたが、もちろん詳細は不明で、噂話が尾ひれをつけて次第に拡がり、各地の新聞社はそれらの噂話を元に、確証のない憶測だけでさまざまな記事を載せていた。現在とは違って報道機関としての責務よりは、新聞の購読数を増やすことが目的だったことは言うまでもない。吉村昭『関東大震災』によると、「富士山爆発」や「秩父連山大爆発」などのセンセーショナルな記事が、地方紙の紙面を通じて拡がっていった。それを読んだ人々は記事の内容を確認する術もなく、唯一の情報メディアであった新聞に書かれていることを信じるしかなかった（吉村 一九七三）。

そんななかで、唯一正確な情報を伝達したメディアがあった。それは、横浜港に停泊していた船舶からの無線電信であった。有線電信は地震による電柱の倒壊や停電などの被害によって途絶していたが、船舶の無線電信は各地の電信局を経由しながら太平洋を渡り、遠くアメリカ・サンフランシスコまで到達した。そして、アメリカ政府は素早く支援物資を積んだ船を日本に向けて出航させ、サンフランシスコの街角で着物姿の女性たちが義援金の募金活動を行っている姿が古いフィルムに残されている。

無線電信の歴史に関しては、これまでの章で既に述べた通りだ。奇しくも、無線電信の力がタイタニック号の沈没という海難事故で世界中に知られたのと同じく、日本でも関東大震災という未曾有の大災害によって無線電信がもつ力が発揮された。そして、無線電信に声を乗せたラジオが一九二〇年にアメリカで始まって以来大きな産業へと発展していることは、当時の日本でも徐々に知られるようになっていた。その結果、日本でもラジオ導入に関する議論が政府内で行われており、関東大震災の前年には、アメリカ型の商業放送を認める案が決まりかけていた。しかし、関東大震災の発生によって壊滅状態になった首都近郊で唯一生き残ったのが無線であり、政府は無線がもつ潜在的な力をはっきりと認識した。それは、第一に今回のような大災害時に情報が途絶してしまうことを防ぐというものであった。そしてより重要なのは、民間が無線技術を自由に使うことは国家にとってあまりに危険であり、国家がコントロールできる形で導入させるべきという認識であった。

その結果、民間の商業ラジオへの参入希望者を既に募っていたにもかかわらず、突如として公益団体にしか許可しないという方針転換を示したのであった。東京、名古屋、大阪の三地域の各一団体にまず許可を出すので、各申請者は話し合いで申請団体を一本化せよという通達を受けて、各地の申請者は大混乱に陥った。特に、商都大阪では商業利用への期待が他地域よりも大きかったこともあって、なかなか一本化が進まなかった。商売敵が集まって一つのスーパーマーケットを運営するようなもので、互いの利益同士がぶつかり合い、話し合いは紛糾に紛糾を重ねていた。

大阪毎日新聞社も、ライバルであるラジオ局の運営に積極的な姿勢を示していた。ラジオは速報性に優れ、広範囲の家庭に直接ニュースを届けることができる。新聞のように、印刷や配達という手間と時間がかからないという面で、大きな危機感を持ってラジオを注視していた。そして、ラジオを排除するのではなく、その優位性を自社の中に組み込んで、上手に活用しようと考えたのである。日本でラジオ放送が開始されるという情報を摑んだ大阪毎日新聞社は、実験放送を複数回実施し、大阪の人々にラジオという新しい音と声のメディアがどのようなものなのかを知らせる活動を積極的に行った。三越百貨店の上階に設置したスタジオ見学には、連日多くの人たちが押しかけ、また離れた場所に設置した受信機から聴こえる「線のない電話の声」に驚嘆していた（坂田 二〇〇五：三八〜五二）。

このような事前の周知活動を行っていたにもかかわらず、先述のような団体への一本化指示に、大阪毎日新聞社も当然自社の思惑を前面に主張することになったが、他の出願者や出願予定者だった個人、会社、団体なども同様の主張を繰り返すのみで、一本化など不可能だと思われた。政府側もその状態を憂慮して一本化に向けたさまざまな働きかけを行い、ようやく一本化が進むことになった。しかしその後も、今度は東京と大阪の初放送時期をめぐる争いが起こり、わずかな差で東京放送局が初放送を行うことができた。だが、これも本放送ではなく、あくまでも仮放送の形で行われたものであった。いずれにしろ、関東大震災という未曾有の大災害をきっかけにして、すったもんだの騒動の末に日本のラジオ放送は始まったわけだが、先述のように政府はいつまでも自由に放送を行わせるつもりはなかった。放送開始から一年後の一九二六年八月に、東京、名古屋、大阪の独立した放送局は強制的に解散となり、社団法人日本放送協会に統合されて東京放送局は中央放送局、名古屋と大阪は地方放送局として扱われることになったことは既出の通りである。

災害とラジオ放送の闘い

ラジオ放送が始まった日の番組には、全国の天気予報があった。一九二四（大正一三）年八月二一日には『国民新聞』に天気図が初めて載っていたので、その半年後に天気という情報が声で伝えられたことになる。先述のように、日本のラジオ放送は関東大震災という未曾有の大災害と強い結びつきをもって始まり、その後の多くの災害時にもラジオは人々の命を救うという使命のもとに闘い続けていた。最初の闘いは、戦争という人為的な大災害であり、軍の命令によって米英との戦闘状態に入った一九四一（昭和一六）年一二月八日から、天気予報はラジオで放送されなくなった。中央気象台台長の藤原咲平は、陸軍大臣と海軍大臣から口頭で「気象報道管制実施」を命令されたのだ。その理由は、敵に天気情報が傍受されると攻撃に利用されるというものであった。それ以降、一九四五（昭和二〇）年八月二一日に同命令が解除されるまで、天気に関する情報をラジオから知ることができなくなった。

もちろん、戦争中に災害がなかったわけではない。たとえば、一九四二（昭和一七）年八月二七日に上陸した「周防灘台風（台風一六号）」、同年九月一〇日発生した「鳥取地震」、一九四四（昭和一九）年一二月七日に発生した「昭和東南海地震」、一九四五年一月一三日に発生した「三河地震」など、多くの犠牲者と被害をもたらした災害が各地で発生していた。しかし、戦時中の情報統制によって台風に関する予報や地震による被害の様子を伝えることが禁じられていた。敗戦直後の一九四五年九月一七日には「枕崎台風（台風一六号）」が鹿児島県に上陸し、翌年の一九四六年一二月二一日には「昭和南海地震」も発生している。空襲や敗戦で混乱している人々に追い打ちをかけるように襲来する災害に、ラジオはまだ力を発揮できないでいた。その主な理由としては、放送網の復旧がまだ終わっていなかったことや受信機の不足、観測網の未熟さなどが挙げられるだろう。そして、一九二三年の関東大震災の時と同じように、ラジオ（無線）さえあれば多くの尊い命が救えたはずだと多くの人々が考えたのである。

ここから、ラジオと災害との間で果てのない闘いが続くことになる。戦後に初めてラジオと台風との闘いが行われたのは、一九五九（昭和三四）年九月二六日に伊勢湾を中心に高潮による大きな被害をもたらした「伊勢湾台風（台風一四号）」であった。この台風では、事前にラジオを通じて台風に関する情報が放送され、多くの備えが行われた。その点では、災害との緒戦はある程度うまくいったと言えるだろう。

土砂災害や低い土地の浸水、それに川の増水に警戒し、今日のうちに備えをしておくようにしてください。停電に備えて、懐中電灯やランタンなどのほかに、カセットコンロとガス管なども用意しておきましょう。シャッターや雨戸、カーテンはしっかり閉めましょう。
また、傘や物干し竿、植木鉢など飛ばされる可能性があるものは室内にしまってください。(1)

これは、台風が上陸した前日のNHKラジオニュースの内容である。おそらく、現在放送されている事前の備えを促す内容と大きな差はないであろう。そして、台風が上陸して暴風雨と大規模な高潮が発生したことで広範囲に停電が発生した。当時の乾電池で受信可能なトランジスタラジオの普及率は名古屋市内で二一％であり、多くの住民がラジオの情報を受信できなかった（大牟田・澤田・室﨑 二〇二一：一〇九～一一九）。また、この伊勢湾台風は、それまでの「被害」の状況を伝える放送から、被害を食い止める「防災」を中心とした放送に変わった最初の災害であったが、放送局自身も停電によって放送が困難となり、被害拡大を食い止めることができなかった。

その後、この教訓を活かした災害に強い放送局を目指して、さまざまな対策が取られるようになった。放送の内容も防災情報の提供に加えて、被災地で最も求められている情報の提供に変わっていった。一九六四（昭和三九）年六月一六日に発生した「新潟地震」では、被災住民の安否情報が初めて放送された。『20世紀放送史』によると、修学旅行に出かけていた女子高校生たちの無事をラジオで放送してほしいという要請を受けて、当時個人的な情報を放送したら電波法違反になるのではないかという懸念を持ちつつも、安否情報を多くの人たちに伝えることは放送の個人利用ではなく一般向けの放送だという考えの下に放送が行われたとある（日本放送協会 二〇〇一：六二二～六二五）。この安否情報が放送されると、直後から多くの安否情報放送依頼が殺到し、当日の午後三時から「消息放送」として依頼内容の放送を開始した。民放のＢＳＮ新潟放送も同様の放送を行い、ＮＨＫ新潟が約三〇〇〇件、ＢＳＮ新潟放送が約五〇〇〇件の安否情報を放送した。このラジオを使った安否情報の放送はこの新潟地震が最初ではなく、「伊勢湾台風の際にＮＨＫ名古屋中央放送局が、浸水域で孤立した住民から伝書を受け取り、「罹災者だより」として放送し、個人の交否を伝えた実績がある」と指摘されている（入江 二〇二二）。しかし、これほど大規模な安否情報の放送はこの新潟地震が最初であり、以後の大規模災害時には安否情報の放送がＮＨＫの各チャンネル（地上波、ＢＳ、ＡＭ・ＦＭラジオ）を通じて行われている。

その安否情報の役割が再認識されたのが、一九九五（平成七）年の阪神・淡路大震災であった。同年一月一七日早朝に、兵庫県南部を震源とするマグニチュード七・三の地震が発生し、家屋の倒壊と火災等によって五〇〇〇人を超える死者を出す大災害となった。関東大震災以来、都市部を襲った地震被害としては最も大きく、また高速道路倒壊や鉄道網寸断など、都市型社会のインフラ被害が大きかったことも特徴であった。放送に関しては、発生時刻が日の出前の五時四六分ということもあって、テレビの映像は明るくなってからＮＨＫ神戸放送局がいち早く局舎前から被害の映像を伝えた。また、ヘリコプターによる上空からの映像によって、倒壊した高速道路の様子や拡がる火災の状況などが全国に伝えられた。ラジオに関しては、ＡＭ神戸（現ラジオ関西。以下当時の名称で記載）とＫｉｓｓ－ＦＭ神戸が被災地における民間ラジオ局として災害放送を行った。まず、ＡＭ神戸は局舎が大きく損壊して放送の継続が危ぶまれたが、奇跡的にスタジオから放送を送出するマスターと呼ばれる機器が被害を免れた。そのため被災直後に一時停波はしたが、地震発生からそれほど時間をおかずに、生放送で被害状況や被災者の生の声などを交えて放送した。震災当日朝からＡＭ神戸が放送した内容をすべて文字起こししたラジオ関西震災報道記録班編著『Radio――ＡＭ神戸69時間震災報道の記録』には、地震発生後の第一声が記録されている。女性アナウンサーが「しゃべりましょうか」とディレクターへの問いかけから始まる震災放送は、当日の緊張感と繰り返し襲う余震によって、いつ局舎が倒壊してもおかしくない状況の中で、必死に情報を伝えようとしている様子が窺える。被災の情報や状況は、自宅から局に向かっている社員からも送られていたし、リスナーからも届けられていた。一九九五年当時はまだ電話でリクエスト曲を受け付ける「電リク」番組が残っており、リスナーたちはリクエスト曲の受付電話番号を覚えていた。そして、これも奇跡的に回線が生き残っていた電リク受付電話に、リスナーからの情報が次々と送られてきたのだ。リスナーはラジオの放送を通じて情報の共有を願っていたし、リスナー同士が同じ被災者として共感する場を求めていたのである。テレビは全体像や被害の大きな場所の映像を映し出すばかりで、自分たち一人一人の状況には関心がないのではないか。それを言葉として誰かに伝え、お互いに大変な状況を支え合って乗り切っていこうという気持ちを、「AM神戸」という身近なラジオ局に求めていたのだ。ラジオはメディアとして情報を伝えるだけではなく、リスナー一人一人の気持ちを受け取り、伝える役割も果たしていた。普段は聴いていない被災者たちも、おそらく同じ思いで当時の放送を聴いていたと推測できる。

被災地にあったもう一つのラジオ局「Kiss-FM神戸」では、普段からバイリンガルなパーソナリティが番組を放送していた関係から、早い段階から英語による情報提供を行っていた。しかし、対応できるのは英語に限られていたし、情報そのものがなかなか入ってこなかった。「AM神戸」のような電話でリクエストを受け付ける形式の番組は行っておらず、リスナーからの情報を受け取る手段もなかった。そんな状況の中で、日本語を母語としない外国人被災者に向けて情報発信を行っていた。観光都市神戸には多くの外国人観光客も滞在していたと考えられ、働いている外国人労働者も多数いた。佐藤久美ほかの研究「地震災害における外国人の被害と災害情報提供」によると、一九九五年の震災当時に兵庫県には約一〇万人の外国人がおり、日本語という外国語が分からないだけでなく、そもそも地震という自然現象を体験したことがない外国人にとって、多くの建物が倒壊し、火の手が迫る中での避難には想像を絶する困難があった。また、家を失った人たちが避難する場所の情報や食料等の配給、安全な水の確保や入浴施設など、日本人向けには多くの情報が提供されていたが、それは「日本語」が理解できることが前提となっていた。

先述のように、発災直後に日本語以外での情報提供はＫｉｓｓ－ＦＭ神戸が英語で行っていたほか、ＮＨＫ「ニュース７」副音声で英語の情報提供が行われていた以外には、公式な形では行われていなかった。しかし、非公式な個人的活動としては行われていたのだ。たとえば、神戸市長田区で自発的に行われた「ミニＦＭ」による多言語放送があった。一九九六年に被災地神戸市長田区に誕生したコミュニティＦＭ局「ＦＭわいわい」の前身であるこのミニＦＭ局は、行政や民放、ＮＨＫが行えなかった日本語と英語以外での情報を、狭いエリアではあったが音声で発信した最初の事例であった。ＦＭわいわいのホームページによると、以下のような設立経緯が書かれている。

震災二週間後の一月三〇日にＪＲ新長田駅近くの韓国学園の一室から被災した在日同胞に向けて、韓国・朝鮮語及び日本語による震災情報と韓国音楽を放送するミニＦＭ局が開局しました。「ＦＭヨボセヨ」です。これは大阪市生野区の在日韓国・朝鮮人向けＦＭ局「ＦＭサラン」の協力で、韓国学園の先生をはじめボランティア数人が日夜交替で長田で被災した在日同胞を勇気づけようと放送を続けていきました。(2)

「ＦＭヨボセヨ」は、まず韓国・朝鮮語を母語とする人々への情報提供をミニＦＭという形で開始した。ミニＦＭとは、電波法で定める微弱電波を使った放送で、通常きわめて狭い範囲での受信しかできない。震災当時どの程度の出力で行われていたかは定かではないが、個人単位で自由に使える出力の電波を使ったＦＭラジオ局であった。そして、今度はベトナム人向けのミニＦＭ局「ＦＭユーメン」が開局する。やはり、ＦＭわいわいのホームページから引用しよう。

長田区に暮らすベトナム人も、そのほとんどが震災で公園や学校での避難生活を余儀なくされました。言葉の壁により大きな不安を抱えながらの避難所暮らしが続きました。そのベトナム人に必要な情報を伝え励まそうと被災ベトナム人救援連絡会議が中心になって、「FMヨボセヨ」と「FMサラン」の協力でカトリック鷹取教会ボランティア救援基地の中にミニFM局を立ち上げたのが四月一六日でした。「FMユーメン」です。「FMユーメン」はベトナム語だけでなく、フィリピン人に向けたタガログ語・英語、南米人に向けたスペイン語、そして広く地域住民に向けて日本語と、五つの言語で放送を開始しました。

「FMユーメン」は、ベトナム語を中心にタガログ語、スペイン語などでの放送を行っており、この二つのミニFM局を通じて、長田区で被災した外国人への情報提供が実現していたのだ。一方、国や行政側も外国人への情報提供に関しては課題を認識しており、またラジオという音声メディアが依然として大規模災害時には有効な情報提供手段であることも再認識していた。先述のように、AM神戸は局舎が大きな被害を受けて仮の局舎での放送となり、Kiss-FM神戸も通常の放送は困難であった。また、NHKも公共放送としての役割を果たすことで手一杯であったために、災害時に臨時的な放送局として立ち上げ可能な臨時災害放送局「FM七九六フェニックス」を開局させた。臨時災害放送局とは、放送法に定める「臨機の処置」によって行政の長が郵政省（現総務省）に申請して開局する臨時的なラジオ局を指す。通常は放送設備が簡易なFM電波が用いられ、阪神・淡路大震災の際には兵庫県がNHK神戸の放送設備を借りて開局した。開局期間は一九九五年二月一四日から同年三月三一日までで、放送業務はアナウンスも含めてボランティアで行われた（大内 二〇一八）。

この臨時災害放送局の存在とともに社会の注目を集めたのが、一九九二年に函館市で第一号が開局していた「コミュニティFM（正式にはコミュニティ放送であるが、一般的に使用されているコミュニティFMと記載する）」であった。市区町村をエリアとする比較的小規模なFMラジオ局は震災当時六局が既に開局していたが、大阪府守口市の「FM HANAKO」が唯一被災エリア内で放送を行っており、その放送内容や小規模なエリアへの音声による情報提供への関心を生んだ(3)。そして、震災後の数年間はコミュニティFM開局バブルと言えるような開局ラッシュが続いたが、臨時災害放送局と共にその真価を発揮したのが、二〇〇四年一〇月二三日に発生した最大震度7の「新潟県中越地震」と二〇〇七年七月一六日に発生した最大震度6強の「新潟県中越沖地震」であった。長岡市の「FM長岡」は、被災地で開局していたコミュニティFM局だったが、災害を受けて臨時災害放送局へと一時的に移行し、最大出力をアップさせたうえで、通常の放送範囲以外の被災者への情報提供を行った。臨時災害放送局はその後に発生した数多くの災害時にも開局され、その役割を十分に果たしてきたが、臨時災害放送局と言う制度や役割、そして声のメディアが情報だけを伝えるものではないことを強く印象づけたのが、二〇一一年三月一一日に発生した「東日本大震災」であった。

臨時では終わらなかった災害と声のメディア

二〇一一年三月一一日午後二時四六分に宮城県沖で発生したマグニチュード九・〇の巨大地震は、最大震度7という激しい揺れと共に一六メートルを超える大津波が太平洋沿岸の広い範囲を襲った。死者・行方不明者は、関連死も含めると原稿執筆時点の二〇二三年五月時点で二万二二一二人にのぼる。福島県の原発施設も大津波で原子炉冷却用の電源が失われ、チェルノブイリ原発事故に次ぐ規模の原子力災害をもたらした。そのため、原発から原則二〇キロ圏内の住人は強制的に避難を余儀なくされ、多くの住人たちが日本全国のみならず海外への避難を強いられ、故郷を追われることとなった。

この東日本大震災の被災地は海に面した海岸地域に集中し、放送局をはじめとする報道メディアが立地する内陸からはかなり離れた場所だった。三陸沖に関しては大きな地震と津波の被害をたびたび受けていたので、情報カメラや支局は存在したが、人口規模や経済規模の問題から直接情報を提供できるコミュニティFMはきわめて少なかった。たとえば、石巻市のコミュニティFM局「FM石巻」は、一九九七年五月から放送を行っていた。三月一一日の発災当日は、地震発生直後から特別番組を放送していたが、午後七時三〇分に電源喪失によって停波してしまった。大津波によって周囲が冠水したため、アンテナのある場所へ非常電源装置用のガソリンを運ぶことができなかったのだ。停波は三月一三日まで続き、自衛隊の協力によってようやく放送が再開された。FM石巻には、行方の分からない、連絡の取れない親族や友人を探す安否放送の依頼が数多く寄せられた。各地に開設された避難所のどこかに避難しているかもしれないと、ガレキや浸水で道路状況の悪いなか、避難所を探し回る人が多かった。そこで、ＦＭ石巻は各避難所に自分の安否を知らせるメッセージカードを用意し、それを回収して放送内で読み上げ続けた。メッセージカードを読むパーソナリティ自身も被災者の一人だったのだが、幸い大きな被害を免れたので放送を続けたという（鈴木 二〇一二）。

また、石巻市には一九一三年創刊の地域新聞『石巻日日《ひび》新聞社』があったが、津波によって輪転機が故障し、新聞の発行ができなくなった。そのため、社員たちは総出で手書きの壁新聞を作成した。壁新聞は、五カ所の避難所と一カ所のコンビニエンスストアに張り出され、不安を感じている地域の人たちに情報を伝えた。壁新聞第1号と第2号は各地の被害状況を中心に作られたが、その内容は悲惨さを伝える内容ばかりであった。そこで、第3号以降は希望を持てるような内容に変更し、救援物資の到着や全国からの支援情報を中心に伝えた。この壁新聞は第6号まで作成され、震災を伝える貴重な資料として保存されている。このような地域に根ざしたメディアは、残念ながら被災地には少数しか存在していなかった。二〇一一年三月現在で大きな被害を受けた地域において開局していたコミュニティＦＭは、「むつ市」「八戸市」「塩竈市」「いわき市」「郡山市」など数局であり、被災県であっても、内陸部で開局していたコミュニティＦＭの方が大半であった。そのようないわば「メディア過疎」地域である東北太平洋沿岸部が甚大な被害を受け、多くの被災者に地域密着の情報を提供する必要が生まれた。その結果、実に三〇局もの臨時災害放送局が設立されたのである。

二〇一三年二月に総務省関東総合通信局放送部放送課が実施した「コミュニティＦＭ不在地域の臨時災害放送局の開設事例に関するヒアリング実施結果」には、当時開設された臨時災害放送局のなかで、コミュニティＦＭが不在地域だった四局（いずれも閉局済み）の関係者へのヒアリング結果がまとめられている。注目されるのは「臨時災害放送局立ち上げに至った当時の経緯や状況」への回答である。たとえば、以下のような回答がある。

知識や経験が全くないところからの臨災局開局は大変難しかった。機材、人材（パーソナリティ、無線従事者、記者等）、資金が必要となる。平時から、地域及びその周辺のラジオ局、コンサル会社、ボランティア団体等の各組織との連携関係を構築しておく重要性を感じた。

臨時災害放送局の開設申請自体は極端に言えば、電話一本で済む。しかし、実際の開設に関わる準備や機材の確保は、被災した混乱状態の中で行わなければならない。機材に関しては地方の小都市では揃えることが難しく、近隣の中規模都市や場合によっては大都市から取り寄せる必要もある。そして、人材確保はさらに困難である。特にパーソナリティについては、地元の方にお願いすることが重要であった（地元情報に詳しい、方言など）。人材には、ハードウェア面と電波や放送の仕組みについての知識面、そして欠かせないのが話し手であるパーソナリティの確保だ。前者に関しては地方小都市であっても、仕事や趣味の面で人材を探すことも可能であろう。しかし、パーソナリティに関しては、マイクの前で話した経験や原稿を読む経験を持つ人を見つけるのが困難な場合が多いと推測される。筆者は、授業の一環として学生にもラジオ番組作りを体験させ、マイクの前で話す経験を積ませている。しかし、そのような経験を持つ人はきわめて限られているうえに、特に初期においては被災者の中から探さなくてはならない。その点で、臨時災害放送局の開設は簡単なようで、きわめて難しい作業なのである。

東日本大震災の場合は、近隣のコミュニティFMからの応援や東京などの大都市から放送経験者が機材を持って駆けつけ、費用面においては日本財団が補助を行うなどの支援を実施したことで、多数の臨時災害放送局が開設できた。また、被災者の中から、経験者だけでなく未経験者もパーソナリティとして参加するなど、多くの人たちが臨時災害放送局の開設に参加していた。そして、東日本大震災における臨時災害放送局には、これまでの災害時における臨時災害放送局とは異なる事態が起こったのである。

それまでの臨時災害放送局は、被災規模や復興の度合いにもよるが、長くても数カ月程度で役割を終えて閉局していった。それが「臨時」のラジオ局が辿る、いわば宿命であった。しかし、東日本大震災で開設された臨時災害放送局の多くは、数カ月を越えて年単位での放送を継続するという「非宿命」的な存在となった。その背景には、被害地域が広範囲に渡った上に規模も甚大であり、復興には多くの時間を要したことと、多くの被災者が家を失い、親族や友人などを突然亡くすという精神的に大きなダメージを受けていたことがあった。これまでの災害でも多くの物的、人的な被害が発生していたが、東日本大震災規模のものはなかった。臨時災害放送局は、先述の石巻日日新聞が三日目に紙面内容を変えたように、被害の大きさを伝えることを目的としてはいない。災害が発生して以降に申請、準備、放送が行われるので、被災後のさまざまな救援物資の配布、給水や風呂の場所と入浴可能時間帯、各種手続き、復興住宅に関する案内など、被災後に生きて生活を続けていくための、必要な情報を発信することが目的である。そして、長引く避難所生活と今後の生活への不安で疲れた心を癒すことも、臨時災害放送局の大きな役割であった。

では、なぜ臨時災害放送局という「声」のメディアが使われ続けたのだろうか。電気、携帯電話の基地局、インターネットの復旧が進むにしたがって、多くの人々はラジオからテレビへ、インターネットへと利用する情報メディアが変化している。発災後数日は、停電が起こっていることもあってラジオの利用率が高かった。手元にアナログラジオ受信機がなくても、車が使える場合はカーラジオが利用できる。また、防災グッズには必ず手回しのラジオが入っているので、それを利用する被災者も多かった。しかし、現代人にとって映像のないラジオは、情報として物足りなさを感じてしまうのは否めない。受信できる放送局の数も限られ、テレビのようにチャンネルをザッピングしながらプッシュ型で送られてくる情報の流れを「観る」こともできない。インターネットはプル型メディアなので、自分が気になっている情報へダイレクトにアクセスできるし、SNSを通じて同じ境遇に陥っている見知らぬ他者ともつながることができる。感情の共有や共感が、そこには生まれるのだ。一方、臨時災害放送局を含むラジオは、声で情報を伝え、声が共感を生み出す。声しかないからこそ言葉が意味をもち、言葉が人々の心をつなぐ。だからこそ、臨時災害放送局は求められ続けたのだ。

臨時災害放送局は、その地域で既に開局されているコミュニティFM局があれば、その施設やスタッフをそのまま利用しながら臨時災害放送局へ一時的に「移行」することができる。先述のFM長岡の事例のように、コミュニティＦＭの出力上限二〇ワットを一〇〇ワット程度へと増力させる。臨時災害放送局の出力には上限が設けられていないので、情報を伝えるエリアの広さによって上限が設定される。この「移行型」の場合は、通常のコミュニティＦＭとしての放送を完全に停止して、臨時災害放送局としての番組編成を新たに作るタイプと、コミュニティＦＭとしての番組編成の一部に臨時災害放送局としての情報提供を組み込むタイプの二種類がある。どちらを選ぶかは、コミュニティＦＭ側と臨時災害放送局開設を申請する市区町村側との協議に委ねられる。移行型の方が、新規に場所や機材、スタッフの確保をせずに臨時災害放送局としての情報提供が行えるので、災害時には有効な手段である。東日本大震災においても、既設のコミュニティＦＭが臨時災害放送局に移行した例は多い。そして、必要とされる期間が過ぎれば、また元のコミュニティＦＭに戻っていく。戻ったからと言って災害と完全に切り離されるわけではなく、通常のコミュニティＦＭとしての番組の中で、多くの災害関連の情報やリスナーからのメッセージが長く残されていくのだ(4)。

被災者自身が災害と向き合う臨時災害放送局

そして、「声」は発する人の心が反映されるので、新規開設する臨時災害放送局の場合はパーソナリティやスタッフ自身が被災者である場合が多く、また語りのプロでもない。未経験な人たちも多く、そのような人たちも語り手やスタッフとして関わっている事例が多い。ＮＨＫの「クローズアップ現代（当時）」で取り上げられた宮城県女川町の臨時災害放送局「女川臨時災害ＦＭ」は、さまざまな過去や葛藤を抱える若者たちが中心となって運営されていた。二回にわたって放送された特集で印象に残っているシーンが二つある。一つは、スタッフたちの間で被災状況に違いがあり、そのことが番組内で取り上げる話題をめぐる気持ちのすれ違いにつながっていく場面だ。たとえば、自宅の被害を免れた人と狭い仮設住宅で暮らす人。多くのものが手元に残った人と、持ち出せたものが自宅の鍵一つだった人。家族が全員無事だった人と、残されたのが年老いた祖父や祖母と自分だけの人。社会的格差とは異なる災害被害者間格差が現実に存在し、その格差が小さなラジオ局の小さなスタジオ内でぶつかるのだ。

二つ目は、女川町の選挙の取材で、投票に来た人にスタッフの男性がインタビューするシーンだ。スタッフは、ある男性にどのような期待を持って投票するかを尋ねるのだが、答える中で男性の家族は全員亡くなったと話し、それを聴いたスタッフがインタビューを続けられずに崩れ落ちるシーンだ。おそらく、「声」を発することができなかったのだろう。声で伝えることが唯一の手段である臨時災害放送局において、声を発することができないのはとても苦しいに違いない。被災者の心の揺れや、被災者たちのどこにもやり場のない心の声を代弁することも大事だが、スタッフ自身の心が感じ取った気持ちを声に出して伝えることも、臨時災害放送局の大きな使命なのだ。

東日本大震災で開設された臨時災害放送局のうち、最後まで放送を続けていた三局「りくぜんたかださいがいエフエム（岩手県陸前高田市）」「みなみそうまさいがいエフエム（福島県南相馬市）」「とみおかさいがいエフエム（福島県富岡町）」が、震災から七年が経過した二〇一八年三月末日に閉局した。臨時の放送局である臨時災害放送局が、なぜ七年も放送を続けたのだろうか。東日本大震災の被害は、地震による大きな揺れに伴うものと、地震によって引き起こされた津波に伴うもの。そして、津波によって引き起こされた東京電力福島第一原子力発電所のメルトダウンに伴う放射能汚染の大きく三種類があった。特に、三つ目の原発事故に伴う被害は、全町民が強制的に避難させられて起こった混乱と避難先での風評被害、そして故郷喪失である。故郷喪失は、大規模災害発生後に、居住地の被害が甚大だったことで他地域に移住せざるを得なかった例はあるが、日本史上初の原発大事故と放射能汚染という見えない恐怖。何の準備をする時間もなく避難させられたことでの心の空白など、前例のないものだった。「とみおかさいがいエフエム（以下、ステーションネーム「おだがいさまFM」と表記）」は、役場が避難した郡山市で開設された臨時災害放送局だ。被災地以外の場所で開設された唯一の例であり、全国に散り散りになった富岡町民をつなぐ重要な役割を果たしていた。

「おだがいさまFM」では、七年間欠かさず放送していたコンテンツがある。それは、富岡町で毎日昼一二時に町の防災無線を通じて流される町民歌「富岡わがまち」である。この歌を知っていることは富岡町民である証であり、この歌を聴けば残してきた故郷とそこで暮らした日々が思い出される。歌はノスタルジーを呼び起こし、町民一人一人が持つ個別の故郷の記憶を、富岡町民という集合的な記憶へと転換する（アルヴァックス　一九九九）。七年間という避難生活の時間は、故郷への帰還を困難にし、避難先での新たな生活を余儀なくさせた。その間には、故郷であるはずの富岡町を知らない世代も生まれ、故郷をつなぐ共通の記憶がなくなってしまった。だが、町民歌「富岡わがまち」は、町民としてのアイデンティティを作り、町民共通の集合的記憶として伝え続けられていた。また、「おだがいさまFM」で話される声には富岡町の言葉が使われており、隣接する町とも異なる独自の「地言葉」としての記憶を同じく呼び起こしている。「おだがいさまFM」の放送は、町が全避難町民世帯に配布した専用タブレットからインターネットを通じて聴くことが可能で、いつでも思い立ったときに故郷の記憶を呼び覚ますことができるのだ。これは、ラジオ放送である臨時災害放送局という声のメディアでしか実現できないことであり、臨時災害放送局がたんに情報提供を目的とした臨時のラジオ局ではないことの証でもある。

このように、臨時災害放送局という災害時にしか登場しない声のメディアは、被災した多くの人たちに感情の共有や記憶の呼び覚ましという役割を果たしている。そして、新たな生活へ進む大きな後押しをしているのである。

災害で失った人との声の再会

残念ながら、災害における人的な被害を完全になくすことは困難だ。阪神・淡路大震災では五〇〇〇人を超える人が亡くなり、東日本大震災では二万人を超える人たちが犠牲となっている。風水害は、事前にある程度予測することができるが、それでも犠牲者をゼロにすることは難しい。完全に犠牲者を出さない「無災」ではなく、犠牲者を減らす「減災」と言わなければならないもどかしさを、われわれは日々感じている。そして、犠牲になった人々との別れは突然訪れ、長い時間が経過してもその事実を受け止めることができず、もう一度会いたい、もう一度声が聴きたいとの思いは誰しもが感じるであろう。

第7章でエジソンの「死者と会話する機械」のことを記したが、会話は特別なものではなく、ごく日常的に行われ、その会話一つ一つに注意を払っているわけでもない。学生たちに、昨日最後に話した相手と内容を質問してもなかなか思い出せないが、しばらく考えた後で最後の言葉を思い出す。それは「バイバイ」「おやすみ」「また明日学校でね」「寝るわ」「課題しなくちゃ」「忘れちゃいな」「元気出してね」など、特に大きな意味のある言葉ではない。だいたいが挨拶程度の軽い言葉だ。だが、それがその人と交わした最後の会話であり、言葉であったとしたら

図11－1　岩手県大槌町の「風の電話」（Wikimedia Commons より）

どうだろうか。なにか、もっと違う言葉を言えばよかった、話しておけばよかった、聴いておけばよかったなど、思い残すことが湧き出てくるのではないだろうか。そして、もう一度声が聴きたい、もう一度会話がしたい、言い忘れたことがあるなど、声をめぐる残された気持ちが湧き上がってくるのではないだろうか。

岩手県大槌町にある海が見える丘の上に、一台の電話ボックスがぽつんと立っている。電話ボックスは市街地で観る一般的な形ではなく、透明な樹脂で中が見えるのは同じだが、装飾が施されていてどこか別世界へつながる入口のような印象だ（図11－1）。そして、電話ボックスの中には黒くて古いダイヤル式の電話機が一台置いてある。電話帳などはなく、一冊のノートがペンと共に置いてあるだけだ。そして、電話機に取り付けられたコードの先端は切れていて、どこにもつながっていない。この電話機は、形は古い昭和の黒電話機だが「電話機」として誰かに電話をかける機能を持ってはいないのだ。だが、この電話ボックスにあるどこにもつながっていない電話機を目指して多くの人が訪れ、受話器を耳と口に当てて話しかける。誰も、ダイヤルを回したりはしない。電話をかけた相手は、線がつながっていない世界にいる。空想の相手ではない。たしかにこの世界に存在し、会話を交わしたことのある人物だ。だが、今はその相手の姿は見えない。たしかにいたはずなのに、今はいない。この電話機を使えば、その相手の声を聴くことができるかもしれない。線はつながっていないけれど、その線の先には相手がいるかもしれない。声が、受話器を通じて聴こえるかもしれないという一縷の望みをかけて、受話器を持ち上げる。そして、「もしもし」と、話しかける。

「風の電話」と呼ばれるこの電話ボックスと電話機は、この地に移住した佐々木《ささき》格《いたる》が、亡くなった従兄ともう一度話がしたいという思いから二〇一〇年に設置したものだ。翌年に発生した東日本大震災の際に海岸を襲う巨大な津波を目撃し、犠牲者と残された人々がこの電話機を使って再びつながれるようにと、敷地を整備した上で誰でも使えるように開放した。そして、「風にのせて声が伝わるように」との思いから、「風の電話」と名付けた。「風の電話」は「ベルガーデア鯨山」という名の癒しの空間の一角にあり、図書館やベンチなどが設置され、コンサートやイベントなどが催されている。「ベルガーデア鯨山」ホームページよりそのコンセプトは、以下のように説明されている。

三陸海岸の海を望む丘で「地図にない田舎づくり」をテーマに、森の図書館、風の電話、木ッ木の森など、訪れた人が四季を感じながら心を開放し、癒しや感性を育む時間を過ごせる場所を手作りしています。(5)

なかでも、「風の電話」には多くの人たちが訪れて、電話ボックスに置かれた電話機を使って語りかける。決して実際の声は聴こえないが、心の耳には相手の声が応えている。それを信じて、人々は語りかけている。

このどこにもつながっておらず、誰の声も聞こえない「風の電話」を音声メディアとして捉えてみると、いくつかの特徴を見つけることができる。第一に、なぜ「電話」なのかという点である。電話は、非対面のコミュニケーションメディアであり、声のみが使われる。口から発せられた声は送話口を通じて電気信号に変換され、相手の受話口で声に戻される。電話の利用者は、見えない相手を心のなかで想像し、身体と切り離された声と記憶に残っている身体を重ね合わせる。「風の電話」が電話なのは、目の前から身体が消えてしまった人々の存在を、声という情報を通じて再現させる試みを行う役割を果たしているからだ。

第二に、ダイヤル式の黒電話機は、その形状が過去という時間を想起させ、かつてこの世界で共に過ごした時間を遡る装置として認知される。カラフルなプッシュホンや携帯電話、スマートフォンでは、視覚的に感じる時間の経過が薄い。目の前から消えてしまった人との時間は、たとえ直近であったとしても「過去」として感じる必要があるのだ。

そして第三に、電話というメディアがもつ「メッセージ性」にある。先述のように、カナダの文学研究者であるマーシャル・マクルーハン（Marshall McLuhan）は、著書『人間拡張の原理』のなかで、「メディアはメッセージである」という有名なテーゼを記している（マクルーハン 一九六七）。このテーゼが意味するのは、各メディアごとにメディアとしての特性を持ち、そのメディアを使うこと自体がすでに「メッセージ性」を帯びているということなのである。つまり、電話というメディアを使うことは、電話という声のみでコミュニケーションを行い、声しか持つことができない特別なメッセージを発信し、同時に受信しているのだ。それは、文字でも映像でもない、声のメディア特有のメッセージなのである。電話という声のメディアが持つメッセージ性とは何かと言えば、身体が発する声がそこから分離され、目の前に身体が存在しないことで生み出される、記憶のなかの「身体」と結びついた仮想の存在感だ。だからこそ、『風の電話』は過去に存在した人たちに電話機を通じて語りかけ、一方的ではあるが、想像の世界の中で会話をすることができるのだ。たとえ実際の声が返ってこなかったとしても、『風の電話』のボックスの中だけは、過去との会話が行えるのである。

日常と非日常をつなぐ声

このように、災害という日常を破壊する出来事には、声の情報が不可欠であり、新たな日常と関係の構築、記憶の継承、そして失われた人たちとの再開も、声が担っている。日常生活では数多くの会話が行われていても、そのすべてを記憶することはできない。しかし、会話を失うことで、最後に交わされた言葉は、理由は分からないが蘇ってくる。声は常に耳から取り込まれ、必要な声は記憶に残される。ドライブレコーダが、衝撃を受けると直近の映像だけ残すように、われわれの声の記憶はエンドレスな記憶として脳に一時的に保管され、なんらかの刺激が与えられることで必要な部分だけが切り取られて記憶として定着し、思い出すことができるのだ。

災害という非日常は、時間の経過とともにやがて日常へとグラデーションのように重なりながら移り変わっていく。「語り部」という人たちは、非日常の記憶を繰り返し呼び覚ましながら、次に来る非日常への備えを声で伝えている。災害を体験した人たちすべてが、体験を語ることを選択するわけではないし、語り部になるわけでもない。

語ること、すなわち記憶を封印してしまっている人たちも多い。そんななかで、語り部を行っている人たちは、記憶を残すことを選択し、それは記憶を呼び覚ましながら声に出すことで、個人の記憶を他者の擬似的な記憶に植え付け、集合的な災害の記憶として引き継がれていくことを願いながら実践している。古来からの伝承や物語には、過去の災害の記憶が組み込まれている。その記憶は、伝承を語る古老や語りを担う人々による「声」で引き継がれ、人々の記憶に定着する。オングが言うように、声を中心とした文化から文字を中心とした文化への移行によって、伝承がもつ記憶継承の力は弱まったが、多くの語り部たちが語る声には新たな記憶を作り出す力が残されている。

災害という非日常から時間が経過することで、実際の非日常を体験していない人々の数が増えていく。未体験の人たちの記憶に、体験者の真の記憶を植え付け、残すことは困難だ。困難だが、声による非日常の語りは、最も身近な形で繰り返し、記憶に刷り込むことが可能だ。文字や映像のような能動的な関わりがなくても、声の語りは耳からの受動的な形で記憶に刻まれる。語り部も、時間の経過によって代替わりを余儀なくされるが、たとえ擬似的で他の語り部から刷り込まれた記憶であっても、声で伝え続けることで伝承となり、新たな非日常への備えとなるのだ。

このように、声は空気のような存在として日常生活に組み込まれている。深呼吸をすることで空気の存在は感じられるが、日常生活の呼吸を意識することはない。それと同じく、声で語ることは日常にあるごく当たり前の行為なのだ。それがひとたび非日常に飲み込まれると、声を出すことも声をかけることもできなくなる。声を生み出す空気は肺のなかでため込まれ、外へ出せなくなる。「息をのむ」という日本語表現があるが、まさに息をのんだ状態で止まってしまい、声を作り出すことができないのだ。しかし、息は吐き出さなければ次の息ができない。深いため息として吐き出されるとき、声にもならない音になることあれば、なんらかの声として生み出されることもある。やがて、多くの人々は声を発するようになり、互いの無事を喜んだり、肉親や知り合いの死を悲しんだりする際の感情として使われる。

「語り継ぐ」という言葉は、まさに出来事を声として発し続けることを指す。非日常は災害だけはない。さまざまな非日常が、日常の陰に隠れて出番を待っている。非日常への備えは物質的なものだけでなく、声の面でも行っておく必要がある。それが、声を聴くという作業であり、声を発するという実践なのである。

注

（1）ＮＨＫアーカイブス「アナウンサー百年百話　「被害を減らす報道の役割とは？伊勢湾台風」」（https://www2.nhk.or.jp/archives/articles/?id=C0010625）。

（2）ＦＭわいわい（https://tcc117.jp/fmy/history/）。ＦＭわいわいは、現在インターネット放送局として活動している。

（3）「ＦＭ ＨＡＮＡＫＯ」は二〇二三年三月三一日をもって閉局した。

（4）総務省関東総合通信局放送部放送課「コミュニティＦＭ不在地域の臨時災害放送局の開設事例に関するヒアリング実施結果」二〇二三年二月実施（https://www.soumu.go.jp/main_content/000863462.pdf）。

（5）「ベルガーデア鯨山」ホームページ（https://bell-gardia.jp/）。

参考文献

入江さやか「昭和39年新潟地震――放送原稿とソノシートで振り返る災害報道」ＮＨＫ放送文化研究所編『放送研究と調査』七二（四）、二〇二二年。

大内斎之『臨時災害放送局というメディア』青弓社、二〇一八年。

大牟田智佐子・澤田雅浩・室﨑益輝「非常時にラジオが果たす役割と日常の放送との関連性についての研究――民放ラジオ局アンケート調査をもとに」『地域安全学会論文集』三八、地域安全学会、二〇二一年。

坂田謙司『「声」の有線メディア史――共同聴取から有線放送を巡る〈メディアの生涯〉』世界思想社、二〇〇五年。

佐藤久美・岡本耕平・高橋公明「地震災害における外国人の被害と災害情報提供」『社会医学研究　日本社会医学会機関誌』二二、日本社会医学会事務局、二〇〇四年。

鈴木孝也『ラジオがつないだ命――ＦＭ石巻と東日本大震災』河北新報出版センター（河北選書）、二〇一二年。

日本放送協会編『20世紀放送史　上』日本放送出版協会、二〇〇一年。

吉村昭『関東大震災』文藝春秋、一九七三年。

ラジオ関西（ＡＭ神戸）震災報道記録班編著『Radio――ＡＭ神戸69時間震災報道の記録』長征社、二〇〇二年。
Halbwachs, Maurice, *La Mémoire Collective*, *Paris: Albin Michel 1950.*（＝小関藤一郎訳『集合的記憶』行路社、一九九九年）
McLuhan, Marshall, *Understanding Media: the Extensions of Man*, McGraw-Hill, 1964.（＝後藤和彦・高儀進訳『人間拡張の原理――メディアの理解』竹内書店新社、一九六七年）

終章　日本文化における音と声
――豊かな文化との調和――

終章では、日本文化と音・声について考察してみたい。第1章で紹介した文化庁のホームページ「残したい〝日本の音風景100選〟」[1]。では、「サウンドスケープ」に基づく日本各地の音を、その土地との関係性を解説しながら紹介している（図終-1）。残念ながら、このサイトから実際の音を聴くことはできない。なぜなら、その音はその場所に行って風景と共に聴くことで「音風景」となるからだ。たとえば、北海道では「オホーツク海の流氷」が音風景として選ばれている。流氷は冬場の北風によってサハリン方面から流されてくる海氷であり、海岸に近づくと観光船に乗って間近に観ることができる。いわば遠くからやってきた氷なのだが、風や波によって作られたさまざまな形の氷の造形が観られるだけではなく、独特の「音」も楽しむことができる。筆者も網走市にある「オホーツク流氷館」で録音された流氷の音を聴いたことがあるが、「ギーギー」という氷同士がぶつかったり、こすれたりする独特の音であった。この音だけ聴いても、なかなかその正体は分からないだろう。しかし、オホーツク海に浮かぶ流氷という風景と寒風と共に聴くことで、その音には「音風景」という命が宿るのだ。

あるいは、沖縄県では「エイサー」が音風景として選ばれている。エイサーは、沖縄の旧盆で先祖の供養を行う祭りで演奏される、太鼓と唄の総称である。エイサーは沖縄内の地域ごとに型が異なり、その地域独自の音を生み出している。エイサー自体は、本土各地に住む沖縄出身者たちによっても演奏されているし、沖縄出身者でなくてもエイサーを学び、体験することはできる。大学のサークルでもエイサーをテーマにしているものもあり、筆者も本土でしか聴く体験をしたことがない。その点では、「よさこい祭り」のように、本家である土佐高知の「よさこ

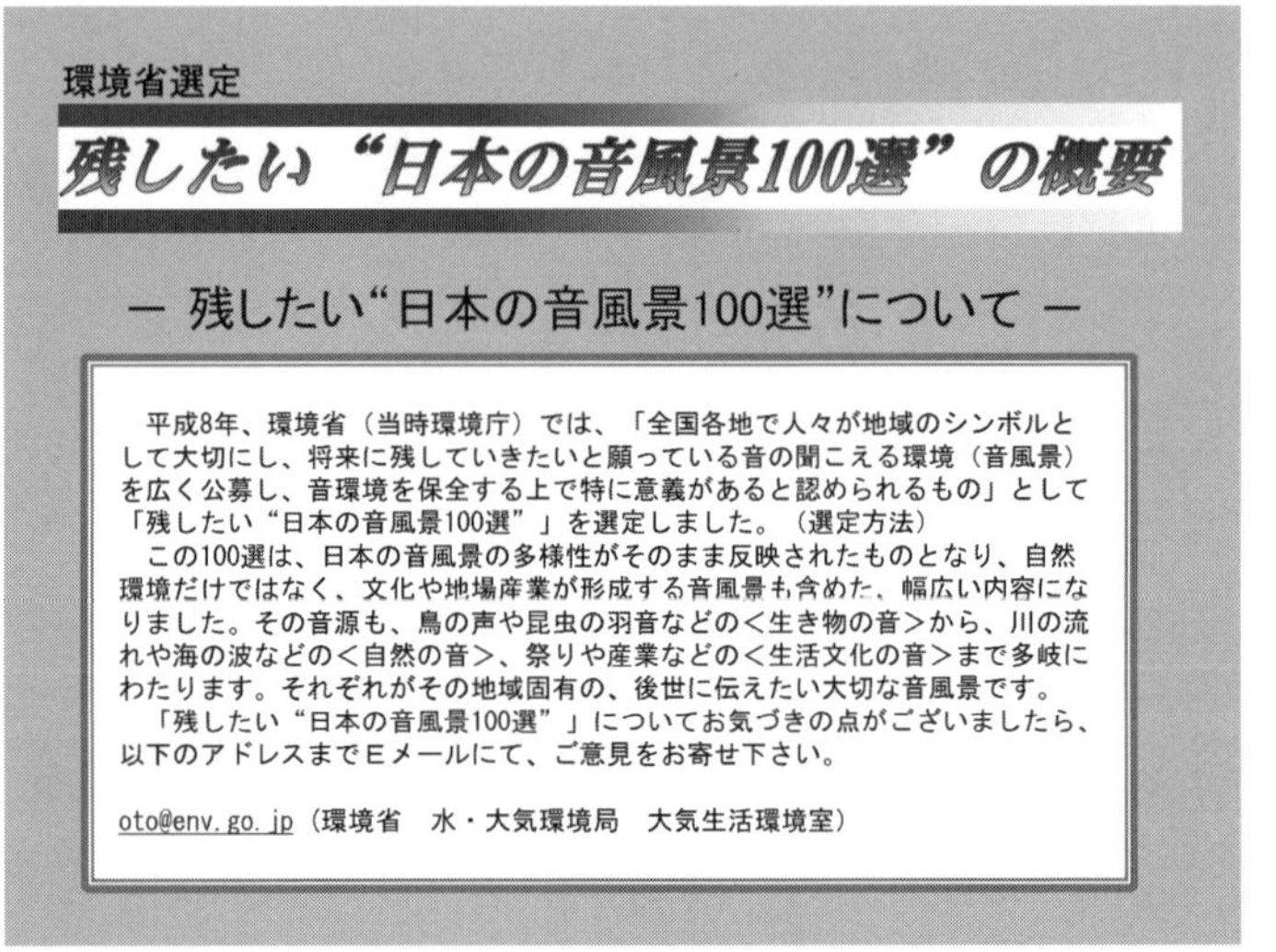
環境省選定
残したい“日本の音風景100選”の概要
― 残したい“日本の音風景100選”について ―
平成8年、環境省（当時環境庁）では、「全国各地で人々が地域のシンボルとして大切にし、将来に残していきたいと願っている音の聞こえる環境（音風景）を広く公募し、音環境を保全する上で特に意義があると認められるもの」として「残したい“日本の音風景100選”」を選定しました。（選定方法）
この100選は、日本の音風景の多様性がそのまま反映されたものとなり、自然環境だけではなく、文化や地場産業が形成する音風景も含めた、幅広い内容になりました。その音源も、鳥の声や昆虫の羽音などの<生き物の音>から、川の流れや海の波などの<自然の音>、祭りや産業などの<生活文化の音>まで多岐にわたります。それぞれがその地域固有の、後世に伝えたい大切な音風景です。
「残したい“日本の音風景100選”」についてお気づきの点がございましたら、以下のアドレスまでＥメールにて、ご意見をお寄せ下さい。
oto@env.go.jp（環境省　水・大気環境局　大気生活環境室）

図終－1　「残したい“日本の音風景100選”」（文化庁ホームページより）

い祭り」が全国に拡がっていき、新しい形の「ＹＯＳＡＫＯＩソーラン祭り」が札幌に生まれたような例もある。祭りの音や踊りと地域との関係性が変化し、オリジナルがどの地域だったのかが薄れている場合もある。しかし、エイサーの場合は沖縄で生まれ、エイサーを体験した人々が伝え、そこに沖縄以外の人々が参加することで、音と唄がもつ地域と深く結びついた文化的意味合いが継承されていると考えられる。だからこそ、内地でエイサーを聴いたときに、沖縄の風景が思い浮かぶのだ。

このように、音と地域、音と文化は深く結びついている。では、日本の文化と音は、どのような形で結びつき、今に至っているのであろうか。

古代の物語と音の文化

日本最古の書物である『古事記』と『日本書紀』には、日本の歴史と音との関係が記されている。高橋憲子「『古事記』の中のオノマトペ」には、古事記のなかで使われている擬音語、擬態語についてがまとめられている。古事記は、日本という国の成り立ちを記した神話を含む歴史書である。太安万侶《おおのやすまろ》が編纂した上中下三巻からなり、神が国土を作った神話から始まり、推古天皇の時代までが記されている。そして、その記述は和文体漢文で書かれた本文のなかに万葉仮名で書かれた箇所があり、それが擬態語や擬音語なのである。現在で言えば、「ザーザー」「ゴットン」「ブンブン」「しくしく」「ちくちく」などの擬音語、擬態語、すなわちオノマトペがカタカナで記されるのと同じと考えられる。先述の「『古事記』の中のオノマトペ」では、万葉仮名での表記について以下のように記されている。

こうしたオノマトペを表わす手段として万葉仮名を用いることは編纂者の工夫のひとつと思われ、それによって、それぞれの事象に対する古代人の感覚、観念を言葉を通して知る手がかりが提供されている。

（高橋 二〇二二：九九～一〇七）

古代人が、さまざまな自然界の音に対して感じていた感覚が、古事記の中に特別な文字として記されている。実際にどのような音を表現しているのかを知る術はないが、高橋は古事記冒頭の開闢神話における「伊耶那岐命《いざなきのみこと》・伊耶那美命《いざなみのみこと》の二柱の神が天の沼矛《ぬぼこ》でもって海水を掻く『塩こをろこをろ（塩許袁呂許袁呂）』」に着目している。おそらく海の波の様子を表していると思われる「塩こをろこをろ」を、英訳文はどのように訳しているのかを比較検討し、結論として「コヲロコヲロは澄んだおだやかな音であるが、経過するにつれて勢いが加わっていく音であることが分かる。これは海水が凝り固まって行く経過と重なるであろう」と、神話の世界で海の水がかき回されて国土が生み出されていく「事の成就を願う古代人の観想」を持っていたと記している。

源氏物語に現れる音と声　紫式部が書いた平安時代の貴族の物語『源氏物語』は、当時の高貴な人々の暮らしぶりや恋愛模様に触れられるだけでなく、平安時代の声や音に関する感覚を識ることができる貴重な文献である。また、清少納言が書いた『枕草子』も、平安時代の人々が音に対してどのような感覚を持っていたかを識る重要な資料である。ところで、われわれは平安時代に関して、どのようなことを識っているだろうか。京都では「時代祭」が毎年一〇月二二日に行われ、平安京が造営された延暦時代から明治時代までの装束を身にまとった約二〇〇〇人もの人々が、京都市内を練り歩く平安神宮の大祭である（図終－2）。

平安時代は、西暦七九四（延暦一三）年に桓武天皇が現在の京都市に都（平安京）を移してから、平家が滅亡して

図終－2　時代祭りの様子（Wikimedia Commons より）

鎌倉幕府が成立するまでの約三九〇年間を指す。武士が政治を司るようになる鎌倉時代よりも前の時代は、貴族が国の政治を取り仕切っていた。そして、平安時代は声と音楽の面でも特徴的な時代だったのである。平安時代の音を再現することは困難だが、音の「静けさ」を識ることは可能である。平安時代は、現代に続く日本文学の基礎ができあがった時期であり、先出の『源氏物語』や『枕草子』、紀貫之の『土佐日記』などの仮名文字で書かれたものが登場した。これらの日記や小説、随筆のなかに当時の社会状況が書き残され、音や声をめぐる状況を識ることができる。

たとえば『土佐日記』は、現在の高知県土佐の国司であった紀貫之が京都へ帰る道中に起こった日々の出来事を女性目線で書いた仮名文字の日記文学である。紀貫之は『古今和歌集』の選者としても知られ、冒頭の序文「仮名序」には「やまとうたは人の心を種として、よろづの言の葉とぞなれりける」と書かれている。そこには、それまでの漢文ではなく、より多くの人たちが読める仮名文字を使うことの重要性を記している。『土佐日記』には、都の音の様子はあまり記されていないが、道中の船の中で詠まれる和歌や漢詩は数多く登場する。現在のような旅の楽しさではなく、天候と風任せの船旅は、退屈でもあり楽しみでもあったようだ。和歌は声に出して詠まれるので、その和歌を多くの旅人が聴き、批評し合っている。和歌は子どもから年寄り、男女にかかわらず多くの人たちがその時の感情を歌っているものが多い。その和歌を詠む声が旅情をかきたて、旅の不安を解消してくれているのである。

また『枕草子』は清少納言が書いた平安時代の随筆であるが、その中には平安時代の高貴な女性たちと声の関係が読み取れる。『枕草子』と音の関係で言えば、有名な以下の一説であろう。

秋は夕暮れ。

夕日のさして、山の端いと近くなりたるに、烏《からす》の、寝所《ねどころ》へ行くとて、三つ四つ、二つ三つなど、飛び急ぐさへ、あはれなり。

まいて、雁《かり》などのつらねたるが、いと小さく見ゆるは、いとをかし。

日入りはてて、風の音、虫の音など、はた、言ふべきにあらず。


日本人が夏の終わり、秋の始まりを感じるのはやはり「虫の音」であることは平安時代から変わっていない。むしろ、平安時代から音と季節は強く意識されていたのだ。『枕草子』一二〇段「短くてありぬべきもの」には、「とみのもの縫ふ糸。下衆女の髪。人の女《むすめ》の声。燈台《とうだい》」とある。「短くてありぬべきもの」とは、「短い方が良いもの」という意味で、急ぎものを縫う糸の長さや身分の低い女性の髪の長さ。そして、結婚前の女性の声とある。結婚前の女性の声が短いとはどのような意味なのか。短いとは会話（おしゃべり）がすぎないことを指していて、未婚の年若い女性のおしゃべりがうるさく、耳障りに聴こえる様を指している。これは、平安時代も現在もさして変わらぬ感情ではないかと推察される。大学でも女子学生たちの賑やかなおしゃべりや笑い声は、時にびっくりするような大きな声で聴こえることがある。

また、九五段の「五月の御精進のほど、職《しき》におはしますころ、塗籠《ぬりごめ》の前の二間《ふたま》なる所を、殊にしつらひたれば、例様《れいざま》ならぬもをかし」には、「郭公《ほととぎす》の声、尋ねに行かばや」という、女房たちと「郭公」の鳴き声を聴きに出かける場面が登場する。田舎風の風情のある屋敷に立ち寄ると、実に多くの「郭公」が鳴いている。家の主人が近所の農家の娘たちに稲こきや臼引きなどをさせて見物させ、娘たちは歌を歌ってもてなしたりする。この場面には、「郭公」の鳴き声を聴くことが当時のちょっとした楽しみになっていたことが記されている。現在でも春の訪れを知らせてくれるこの鳥の声は、平安時代から人々の心を楽しませる役割を果たしていたのだ。また、農家の娘たちが歌う歌も、おそらく清少納言たちが普段聴くことのない農作業中に歌う労働歌や、地域の民謡のようなものだったのであろう。当時は、歌を歌うのは下層の人々が行う行為であり、だからこそ女房たちも含めて楽しめたと考えられる。

大きな声を出すという行為は、高貴な女性の行いとしては恥ずべきものであった。歌を歌うような声の出し方は、下層の女たちの所作だったと考えられるのである。今でも女性らしさを表す表現に、「物静か」「言葉少な」などがあり、平安時代から女性の声や声の大きさが上品さや出自を示す証だったのだ。

伝統芸能と音声

京都市東山区にある「ギオンコーナー」では、一時間で日本の伝統芸能を複数体験することができる。お茶、華道、琴の演奏、能、狂言、雅楽、文楽、そして舞子の踊りを、一時間に凝縮した観光客向けの体験施設だ(2)。観光客はもちろんだが、われわれ日本人でもこれだけの伝統芸能を一度に体験することはない。先日、ゼミ生と共に「ギオンコーナー」へ行ってきたが、能や狂言は小学校の体験教室で観た記憶があるが、雅楽や琴の演奏を生で聴くのは初めての経験だった。新型コロナウイルス感染症に対するさまざまな規制がなくなったことで海外からの観光客が客席を埋め尽くし、外国語のパンフレットと音声ガイドを使いながら、日本の伝統芸能を堪能していた。残念ながら文楽は東京の講演日程と重なっていたために観ることができなかったが、それぞれが短い時間なので飽きることなく楽しむことができた。しかし、舞子の踊り以外は、海外の観光客にはなかなか理解しづらいのではなかったか。われわれ日本人でさえ観る機会がほとんどなく、解説文を読まなくては分からないのが伝統芸能である所以かもしれない。そんな伝統芸能と、音声はどのように結びつきをしてきたのだろうか。

縄文時代に作られた土偶には、さまざまな「所作」や「しぐさ」が記録されている。笑っているように見えるもの、口を開けて歌っているように見えるもの、腕を上げて踊っているように見えるものなどである。伝統芸能制作者であり演出家の織田紘二は、このような「しぐさ」と日本語の「声」は強く結びついていると指摘している。平安時代以降、この「しぐさ」と「声」は、能や狂言、歌舞伎、文楽などの、現在に続く伝統芸能の中で受け継がれてきた。「ギオンコーナー」で演じられていた能や狂言には、現在のわれわれが使っていない古来の日本語がある。

所作もそうだが、言葉も「伝統芸能」という文化のなかで生きながらえ、今の時代に引き継がれている。そして、この先も生き続けていくのだ。

阿部泰郎は、「東大寺二月堂」で行われる「修二会《しゅにえ》」について「聴聞」という言葉で以下のように表現している。「お水取り」「お松明《たいまつ》」と呼ばれるこの伝統行事は、「礼堂や局に集う参籠の人々は、しかし演劇を見物するようにこれを、〝観る〟のではない。それはあくまでも〝聴聞〟であった。暗がりのなかに耳を傾けていると、実にさまざまな物音と音色が聴こえてくる」と述べている（阿部 一九九〇：九五）。つまり、漆黒の二月堂において執り行われるこの行事は、松明の明かりやこぼれ落ちる火の粉を「観る」のではなく、「音」を聴いてこそその真価を感じられるのだ。

この行事は、二月堂の本尊「十一面観音菩薩」の宝前において行う悔過《けか》法要《ほうよう》として七五二（天平勝宝四）年に始められ、本尊に供える香水を汲み上げる行事があることから「お水取り」の名で呼ばれている。また、「お松明」の名は、練行衆《れんぎょうしゅう》が二月堂に上堂する際、足元を照らす大松明で先導されることに由来している（図終－3）。通常、この大松明からこぼれ落ちる火の粉を被ると無病息災が得られるということで、大松明が荒々しく二月堂から外に突き出され走り抜けていく際に、細かな火の粉が下にいる観衆へと降り注ぐのだ。「聴聞」とは仏教の教えの一つで、釈迦が「弥陀の救いは聞く一つ」と説いているように、弥陀の本願に耳を傾けて聴くことから救いの道が始まるのである。

図終－3　東大寺二月堂で行われる「お水取り」の大松明
（Wikimedia Commons より）

その一方で、弥陀の言葉を人々に伝える存在もあった。それが僧侶である。僧侶は経を読み、経を説き聴かせ、仏の教えを人々に伝えることが務めである。その僧侶の語りが「音声」であり、「決して固定した台本（テクスト）に従って訓まれるのではなく、施主と聴衆という受け手の存在を絶えず意識」して成立しているのだ。それはやがて神仏と人間との会話として成立し、神仏の言葉を人々に伝える言葉や役割も拡がりをもった。たとえば、巫女や祝《はふり》たちによって、分かりやすい物語として人々に伝えられ、その物語も場所や語る人などによって絶えず変遷し、あるいは語り方にも独自性が表れた。語るだけでなく、抑揚やリズムがついた歌の原型になり、旅をしながら物語を語る形式も生まれた。それらはやがて芸となり、琵琶法師や瞽女となって生業の一つとなっていった。芸能の始まりである。

阿部はさらに、児童の舞や少年の声にも注目している。女性と見間違うほどの美しい少年の舞について、「中世寺社世界は、この『垂髪《すいはつ》』に、彼を女と見紛う、しかし決して女ではない独特のスタイルで装わせ化粧して、その神聖を観念する」と指摘している。現在でも各地の例祭で化粧した少年の踊りが観られるが、ここにその原点がある。そして、児童の歌声は、「舞ばかりでなく、児童の歌声をも神は賞《め》で、その裡に宿り、人はその響きを影向《えいごう》の言触《ことふれ》としていとおしむ」と、少年の声変わりしていない高い声の歌に、舞と同様に女にはない神聖さを感じたと記している（阿部 一九九〇：一一四）。それがやがて「白拍子」として次第に大衆化し、別の系統へと分かれていく。それが、静御前や祇王、祇女のような女人が男装で歌い舞い踊る白拍子である。ここでも主はあくまでも「声」であり、舞はあくまでも従の関係にある。人々は舞を観ることではなく、その「声」を聴くことで聖なるものに触れることができた。

この白拍子と稚児の舞は猿楽や能へと混ざり合い、やがて日本の伝統芸能の基礎を築いていく。能楽協会のホームページによれば、能の成立について以下のように記している。

能・狂言のルーツは、八世紀、中国大陸から渡来した「散楽」（さんがく）にある。「散」には「正式ではない」とか「雑多な」とかいった意味があり、「散楽」の中には、アクロバットやマジック、人形劇など多種多様な芸能が含まれていた。その散楽の芸能が、平安期に入ると、平安京の都市文化・宮廷文化の影響を受けて大いなる変質を遂げる。もともとの散楽の看板芸であったアクロバットやマジックに代わって、観客の笑いを誘う滑稽な寸劇が次第に人々の人気を集め、その寸劇がやがて「猿楽」（さるがく・さるごう）の名で呼ばれて、神社の祭礼や京都・奈良の大寺院での新年を迎える法会（修正会・修二会）において盛んに演じられるようになっていった。〈中略〉こうして誕生した仮面芸能は、さらに鎌倉末期から南北朝期にかけて、当時流行していた早歌（そうが）や曲舞（くせまい）などの芸能をも取り込み、対話と物まね（現在のいわゆる物まね芸ではなく、物語や歴史上の人物の行動を再現した写実的な演技のこと）、歌と舞が融合した新たな演劇へと進化した。それがすなわち「能」と呼ばれる演劇である。(3)

狂言も、能のルーツとほぼ重なっている。いわば、能から笑いの部分を抜き出し、能と共に演じることで、緩急をつける役割を果たしていた。いずれも平安時代から鎌倉時代、室町時代にかけて次第に成立していった。そして歴史を遡ると、これらの伝統芸能は仏教における仏との会話から始まり、その真価は「音」や「声」を聴くことにあることが分かる。「観る」という行為は、「聴く」という行為と同義であり、声を聴くことによってその世界の神髄に触れられるのである。

化身としての人形と語り

伝統芸能の中に、人形が語る「文楽」がある。文楽は「人形浄瑠璃」とも呼ばれ、語りを行う「太夫《たゆう》」と三味線の「義太夫」、三人で操る人形の三業で成立している人形劇の一種である。人形劇は、世界各地で行われていて、天井から複数の紐で人形を操る「糸操り人形（マリオネット）」、下から棒で操る「棒遣い人形」、手を人形の中に入れて操る「手遣い人形（マペット）」がある。古代エジプトや古代ギリシャの遺跡から操り人形が発掘されており、その時代から生身の身体ではなく、人間や動物などの代替物としての人形に演じさせる表現方法が存在していたことになる。

なぜ、そのような表現方法が必要だったのであろうか。それは、見えない神との会話を人形を通じて行う意味と、神の言葉を物語として人々に伝える二重の意味があったのではないか。神の声を直接聴くことはできない。その声を人々に伝える存在であるシャーマンや巫女、仏教の僧侶にあたる人々が必要であった。そして、神との会話は特別な儀式を経て行われ、その言葉と儀式はやがて神話劇へと変化していく。神話にはさまざまな想像上の物語が組み込まれ、神はもちろん、人間世界の人物像や倒すべき悪の化身としての怪物なども登場する。そうなると、人間だけで物語を演じることは不可能となり、神話の世界観（ファンタジー）を具現化する方法として人形劇が使われるようになった

その際に、人形の声や動物の鳴き声などを演じる役者が必要になる。特に人間を模った人形の場合、それはたんなる人間の代替ではなく神の声を伝える役割を果たしていたと考えられる。仏教における僧侶が仏の言葉を使いながら説法を行うように、あるいは巫女の唄が神の言葉と信じられているように、見えない存在である仏や神の言葉を代弁する人間の声が必要であり、それを言葉の断片ではなく「物語」すなわち「神話劇」として形作る必要があった。この時に、人形を操る遣い手と神話を語る声の演者が別れ、人形劇としての基礎が作られるようになった。その後、人形劇として演じる物語は、神話以外から現実の人間世界で行われる戦闘や武勲、人情や風刺などが組み込まれるようになり、一五世紀頃になると人形ではなく、生身の人間が演じることへの欲求が芽生え始めた。その結果、題材が身近になるにつれて仮想の人間ではなく、生身の人間が演じる方が感情移入しやすかったと考えられる。日本で言うと鎌倉時代から室町時代にかけての時期であり、能や狂言などの芸能が芽生え始めた時期と一致する。そして、人間が演じる芸能と人形が演じる芸能は、それぞれ別の役割を担っていくことになった。

文楽は、人形劇の面と生身の人間が演じる面の両方を備えている。それぞれが独立して歩んでいた過程を経て、現在のような人形の動きを人間が操り、語りの部分を太夫が行う形式として融合した。このような歌と芝居が融合したものとしては、歌舞伎が長唄と融合し、人形浄瑠璃が義太夫節と結びつきながら、一八世紀以降はほぼ同時期に発達をしていった。文楽の人形に関しては、先述の神話劇としての流れを持ちながら、平安時代末期には「傀《かい》儡《らい》」「くぐつ」という人形の名称が文献に登場する。人形遣いを「傀儡子《かいらいし》」「くぐつまわし」とも呼ぶが、傀儡子の本拠が現在の兵庫県西宮市付近にあったことから、人形と浄瑠璃とが関西を中心に結びついた一つの証左となるであろう。傀儡子たちは神社や仏閣などで行われる儀式や縁日などに合わせて芸を披露する芸人であり、「傀儡女《くぐつめ》」

と呼ばれる娼婦を兼ねた女芸人もいたようだ。現在では男性のみが演じる文楽であるが、その歴史のなかには女性の演じ手も存在していたことになる。そして、この「傀儡」という呼び名が意味するところは、「傀儡政権」のように他人の手によって操られることも意味し、そこには他者の「声」が人形を通じて語られることが必要になる。つまり、人形劇は、人形の動きと共に、人形が声で語ることが欠くことのできない要素なのである。

さて、その語りに使われる浄瑠璃は、三味線の伴奏を伴って語られる語り物の一つで、琵琶法師が語る平家物語の一部を語って聴かせたのが始まりと言われている。竹本義太夫が創始した義太夫節は、語り物の浄瑠璃をもとに京都・河原町の人形劇一座の中で組み合わせて好評を得た。劇作家の近松門左衛門が書いた「世継曾我」を、大坂道頓堀に開設した竹本座の旗揚げ公演で演じて評判となった。それ以降、近松門左衛門と竹本義太夫が組んだ浄瑠璃は「新浄瑠璃」と呼ばれ、それ以前の「古浄瑠璃」と区別されるようになった。新浄瑠璃は道頓堀でライバル一座と激しい集客合戦を繰り広げたが、その人気作品は同時期の歌舞伎の演目として再構成され、その間に竹本義太夫やライバル一座であった竹本座の豊竹若大夫を相次いで失ったことで衰退していくことになる。一方、江戸でも人形浄瑠璃が上演され、江戸独自の人形浄瑠璃の作品が作られていくことになった。しかし、情を重んじる大阪の人形浄瑠璃に比べ、江戸は合戦ものを中心としたスペクタクルな娯楽作品を好み、人形浄瑠璃としての風情が感じられなかったことと、優秀な戯作家が輩出されなかったこともあって、次第に衰退していった。

さて、もう少し文楽の歴史を詳しくみてみよう。人形劇と浄瑠璃が合体した人形浄瑠璃は、新しい時代に入る。現在は「文楽」と呼ばれている人形浄瑠璃だが、それは兵庫県淡路島で浄瑠璃語りを行っていた正井与兵衛（雅号文楽軒）が大阪で始めた小さな小屋から始まった。与兵衛から数えて三代目の植村（正井から改名）与兵衛が自らを文楽翁と名乗って文楽軒の興行を成功させ、一八七一（明治四）年以降は文楽座と雅号を変更したことが「文楽」という名前の由来となっている。また、大阪に文楽劇場があるのも、この文楽軒が大阪から始まったことと大きく関係している。幕末から明治にかけては義太夫が一般家庭にも浸透し、習い事として義太夫を語る人たちが増えた。特に関西では浄瑠璃の流行と連動した形で、義太夫が語る名台詞を人々が諳んじるほどであった。これほどの人気

図終－4　文楽の人形と技芸員
（Wikimedia Commonsより）

を博した文楽であったが、文楽座をはじめ他の人形浄瑠璃の一座も経営が行き詰まるようになり、松竹に吸収されることになった文楽座を除いて他の一座は解散してしまった。それ以降、松竹傘下で文楽は伝統を守っていくことになる。

文楽の特徴は、まず人形の精巧さと三人で人形の所作を行う「三人遣《さんにんづかい》」である（図終－4）。「主遣《おもづかい》」は、人形の胴体の背中（帯の下部分）から左手を差し込み、「胴串《どうぐし》」と呼ばれる背骨にあたる部分を持って「首《かしら》」を動かし、同時に右手で人形の右手も動かす。「左遣《ひだりづかい》」は、右手を使って人形の左手を動かし、「足遣《あしづかい》」は屈んだ状態で人形の足を動かす。この三人の微細な動きが一致して、初めて人形に人間の「化身」としての命が宿ることになる。これは、世阿弥が能楽論書『花鏡《かきょう》』のなかで述べている「離見《りけん》の見《けん》」に相当すると考えられている。意味は、「演者が自らの身体を離れた客観的な目線をもち、あらゆる方向から自身の演技を見る意識のこと」であり、客席から演じる側を観たときに、自己中心的な「我見《がけん》」にならず、客観的な気持ちで演じることの大切さを説いている。つまり、人形は「人形」ではなく、「人間」として観られることが、なによりも大切なことなのである。

人形には「立役《たちやく》」と「女形《おんながた》」の二種類があり、「立役」には足があり、「女形」には足がない。また、首だけを入れ替えて使うこともできる。足のない「女形」は、着物の裾を動かす所作で、歩く、走る、座るなどの動作を表現している。また、歌舞伎でよく聴く足を踏む音を「後見《こうけん》」と呼ぶが、文楽でもこの役割があって「介錯《かいしゃく》」と呼ぶ。「介錯」は、足音を立てられない人形に代わって「足遣」が人形の足音を表現する。そして、「主遣」だけが素面のままで演じ、「左遣」「足遣」は黒子の衣装で演じる。ここには、人形と人間との境をなくし、観る側にあたかも人間が演じているように感じさせる文楽独特の世界観があると考えられる。つまり、素面の人間が人形の隣にいることによって双方は一心同体となり、人形に命が宿る。「主遣」は一切の表情がなく、すべての感情は人形に託されているのだ。

人形に命を宿すもう一つの重要な役割を果たしているのが、物語を語る義太夫の「声」の存在である。人間は、声によって言葉を発する。命のない人形は声を発することができないが、三人遣いによって命を宿した人形には声が必要となる。その役割を果たすのが義太夫である。文楽で演じる演目は「物語」であり、人間模様を描いたものが多い。その物語を一人の義太夫が語って聴かせる。義太夫は三味線の伴奏と共に基本一人で物語を語るが、物語の登場人物を声で語り分けなければならない。登場人物は複数人にわたり、それらを声だけで演じるのである。武士、町人、娘、姫などの役柄はもちろん、人物像やそれに応じた声、男女の違い、怒りや悲しみなどの感情を、「見台《けんだい》」に置かれた「床本《ゆかぼん》」を前に声だけで演じるのである。観客は命を吹き込まれた人形の所作を観ながら、義太夫の声を聴く。この二つが同時に演じられることによって、あたかも生身の人間が化身として舞台で演じているように感じることができるのだ。文楽という人形劇が現在に至っても消えることがなく、多くの人々に求められている理由がここにあるだろう。命のないものに、声が命を宿す。これは、人形劇や文楽だけでなく、日本の声の文化として存在しているのである。

映画に生命を吹き込む活動弁士

そんな、日本独自の声の文化の一つに、無声映画の登場人物に声で命を宿す「活動弁士」がある。オーギュスト・リュミエール（Auguste Marie Louis Lumière）とルイ・リュミエール（Louis Jean Lumière）のリュミエール兄弟は、エジソンと並ぶ映画の発明者である。エジソンの発明した「キネトスコープ」が一人で鑑賞するタイプだったのに対して、リュミエール兄弟は「シネマトグラフ」という複数の観客で鑑賞する、現在の映画館の基礎となるタイプであった。リュミエール兄弟が世界で初めて有料公開した映画は『工場の出口』と『ラ・シオタ駅への列車の到着』である。どちらも、固定されたカメラで、工場の出口から仕事を終えて帰宅する人々の姿や、駅に到着する汽車と乗降するする人々を映したものだった。現在でもユーチューブ等で観ることのできるこれらの映画には音声がなく、人々や汽車が動いている様子だけが映っている。これ以降、劇場公開型の映画が多数制作されるが、一九二七年に世界初のトーキー映画（有声映画）である「ジャズ・シンガー」が登場するまで、声や音のない「無声映画」であった。

日本で映画が初めて上映されたのは一八九六（明治二九）年一一月で、兵庫県神戸市の鉄砲商人であった高橋信治によって、神港倶楽部で上映されたエジソンのキネトスコープであった。翌年の一八九七（明治三〇）年二月に、フランスから大型スクリーンのシネマトグラフが輸入され、大阪で最初の劇場型映画の興行が行われた。この時、上映を実質的に行ったのはリュミエール兄弟が設立した会社の技術者で、京都において歌舞伎俳優の所作などを撮影したものだと言われている。日本人監督による最初の映画は、一八九八（明治三一）年に浅野四郎が制作した短編映画『化け地蔵』『死人の蘇生』である。そして、一九三一（昭和六）年に日本初のトーキー映画として五所平之助監督の『マダムと女房』までは無声映画であった。無声映画には、観客に物語の進行が分かるよう、所々に字幕が挿入されていた。音声がない映像だけだと、物語の筋は追えても、細部まで理解することが不可能だったからだ。映写機の回る音だけが聴こえる劇場で、まるで音も声もない動く映像を観るだけでは人々は飽きてしまう。そこで、要所要所に台詞や状況説明をする文字がフィルムの中に挿入されていたのだ。そのため、無声映画では、この字幕も含めて一本の映画を構成していたことになる。

さて、この無声映画は活動写真と呼ばれ、現在のような固定型の映画館ではなく移動型の興業形式で各地を巡業していた。大阪で行われた最初の興業のあと、現在の京都市新京極にあった「東向座（京極座）」で公開された。芝居を中心とする興業には演目の内容や俳優陣を説明する「口上」が必要で、小屋の前で呼び込みをする役目も担っていた。この口上の上手下手で、客の入りに差が出たと考えられる。したがって、口上の上手い人間は重宝され、初めての出し物である活動写真には、当時新京極で歯ブラシなどの大道販売を行っていたテキ屋が呼ばれた。テキ屋とは映画『男はつらいよ　フーテンの寅』でおなじみの、テンポの良い商品説明と話術で道行く人たちの興味を引き、商品を販売する無店舗販売人を指す。最初の口上を行ったのが坂田千駒という男性で、フロックコートを着て舞台に上がり、口上を述べた。フロックコートは、一九世紀末から二〇世紀初めにかけて流行した男性用の礼装で、丈の長いタキシードの形をしている。おそらく、活動写真という西洋からの新しい娯楽に対して、西洋式の礼装で口上を述べたと考えられる。これ以降、無声映画には口上を行う口上士が就くようになり、上映前の解説や上映内容の説明などを行うようになる。この口上を行う職業は、やがて「活動弁士（活弁）」と呼ばれるようになり、日本の初期無声映画に声で命を吹き込む重要な存在となっていく。

映画は、当初動く写真のイメージから、「活動写真」と呼ばれていた。吉田智恵男『もう一つの映画史』によれば、一九〇三（明治三六）年に東京浅草に日本初の活動写真常設館として「電気館」が開館した。その他、寄席の出し物の一つとして活動写真が上映されたり、地方では活動写真専門の巡業隊が行う興業がテント小屋や村や町の集会所、寺の本堂などでも上映されていた。しかし、まだまだ人々の大きな関心にはほど遠く、人気もいまいちであった。日露戦争が始まり、戦争の状況を記録したニュース映像が上映されるようになると、一気にその人気が高まった。活動写真の人気が高まると、上映場所も作品も必然的に増えていく。そして、それらは無声映画だったので、口上士がその数だけ必要になる。そうなると口上の上手下手も顕著になり、口上士の質によって客の入りが左右されることにもつながっていく。駒田好洋《こまだこうよう》（本名は駒田万次郎。好洋は屋号）は、口上の口調を当時盛んに行われていた街頭で演説を行う弁士風に変え、活動写真の弁士すなわち「活弁《かつべん》」が誕生したのである。好洋は「日本率先活動写真会」を名乗って全国巡業を行い、その独特の弁士風口上を各地へ広めていった。

活弁は日本独特の存在で、他国では観ることのできない、映画と一体化したもう一つの映画出演者であった。駒田が勤めていた広告会社「広目屋《ひろめや》」は、撤退した活動写真興行主から上映に必要な機材やフィルム一式を譲り受け、その口上を駒田が担当することになった。この広目屋は、後述するチンドン屋にも登場する大手広告会社である。もともと弁の立つ駒田は、自らを「頗る非常大博士」と名乗り、まったくの素人にもかかわらず活動写真の上映中に、あたかも映画の中の登場人物のようなもっともらしい口上を並べていた。これが実現できたのは、当時の活動写真に「動き」があまりなく、観客は大きな窓の向こうでゆったりと動く俳優たちを眺めているにすぎなかったことにあった。興味深いのは、明治末から大正の初めにかけて作られた日本の活動写真は、「陰ぜりふ」という、現在のアテレコに近い存在があったことだ。高槻真樹『活動弁士の映画史』によれば、「舞台裏から複数の弁士が役ごとに別の声をあてていた。アニメのアテレコを思い浮かべてもらうと、近いかもしれない。ただし、録音するのでなく、生でその場で、演じていた」と記している（高槻 二〇一九：四一）。つまり、活動弁士たち一人一人の声が、スクリーンのなかにいる俳優たちに命を吹き込んでいたのである。

活動弁士は「解説弁士」と「声色弁士」に分けられ、知識層は「解説弁士」を好み、一般大衆は「声色弁士」を好んだ。映画や物語の背景など、相応の知識を持って活動写真を解説する「解説弁士」に対し、知識は無くても語りさえ上手ければ観客に喜ばれる「声色弁士」とでは、相容れないものがあった。どちらにしろ、活動写真という新しい映像メディアに声を加えることで、教養にも娯楽にも供せられる活動弁士たちは、トーキーが主流となり、その役割を終えるまでは声のメディアとして日本独自の声の文化を担っていたのである。

街頭宣伝（チンドン屋、音楽隊）と声の出会い

フィルムに音声が記録できるようになった映画には、口上を語る活動弁士が不要になった。無声映画が次第に減るとともに、仕事を失った活弁士たちは新しい分野へと活躍の場を移していった。その一つが、街頭で行う宣伝活動である「チンドン屋」であった。いまでも、少数ではあるがイベント的な形でその姿を観ることができる。時代劇に登場するような着物姿で厚化粧の数人が、クラリネットを吹き、太鼓と鉦を鳴らし、口上を述べながら道行く人にビラなどを配って練り歩く。お店の新規開店や商店街のイベントなどに登場することが多い。このチンドン屋は、西洋のサーカスや大道芸に登場するピエロ（クラウン）とは違って楽団と口上が一体化され、主な目的は宣伝にあった。

宮野力哉『絵とき広告「文化誌」』からその始まりを確認してみよう。チンドン屋は弘化二（一八四五）年の大坂千日前で飴屋が音を鳴らしながら売り言葉を発して飴を売ったのが始まりとされている。「飴勝」と呼ばれたこの飴屋の特徴は、自分の飴を売るのではなく、他人の飴を売ったことにあった。つまり、「声で宣伝する」という事業が成立したのである。飴勝は、次に当時興業ビラ（ポスター）の市中張りが禁止となっていた寄席に着目し、「短めのはっぴに大きな笠、帯に大きな鈴をつけ、〝早やう来たら早やう面白い〟とふれまわって成功した」のである。

その後、飴勝の弟子勇亀は歌舞伎や文楽の呼びかけである「東西東西」を真似た口上に拍子木を加えて「東西屋」と名乗り、丹波屋九里丸《たんばやくりまる》は門人たちと共に真っ赤な洋式帽子と揃いのユニフォームを着て拍子木を叩きながら引き札をまいた[4]。

また、海軍軍楽隊ＯＢが運動会などで演奏する姿からヒントを得た秋田柳吉は、一八八五（明治一八）年に「広目屋」として揃いのユニフォームを着た楽団の演奏と口上を組み合わせた街頭のパフォーマンスを始めた。「広目屋」の宣伝を採用した主な企業にはあんぱんの「木村屋」や歯磨きの「ライオン」があったが、特にライオンの宣伝で使われた軍歌「雪の進軍」の替え歌は、日清戦争後の軍歌が街に多く流れていた背景もあって、多くの人々が口ずさんでいたという。やがて、このような音楽と口上、ユニフォームやのぼり、試供品やチラシの配布という街頭での宣伝スタイルが定着し、同業他社も登場することで次第にさまざまな工夫や派手さが増していったことは想像に難くない。そして、鉦、和太鼓、洋太鼓が基本セットとなり、この音の組み合わせが「チンドンドン」と聴こえるので「チンドン屋」となったのである。

太平洋戦争が始まった一九四一（昭和一六）年には、「言論、出版、集會、結社等臨時取締法」が施行され、敗戦までチンドン屋を含む一切の大道芸が禁止となった。有線放送を活用した街頭放送と声の宣伝を組み合わせた「街頭宣伝放送」の源流となる宣伝手法は、この街頭の音声による宣伝・広告にあるのではないかと考えられる。初期の街頭放送の内容を直接確認する手段がないので推測の域を超えられないが、チンドン屋の街頭宣伝手法から音声だけを抜き出し、そこにラジオのアナウンサー話法を組み合わせたのが街頭宣伝放送の出発点と考えられるのである。この声の宣伝も日本以外では耳にすることがなく、日本独自の声の文化と言えるであろう。

二次元世界と声の関係

日本が誇る文化で忘れてはならないのが、マンガやアニメーション（以下、アニメ）だ。世界各地で日本のマンガやアニメは受容され、日本への憧れを抱かせる大きな要素であり産業となっている。「クールジャパン」と呼ばれる日本政府による文化戦略によって、世界中で多くのファンを獲得している。来日の目的がアニメやアニメキャラクターを模したコスプレイヤー（コスプレ）の場合も多い。また、アニメ作品のキャラクターと共に声で演技を行う「声優」も日本では若者を中心に人気の職業で、声優自身がアニメキャラクターから離れたアイドル的存在にもなっている。日本のアニメ人気や声優論に関しては先行研究が多くあるので、ここでは日本の声の文化として、パソコン上で作ったキャラクターに自作の歌を唄わせる「初音《はつね》ミク」と生身の人間の動きをアニメーション化して発信する「V-Tuber」について考察してみたい。

まず、「初音ミク」は、二〇〇七年にクリプトン・フューチャー・メディア株式会社（以下、クリプトン・フューチャー・メディア）が開発した、ヴァーチャルシンガーソフトウェアとソフトウェアで作曲した歌を歌うアニメキャラクターを指す。発売元のクリプトン・フューチャー・メディアのホームページによれば、初音ミクを以下のように説明している。

> ヤマハが開発した「パソコンソフトで自由に歌声を作る」という画期的な技術VOCALOID。一六歳、一五八cm、青緑の髪をツインテールにした少女「初音ミク」は、このVOCALOIDという歌声合成技術を用いてクリプトン・フューチャー・メディアが開発した、歌声のシンセサイザーです。
> 「白黒の鍵盤＋ボタン＋ツマミ」といったシンセサイザーのイメージを捨てて、あえて架空のキャラクターをパッケージイラストに付け「この女の子が、あなたのボーカリストとして歌います」というアイディアが出たときが、初音ミクというキャラクター誕生の瞬間でした。(5)

初音ミクは、ヤマハが開発した「VOCALOID（以下、ボカロ）」という技術をベースに、ユーザーが自由に作曲した歌を人間ではなく、初音ミクという想像上の女子アニメキャラクターに歌わせるソフトウェアである。初音ミク登場以前の歌とコンピュータとの結びつきは、右記の説明にもあるように、シンセサイザーのような音そのものをコンピュータを使って加工するものであった。そして、それはあくまでも人間が唄う歌の伴奏にすぎず、自作の曲を歌わせるためには人間の声が必要だったのである。そこに登場したのがヤマハが開発した音声合成技術

「ボカロ」であった。ボカロ自体は二〇〇三年に第一世代が登場していたが、シンセサイザーのように音を加工するのではなく、ボーカル＝声を作って唄わせるという発想自体がまだ受け入れられなかった。それが、バージョンアップした第二世代が発売され、クリプトン・フューチャー・メディアの初音ミクが登場したことで、そのキャラクター性の高さもあって大きく拡がっていったのである。ヤマハのボカロは初音ミク以外のソフトウェア上でも動作するが、初音ミクが出発点ということもあって、ボカロ＝初音ミクというイメージができあがっている。

先述のように、それまでの作曲ソフトを使っても、曲を歌わせる人間の声が必要であった。それが、声そのものも初音ミクで作り出すことができ、人間では歌えないような音域の曲でも、初音ミクの「声」で唄わせることが可能なのである。しかも、「初音ミク」という女子アニメキャラクターが唄うことによって、いっそうユーザーの関心を高めたのだ。また、声のデータは歌手の歌声を収録した「歌声ライブラリ」として発売されており、購入することによってさまざまな人の声で唄わせることが可能だ。また、「歌声ライブラリ」には独自のアニメキャラクターが付属して売られているので、声だけでなく、そのキャラクターに唄わせるという楽しみも提供している。そして、初音ミクはそのアニメキャラクターの一つであったが、最も人気が高かったのだ。その結果、初音ミクを含めたボカロソフトで制作されたボーカル曲が動画共有サイトにアップロードされ、一〇〇〇万回を超える再生回数を持つ曲や、現在のポピュラー音楽シーンで活躍するシンガーがボカロで作曲するなど、今やたんなる音声合成の世界から大きく拡がっている。

ボカロは基本的に作曲ソフトなので、曲を歌う「声」が必要になる。実際に唄う人間を用意するのは、簡単なようで実は難しい。単純に歌い手だけであれば、自分でも唄えるし、他の誰でも唄える。費用はかかるが、プロの歌手を手配することも可能だ。しかし、誰もが自分が望むように唄ってくれるとは限らないし、プロの歌い手であってもそれは同じだ。ボカロの場合は、自分が作った歌を、自分が望む形（もちろん限界はある）で唄わせることに意味があるのだ。くわえて、歌い手はアニメのキャラクターのような、仮想の「人物」が必要になる。カメやネコ、あるいは想像上のキャラクターに唄わせることは可能だが、それでは歌としての意味がなくなる。歌は、これまでも述べてきたように人間の声が生み出す文化的な生産物であり、大古の昔に人類が声を手に入れ、神との会話や祈りの営みとして行ってきた行為だからである。つまり、ボカロはボーカル（人間の声）を必要としており、最終作品としてサンプリングされた声の集合体であったとしても、それを唄う歌い手としてのアンドロイド＝人型ロボット＝擬似的人間が必要となる。文楽が人形と太夫の声を通じて観客に仮想的な人間を感じさせるのと同様に、日本の声の芝居の流れを汲んでいるのである。(6)

さて、ボカロはパソコン上で合成された声を使って歌を唄わせるのだが、なぜこれほど大きな関心を持たれたのであろうか。ボカロで作った曲に必要な「声」は、「歌声ライブラリ」で購入することが可能だ。しかも、唄う人物として、アニメキャラが付属している。そのアニメキャラである初音ミクは、実在しない「ヴァーチャルアイドル」化しており、実在する「アイドル」と共存している。共存はしているが、制作側（発信側）と消費者側（受信側）へのアプローチが異なる。たとえば、「ＡＫＢ48」や「ももいろクローバーＺ」に代表されるような実在型アイドルたちは、産業としての音楽業界の中でプロデュースする人間がいて、劇場でのパフォーマンスや伝統的なメディアであるテレビ、ラジオなどを通じて認知を広め、消費されていく構造を持っている。一方の、ヴァーチャル型アイドルの場合は、個人が自由に制作して動画配信サイトを通じて発信され、ネット上のみで拡散していく。初音ミクはヴァーチャルアイドルとして実在のミュージシャンのライブで競演したり、文楽との共演を行ったり（日本経済新聞　二〇二〇）、二〇一八年一二月三一日のＮＨＫ『第六九回ＮＨＫ紅白歌合戦』冒頭の映像に登場するなど、実在型アイドルと同等の地位を獲得している。(7)

実在型アイドルは歌とダンスのパフォーマンスを披露し、メンバー一人一人が個性を持つことで受容されている。その個性のなかには、容姿や性格、声も含まれており、「制服」「コスチューム」という統一感と同一性を生み出す演出はあるにせよ、そこには身体から発せられる実在する個々の声が必要になってくる。一方の初音ミクのようなヴァーチャルアイドルの場合は、基本的に「歌声ライブラリ」の段階でアニメキャラクターの基本情報（出身地、身長、体重、性格など）は設定されている。そして、歌声ライブラリの声は、歌い手の身体から切り離された「歌声」というデータであり、アニメキャラクターとの整合性は必ずしも一致しない。重要なのはキャラクターに自作の歌を歌わせることであり、そこにクリエイティビティが発揮されるのだ。実在型アイドルに自作の歌を自由に歌わせることはできないが、ヴァーチャルアイドルの場合にはそれが可能となる。「歌声ライブラリ」を変えればアニメキャラクターも変わるので、多くのアイドル達との競演が可能となるのだ

二次元と三次元を媒介する声

一方、「V-Tuber」は「Virtual YouTuber」の略で、初音ミクと同じく二次元のアニメキャラクターや3Dのキャラクターを使うが、初音ミクが基本的に「初音ミク」という同一キャラクターであるのに対して、キャラクターは「アバター」として自由に作成できる。そのキャラクターに命を吹き込んでいるのが、キャラクターが語る声である。「V-Tuber」は、人間の身体的な動きを感知して画面上のキャラクターの動きに変換する「モーションキャプチャー」装置を用いているが、声は基本的にV-Tuber本人の生身の声であり、ヴォイスチェンジャーのような声を加工する装置を用いることは少ない。アバターの動きはヴァーチャルであるが、声だけは加工のない生声なのである。

では、なぜ声だけは生声を使うのだろうか。人形劇や文楽のような仮想の身体で物語を語る場合には、人形を操る演者とは別に、語りだけを行う「声の演者」が必要となる。観客は「人形の演者」と「声の演者」が別の人物であることを前提として観賞している。子ども向けの人形劇の場合には、あたかも人形が話しているように感じるが、長じるにしたがって別の人間が話していることに気がつく。戦後日本にテレビが登場した当初は、放映するコンテンツが少なく、アメリカ・ハリウッド制作のテレビドラマや子ども向けのアニメーションを多く輸入していた。その際に、日本語に翻訳した台詞を映像に合わせて、声だけの演技を行う役者が必要だった。それが、日本独自の声優という職業の出発点であるが、多くは俳優として仕事をしていた人たちが、声だけの演技を求められたのだ。つまり、あたかも西洋人の俳優が日本語を話しているように感じさせるのが声優の仕事であり、実際観ている側は、そのように感じていたのだ。その後アニメブームと同時に声で演技をする声優にも関心が拡がり、現在のような声優ブームになっていることは先述の通りである。

この声優という職業を考えたとき、画面上の俳優やアニメキャラと現実世界とをつなぐ役割を果たしているのが「声」である。画面上の人物や画は二次元の世界であり、そこから現実の三次元世界に飛び出すことはない。われわれは現実世界の中にあるポスターや看板などに描かれた写真や画を見て、実際に存在しているとは考えない。しかし、ひとたびその写真や画に描かれた人物が、たとえ実際にはあり得ないアニメキャラであったとしても、声を発することによってあたかも現実世界に存在しているかのように感じるのだ。それは、先述のように、人形劇や文楽の人形が声の物語演者や義太夫の語りによって命を吹き込まれるのと同じ構造なのだ。すなわち、電話というメディアが誕生した際に身体から声が切り離され、それが受話器を通じて耳から声の情報として脳に達した瞬間に、われわれは仮想の身体を形成する。そうしなければ、その声が現実世界との境界を越えられないからだ。声と身体は常に一体であり、声にはそれが発せられた身体を必要とする。そこから考えれば、人形劇や文楽にはまさに形作られた仮想の身体があり、声が仮想の世界と現実世界をつないでいる。そして、V-Tuberも同じで、生身の声があることによって仮想のアニメキャラに身体を与え、現実世界にいるわれわれとの紐帯を生み出しているのである。

日本だけでなく、世界における声の文化は、古来より多くの芸能と結びついてきた。芸能は神との交信の場であり、そこには必ず身体が必要だった。声は身体がなく、観ることができない神との交流に必須のメディアであり、神の声を聴き、神の声を自らの声で代弁することで、神はわれわれの現実世界に存在した。日本の声の文化は、神との交信からやがて世俗的な芸能へと拡がったが、それでも声が仮想（空想）の世界と現実世界を結ぶ役割を果たしていたことに変わりはない。それは、この先に現れるＡＩや仮想現実の世界におけるアバターが話す生身の声としても使われ続けるのである。

注

（1）環境省「残したい〝日本の音風景100選〟」（https://www.env.go.jp/air/life/nihon_no_oto/）。

（2）「ギオンコーナー」（https://www.ookinizaidan.com/gion_coner/）。

（3）能楽協会「能の歴史」（https://www.nohgaku.or.jp/guide）。
（4）チンドン屋の項は、坂田謙司「街頭放送の社会史――北海道の街頭放送と社会の関係」（『立命館産業社会論集』五二（四）、二〇一七年）を修正のうえ利用。
（5）クリプトン・フューチャー・メディア株式会社（https://ec.crypton.co.jp/pages/prod/virtualsinger/about_miku）。
（6）初音ミクに関しては、以下も参照。「総特集初音ミク――ネットに舞い降りた天使」『ユリイカ　第四〇巻第一五号一二月臨時増刊号』青土社、二〇〇八年。広瀬正浩「初音ミクとの接触――〝電子の歌姫〟の身体と声の現前」『言語と表現―研究論集』（九）、二〇一二年。萱間暁「初音ミクは存在するか？――非存在主義の観点から」『東洋大学大学院紀要』（五一）、二〇一四年。川﨑悠圭「舞台上に降り立つＶＯＣＡＬＯＩＤ――『女優』としての初音ミクは存在しうるか」『日本学報』（三四）、二〇一五年。小林拓音編『初音ミク10周年――ボーカロイド音楽の深化と拡張』Ｐヴァイン、二〇一七年。など。
（7）ＮＨＫ紅白歌合戦へのボカロ登場は、二〇一五年の『第六六回ＮＨＫ紅白歌合戦』で小林幸子が初音ミクの楽曲「千本桜」を唄ったのが最初である。

参考文献

阿部泰郎「〈聖なるもの〉の声を聴く――〝声〟の芸能史」網野善彦ほか編『大系日本歴史と芸能　音と映像と文字による第七巻（宮座と村）』平凡社、一九九〇年。

高槻真樹『活動弁士の映画史――映画伝来からデジタルまで』アルタープレス、二〇一九年。

高橋憲子「『古事記』の中のオノマトペ――「塩こをろこをろ」の解釈と英訳」『早稲田大学総合人文科学研究センター研究誌』九、早稲田大学総合人文科学研究センター、二〇二一年。

宮野力哉『絵とき広告「文化誌」』日本経済新聞出版社、二〇〇九年。

吉田智恵男『もう一つの映画史――活弁の時代』時事通信社、一九七八年。

『日本経済新聞』二〇二〇年一一月一三日「文楽人形と初音ミクが世界遺産の富岡製糸場で共演」。

あとがき

　東京でフリーランスをしていたときに、四〇歳を過ぎた後の自分の人生がなかなか想像できなかった。パソコン雑誌のライターや非常勤で大学生にパソコンを教えるなど、いろいろな仕事をしていたが、このまま四〇歳を過ぎてどこまで続けられるのか正直不安だった。そんな不安な状態にもかかわらず、大学の教員になろうという無謀も甚だしいチャレンジに打って出たのが二〇〇八年の春だった。きっと、不安すぎて思考がおかしくなっていたのだろう。仕事を全部辞めて大学院生生活に打ち込み、六年かけて博士論文を提出したのが二〇〇四年。最初はまったく関係のなかった有線放送の歴史をまとめ、博士号を取得した。人生は、どこで何に出会うか分からないということを、この六年間の大学院生生活で目の当たりにしたのだ。しかし、四〇歳を過ぎて大学院生になった人間を雇ってくれるところはなく、ダメ元で応募した立命館大学産業社会学部が拾ってくれなかったら、わたしの人生はまったく違ったものになっていただろう。音と声のメディアに出会わなければ、今の人生はなかったのだ。

　初めてラジオに触れたのは、小学校五年生か六年生の頃だったと記憶している。小さなトランジスタラジオを手に入れて、寝る前の布団のなかでチューニングダイアルを少しずつ回すと、ノイズのなかにかすかな人の声が聴こえてくる。近くの放送局ははっきりと聴こえるが、遠くの、どこの場所かも分からぬ放送局の声は、ノイズのなかに埋もれてしまいそうになるほどかすかにしか聴こえない。その場所がどこかを知りたくて、眠気と必死に戦いながら耳をすましているうちに、寝落ちしてしまう。そんなラジオとの出会いが、やがて深夜放送ブームと重なり、翌日の教室での会話に参加するために、夕食後に少し眠ってから、深夜に起き出す生活リズムができあがった。番組をカセットテープに録音し、音楽だけを別のカセットテープにコピーする、「エアチェック」「ダビング」という言葉を知り、高校生の頃には部屋の天井に三素子のアンテナを吊るしてFMラジオを聴くようにまでなっていた。それ以降も傍らには常にラジオがあり、ラジオからの音楽や声が自分にとってのサウンドスケープを作り出していた。

テレビとラジオには、視覚と聴覚という明確な違いがある。テレビは、常に目の前で視る者と向き合っている「対峙」のメディアであるが、ラジオは受信機の位置を自由に変えることが可能な「全方位（三六〇度）」のメディアである。テレビは視覚のメディアであるので、視覚の対象として画面を視ている必要があるからだ。一方、ラジオが全方位メディアであるということは、自分の心の状態に合わせて声が聴こえてくる場所を決められる。重要で必要な情報を受け取る際には目の前に置き、寄り添ってほしい時には隣に置く。背中を押してほしいときには背後に置いて、パーソナリティの声援を受け取ることができるのだ。本書で述べてきたように、声は人類の歴史と重なっていて、声によるコミュニケーションはきわめて重要であり、不可欠な存在だ。その声は肉親や友人、見知らぬ他者からの声であったとしても、その声に励まされ、激励され、時には涙し、別の時には笑う。姿の見えない声だからこそ、その声には限りない力が潜んでいるのだ。

この本は、これまで二十数年間行ってきた音と声のメディアに関する研究や関心をまとめたものだ。二〇二五年度末で定年を迎えるわたしにこのような機会を与えてくださった法律文化社編集部の田引勝二さんには、感謝してもしきれない。また、田引さんに私を推薦してくれた同僚の福間良明教授にも、心から感謝したい。この本は研究書ではなく、音と声のメディアにはさまざまな種類があり、それがわれわれの社会とどのように結びついているのかをまとめた、一種の読み物である。したがって、研究書としては物足りなく、読み物としてはやや難しいというちょっと半端な内容になっているかもしれない。それでも、われわれの世界・社会は音と声で満ち溢れていて、その存在なくしてはわれわれの生活は成り立たないし、文化的な営みも成立しない。声を使って挨拶し、会話を交わすことが、われわれにとってはとても重要な作業なのだ。

本文でも触れたが、二〇二〇年以降の新型コロナウイルス感染症のパンデミックによって、われわれの周りから多くの音や声が消えてしまった。音や声は、うるさくて困惑するよりは、消えてしまったことでのダメージが大きい。それは、常にあったものが突然なくなってしまったことへの焦燥感であり、自分では取り戻すことができない絶望感であった。そのため、人々は音や声を求め、ラジオやサブスクリプション、ポッドキャストのような人の声や音楽が聴こえるメディアにアクセスした。それでも、リモートワークで終日部屋に閉じこもり、誰とも直接話をすることができない生活は、われわれの意識を大きく変えたのだ。それが、音や声への関心であり、新たな声の文化への出発だったのだ。

この本を読んでくださった読者のなかで、一人でも音や声を発信することに興味をもち、さまざまなコンテンツを制作して、多種多様なメディアを通じて新しい音や声の文化を創り出してほしいと心から願っている。たんなるノスタルジックなラジオ回帰ではなく、新たな音と声を中心とした一次的な声の文化が立ち現れることを、心から待ち望んでいる。

最後に、二〇二四年一月一日に発生した「能登半島地震」被災者の皆様に、心からお見舞い申し上げる。

なお本書は、立命館大学産業社会学会二〇二三年度出版助成を受けて出版されている。

二〇二四年二月

坂田謙司

人名索引

あ　行

か　行

さ　行

た　行

な　行

は　行

ま 行

や 行

ら 行

わ 行

事項索引

※「音」「声」「コミュニケーション」など頻出する語句は省略した。

な　行

は　行

ま　行

や　行

ら　行

《著者紹介》

坂田謙司（さかた・けんじ）

1959年　東京都生まれ。

　　　　中京大学大学院社会学研究科博士後期課程修了。博士（社会学）。

現　在　立命館大学産業社会学部教授（メディア社会史、音声メディア論）。

著　作　『「声」の有線メディア史——共同聴取から有線放送電話を巡る〈メディアの生涯〉』世界思想社、2005年。

　　　　「放送の多様性から見る営利／非営利問題」松浦さと子・小山帥人編著『非営利放送とは何か——市民が創るメディア』ミネルヴァ書房、2008年。

　　　　「北海道の地方博覧会——中央と地方の眼差しの交差」福間良明・難波功士・谷本奈穂編著『博覧の世紀——消費／ナショナリティ／メディア』梓出版社、2009年。

　　　　「プラモデルと戦争の「知」」高井昌吏編『「反戦」と「好戦」のポピュラー・カルチャー』人文書院、2011年。

　　　　「街頭放送の社会史——北海道の街頭放送と社会の関係」『立命館産業社会論集』2017年3月。

　　　　「地域の人びとの欲求がメディアを作る」『地域づくり』2019年12月、ほか。

Horitsu Bunka Sha

「音」と「声」の社会史
——見えない音と社会のつながりを観る

2024年3月31日　初版第1刷発行

著　者　坂田謙司

発行者　畑　　光

発行所　株式会社 法律文化社

〒603-8053
京都市北区上賀茂岩ヶ垣内町71
電話 075(791)7131　FAX 075(721)8400
https://www.hou-bun.com/

印刷：中村印刷㈱／製本：㈱吉田三誠堂製本所
装幀：谷本天志

ISBN 978-4-589-04330-6